Computational Psychiatry

计算精神医学

主　编　季卫东　师咏勇

副主编　汪小京　张展星　张瑞岭　彭代辉

人民卫生出版社

图书在版编目（CIP）数据

计算精神医学 / 季卫东，师咏勇主编 . —北京：
人民卫生出版社，2018
ISBN 978-7-117-26699-4

Ⅰ. ①计… Ⅱ. ①季…②师… Ⅲ. ①神经科学 – 计
算机科学 Ⅳ. ①Q189

中国版本图书馆 CIP 数据核字（2018）第 102029 号

人卫智网	www.ipmph.com	医学教育、学术、考试、健康，购书智慧智能综合服务平台
人卫官网	www.pmph.com	人卫官方资讯发布平台

计算精神医学

主　　编：季卫东　　师咏勇
出版发行：人民卫生出版社（中继线 010-59780011）
地　　址：北京市朝阳区潘家园南里 19 号
邮　　编：100021
E - mail：pmph @ pmph.com
购书热线：010-59787592　010-59787584　010-65264830
印　　刷：北京画中画印刷有限公司
经　　销：新华书店
开　　本：710×1000　1/16　印张：14
字　　数：259 千字
版　　次：2018 年 11 月第 1 版　2018 年 11 月第 1 版第 1 次印刷
标准书号：ISBN 978-7-117-26699-4
定　　价：58.00 元

打击盗版举报电话：**010-59787491**　**E-mail：WQ @ pmph.com**
（凡属印装质量问题请与本社市场营销中心联系退换）

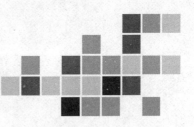

编者名单

主　编
季卫东　师咏勇

副主编（按姓氏笔画排序）
汪小京　张展星　张瑞岭　彭代辉

编　者（按姓氏笔画排序）
王　丹　卢文联　师咏勇　朱云程　孙复川　李　婷　李　煜
李志强　邱美慧　汪小京　沈佳薇　张展星　张瑞岭　季　婕
季卫东　彭代辉

前言

历经 3 年撰写、凝聚了多位学者心血的《计算精神医学》终于完稿了,这应该是我学习和工作生涯中最值得纪念的一件事情。

还记得 10 余年前,开始通过期刊和网络关注到计算科学和精神医学的发展结合、动向,自己所做的研究也恰巧涉及计算精神医学的边缘,但当时对"计算精神医学"概念的内涵、外延都不是很清晰。随着分子技术、脑影像技术和人工智能的飞速发展,多学科融合后产生的新兴学科愈来愈多,有力推动了相关领域的突破进展,如多种复杂疾病通过计算数学模型可揭示疾病的发病机制和治疗预后趋势。2012 年偶然和中国医学科学院孙复川教授畅谈,孙教授从事神经科学与信息科学相交叉的学科—生物控制论方面的研究,尤其在眼运动系统(包括瞳孔、眼球运动及晶状体等控制机制)研究和生物医学电子信号检测与处理方面多有建树,一番促膝长谈,我们共同产生了探索"计算精神医学"的念头。随后,我和孙教授共同参与了《神经信息学和计算神经科学》部分章节的撰写,这期间孙教授严谨的学术态度和敏锐的学术思维,对本书的撰写给予了极大的帮助。

分子生物学、分子影像学、计算神经科学和计算心理学的发展已经为精神医学新一轮的突破打下坚实基础。回顾精神医学发展史,从当初的精神神经科学到现在的独立学科,从当初的以药物治疗为主发展到药物—心理—物理—康复综合治疗模式,但我们也清晰地看到,精神医学的发展滞后于其他学科的发展,新的诊断系统主要仍依靠临床现象学。我们发现了很多和精神疾病有关的基因位点、神经心理、神经免疫和神经内分泌等方面的改变,但目前这些依然不能成为"金标准"(Gold standard)。或许,我们已经触摸到"大象"真实的一部分,只是需要强大的工具来整合现有的以及未知的信息,这个强大的工具便是计算精神医学。有了它的帮助,我们距离打开眼罩、昭然若揭的时刻便不远了。

由于计算精神医学属于交叉、边缘学科,相关文献各有千秋,需要由复合型人才去组织、整理和系统化,因此,本书的撰写也颇费周章。在此感谢上海交通大学贺林院士和上海市精神卫生中心徐一峰教授在百忙之中为本书作序;感谢上海纽约大学汪小京校长,他在计算神经科学领域的研究成果为计算

精神医学的发展指明了方向;感谢人民卫生出版社贾旭编辑,他对本书的撰写、出版给予了很多鼓励、帮助;感谢上海交通大学师咏勇教授共同执笔撰写计算精神医学发展趋势;感谢本书的每一位作者,大家都是各个领域的翘楚,正是他们的用心参与,才有《计算精神医学》之大成。

"精卫衔微木,将以填沧海。"希望《计算精神医学》的出版能对精神卫生事业发展有些许促进,为大家提供新的思路和参考。鉴于作者能力有限、计算科学发展迅猛,书中若有不妥之处,还望各位指正、海涵。

是为前言。

季卫东
2016 年 3 月于长崎大学

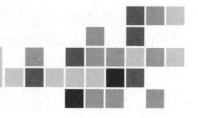

序一

最吸引人、最永恒的神话之一是电影《黄金时代》描述的那个神创造的无忧无虑、也未认识到疾病、衰老和死亡的时代。但科学的证据表明，疾病比人类更古老，而且会和人类"相伴到永远"。如何消除疾病、远离衰老也就成为人类不断探究世界的永恒动力。

大脑是人类身体上最复杂的器官，是迄今为止唯一未能成功移植的器官，也是我们人类尚未清晰认识的器官，它的很多超微结构、具体功能依然是个谜。其实就像很多神经科学家指出的，我们的大脑里有个自己的世界（internal world），我们错以为它就是真实世界本身，其实它只与真实世界相切，它试图通过反应、计算，模拟真实世界。

心理学与计算科学的渊源颇深，两者之间相互启发促进由来已久。概因人脑与电脑，一碳一硅，本身就有很高的可比性。人工智能学科的奠基人之一——赫伯特·西蒙（Herbert Simon），既是心理学家也是计算机科学家，他因为心理学和计算科学方面的成就获得过诸多荣誉。从某种意义上来看，人脑的根本功能是计算，无论你喜不喜欢数学，也无论你是情感丰富还是理智丰富，本质都是计算，这种计算不是简单的数学计算，而是"大数据"的计算。因此对大脑认知的理解脱离不了数学模型，因为大脑就是靠着对数学模型的喜欢，进而模拟世界、把握人生。

计算科学对医学尤其是神经科学的影响堪称深远，计算心理学和计算神经信息学的快速发展为精神医学打下了坚实基础。说到底，科学要有能够预知未来的能力，而计算精神医学有可能会帮助整个精神医学插上预言的翅膀。

工作内容不在于多，而是在于实和精。《计算精神医学》内容精炼、实用，它的出版无疑将为精神医学和神经科学乃至交叉科学领域研究人员提供新的参考、新的思路，希望中国的精神神经科学发展越来越好！

2016 年于上海

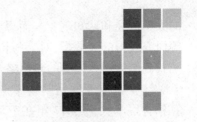

序二

在我看来，自克雷丕林提出精神疾病临床分类学原则、布鲁勒建立精神分裂症概念以来，精神医学就进入了一个漫长的冰河期，漫长到它的兄弟们，即临床医学的其他分支逐渐远去、疏离。其间虽然有些小的回暖，比如20世纪50年代发展起来的精神药物，但总体说来，100多年前以临床观察为基础的诊疗原则直到现在还起着非常重要的影响。其中最主要的原因在于，精神活动是人类这个地球统治者有别于其他所有生物最重要的特征，也是最难研究的客体，包括1000亿个神经元的大脑，是比宇宙本身还要复杂的系统，无法借助任何一种工具单独破解，甚或在某种程度上接近破解它的活动奥秘，更不用说解决人类的终极哲学问题——我们的灵魂来自哪里？精神科医师是唯一主要或完全依靠临床症状进行精神疾病诊断治疗活动的医生，缺少可度量的客观指标一直以来是其他同行，以及社会大众对这门学科诟病的重要根源。想要更好地治疗精神疾病，精神科医师需要对大脑作为一个系统表现出精神失常有更深地了解。即使后来有了药物，并能有效治疗一些病人，并且精神科医师对药物机制有所了解，比如抗精神病药物通过降低脑内特定部位多巴胺浓度减少或消除了幻听，但还是不知道为什么会产生如此药效。由于并不真正了解精神疾病，在疾病疗效和临床结局上缺乏预测效度，所以很难治愈像精神分裂症或孤独症这样的精神疾病，更常见的情形是在一堆药物或治疗选择中通过试错法，希冀找到一种可能帮到病人的办法。这也就不难理解，今天为何全球许多大的制药厂商相继退出中枢神经系统领域的新药研发。

现代精神医学寻求精神疾病的生物学基础，已经发现一些与疾病相关的分子和结构改变，但从分子水平到临床实体如精神分裂症或抑郁症形成（在药物则是从受体功能到行为改变），还缺乏合适的中间层面的解释桥梁，这需要不同尺度的描述：生理学（突触和神经活动）、神经化学（神经递质及其功能）和认知心理学（强化学习和决策）。

借助于近年来超级计算机、认知神经科学，特别是功能磁共振影像等技术的发展，对实时海量数据的处理已具备现实可能性。计算精神医学起先是由世界各地的神经科学研究者们通过数据分析和理论工作，利用计算机建模（计算机模拟）来推断精神病人可观察到的行为及脑活动的产生机制，试图模拟人的大脑神经和认知现象。而想要做到上述这一点,则可以借助于脑影像、遗传等研究获得的大数据,对大脑特定神经回路进行计算机模拟,发现的机制有助于找到治疗精神疾病的新策略。

计算精神医学是脑科学全新的热点研究领域,全球意义上的第一次计算精神医学大会2013年在迈阿密召开。计算精神医学被称为是"年轻人的游戏",鉴于在某些精神疾病如创伤后应激障碍中已经应用虚拟现实(virtual reality)进行治疗,这么说倒也不算不恰当;同时,它还是一门年轻的学科,向主要由药物和心理治疗构成的传统精神医学吹去了一股新风。就个人的肤浅理解,它是还原论和系统论相结合的研究哲学在精神疾病中雄心勃勃的尝试。其来势迅猛,引人瞩目,但学科内部尚待解决的问题还有不少,所以现在还不能断言精神医学的春天已经到来。

《计算精神医学》作为国内这一领域的第一本专著,因其显而易见的多学科性质,由非精神科医师主编,由来自国内遗传学、神经科学、计算机、精神医学等领域专家共同编撰,赋予了传统精神医学全新的视角。它的出版无疑将会促进相关领域专业人员,包括精神科医师,加深对精神疾病的理解,为诊疗模式改变带来潜在的革命性影响。

徐一峰

中国医师协会精神科医师分会　前任会长

中国医院协会精神病医院管理分会　主任委员

2015年春节于上海

目录

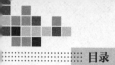

第一章

计算精神医学概论

　　大脑是主管认知、情感以及行为功能的生物器官,大脑系统的异常可以导致精神疾病,如精神分裂症、抑郁症、自闭症,等等。人类的大脑极为复杂,由多层次相互连接的神经通路(neural circuit)和丰富的反馈环路(feedback loop)组成盘根错节的神经网络(neural network)。因此大脑的结构和功能无法只用直观得来的数据加以解释,实验若没有理论相扶持也难以真正解释大脑是怎么工作的。

　　近年来,理论科学家、计算科学家与实验科学家和临床医生合作,开始用理论和计算模型与实验密切互动,研究神经通路如何产生灵活多变的行为,以及神经通路的受损如何引起精神疾病的症状。由此,"计算精神医学(computational psychiatry)"这个跨学科的新领域诞生。

　　在这里,让我们首先定义一下这个新学科。"计算精神医学"是"计算神经科学(computational neuroscience)"应用到行为研究和精神病学的分支。那么,什么是"计算神经科学"呢?就是用计算机科学的手段来研究神经系统。一般是根据数学物理的理论建立被研究系统的模型,进而做出对该系统的解析和预测。成功的计算科学,需要理论学科与实验学科自始至终的密切合作与互动,从用理论指导实验的设计,选择相应的约束条件及参数来建构模型,到在实验中检验模型假说的真伪,分析神经科学实验的结果,不断用实验结果反馈回来调整模型,最后达到对该系统的深入理解并做出最接近生物基础的结论和预测。

　　本文的目的是概述计算神经科学在精神医学研究里的基本理念和应用。

第一节　引　　言

　　1988 年可以说是计算神经科学发表"宣言"的一年。Sejnowski 等发表在《科学》上的这篇"宣言"里提到,这一新兴跨学科研究领域的诞生有 3 个历史因素:①神经科学的研究进展产生了大量的神经生理数据;②新型计算机具有足够的能力进行神经模型模拟;③简化的大脑模型的引入,使对复杂神经通路功能的研究成为可能。自那时起,以上3个方面取得的巨大进步从根本上改变了计算神经科学,甚至整个神经科学的研究景观。

值得一提的是,1988年,计算神经科学的重点仅限于早期感觉系统,那是因为当时的实验手段对研究大脑的许多高级功能还束手无策。近年来,随着单细胞记录技术、脑成像技术及计算神经科学手段的发展,对高级认知功能神经机制的研究才有了飞跃的发展。例如在猴子作抉择时,我们可以用电生理手段测量到与其选择相关的单个神经元的电信号,也可以对其做脑功能成像(functional magnetic resonance imaging,fMRI)。现在我们知道,"抉择"这类的高级功能主要依赖于前额叶皮层(prefrontal cortex,PFC),这一脑区的损伤会引起严重的精神疾病,如精神分裂症和自闭症。因此,这一领域的新进展与计算机模型的结合将为我们提供更好的机会,来阐明细胞和通路水平上的病理如何引起精神疾病的任职障碍,这个方向的研究进展对催生精神病诊断、病理生理和治疗的新方法有非常大的潜力。因此,作为神经基础科学和临床之间的接口,计算精神医学出现的时机业已成熟。

从这个角度,我下面重点谈谈计算精神医学怎样引入新方法和新工具来探索介入认知和行为的神经通路,以及其损伤引起精神疾病的机制。首先,要讲讲为何需要将计算科学引入精神医学研究。第二,将讨论2种研究认知和神经机制的模型。第三,讨论如何将理论和模型用于跨病种诊断"内表型"(transdiagnostic endophenotypes)来研究行为障碍。第四,总结模型辅助诊断和治疗的近期进展。第五,再次讨论以生理为基础的神经通路模型,特别是从跨层次水平的理解。最后,以促进这一新兴领域所需的人才培养和科研资助相关的若干切实可行的建议来结束本文。

第二节　计算精神医学的必要性

众所周知,目前精神科的诊断模式和精神疾病的治疗缺乏可靠的生物学基础。大脑的复杂性对以确切病理机制为基础的精神病学研究来说,是一个非常艰巨的挑战。

尽管近年来遗传学、分子和细胞神经科学的进步开始对一些精神疾病提供认知、情感和行为方面的病因线索,例如,科学家发现 DISC1 基因的变异与精神分裂症有关。然而,这些领域的进展至今还未能为大多数精神疾病的系统诊断或药物治疗提供可靠的生物学基础。许多专业人士认为,企图寻求精神疾病复杂表型背后单个基因的研究策略基本会令人失望,而把基因和基本认知和行为功能,以及功能障碍联系起来的研究可能更有前途。

开发新的药物疗法治疗精神疾病的一个主要障碍是我们对脑神经通路如何产生行为的理解仍然是肤浅的。在这方面,近年来突触生理学和系统生理学领域在对微通路功能的理解方面有显著进展,并有科学家开始将这些突触和系统水平的理解与一些行为过程联系起来,包括基础视觉感知、恐惧条件化和消退、工作记忆的心理表征等。举例来说,不同恐惧记忆的神经表征可以归因于杏仁核中几组不同细胞的功能整合。然而,也许是因为动物模型的局限性加上当前神经影像技术有限的空间和时间分辨率,我们对任何一种精神病障碍的任单一症状,目前尚未能在分子、细胞和微型通路水平上完全搞清楚其生理基础。换句话说,对于大脑如何产生导致患者求医的认知、情感和行为问题,我们仅有初步的概念。

由于对脑通路理解的局限,我们解释精神疾病的功能障碍缺乏理论和预测能力,目前精神病的药学开发多是尝试性的,风险大且效果差。这些对病理的知识欠缺明显反映在对精神病的诊断和治疗上。例如,精神科医师普遍使用《精神疾病诊断和统计学手册》(*Diagnostic and Statistical Manual of Mental Disorders,DSM*)作为精神病诊断分类的依据。此书的最新版本(DSM-Ⅴ)虽然纳入了一些精神病研究的最新进展,如有关自闭症和精神分裂症的遗传学研究,但仍因其缺乏基于病因或病理生理学的可靠生物学基础而饱受批评。因而,在大多数情况下,精神疾病的诊断依然是仅仅通过症状来分类。由于同一诊断类别内个体与个体之间可能存在巨大的临床差异,使许多常见精神疾病的诊断可靠性低下,治疗效果当然也差强人意。

意识到不同精神疾病有可能有共同的行为障碍,近年来,美国国立卫生研究院(National Institutes of Health,NIH)推出一个新的指导精神病学研究的框架,称为"研究领域规范"(research domain criteria,RDoC)。其出发点不是精神病的诊断分类(例如是精神分裂症还是抑郁症),而是强调对不同精神疾病共有的行为障碍的认识。RDoC 计划旨在确定核心的认知、情感和社会功能障碍,然后跨不同层次(从分子、细胞、通路到功能)研究大脑机制。

然而,我们仍不知道在不同疾病中类似的功能障碍是否源于同一个异常的脑通路。此外,诊断还涉及类别(categorical)和维度(dimensional)两个特征。例如,丘脑-皮层功能连接通路的功能损害在精神分裂症与躁郁症(bipolar)患者中似乎主要是量的差别;但在分析脑成像总体噪声(global brain signal,过去认为主要是噪声,现认为其中可能也包含皮层的生理或病理信号)的研究中看到,精神分裂症与躁郁症患者的特征差别可能是质的不同。所以,目前无论是 DSM 还是 RDoC,对如何整合精神病理生理的类别和维度特征尚不能提供很好的指导。

第二个难点是缺乏精确预测一个特定的治疗机制是否对特定的精神疾病

有效的指标。这不仅是因为缺乏疾病生物标记物（biomarker），而是已有的生物标记物在机制上不够精确到足以指导具体选择哪一种特定治疗。此外，即使分子病理学各个方面的特征均已被描述，我们仍不清楚如何用这些特征来调控微观和宏观通路及功能障碍。以精神分裂症为例，尽管我们知道抑制性神经递质 γ- 氨基丁酸（GABA）及兴奋性神经递质谷氨酸［其受体可被 N- 甲基 -D- 天冬氨酸（N-Methyl-D-aspartic acid，NMDA）激活］均有可能参与病理过程，但仍不知道应该用 GABAa 受体拮抗剂来治疗 GABA 通路的问题，还是应该用刺激 NMDA 受体的药物来增强谷氨酸的传递以改善病情。

此外，单纯的实验科学并不能将基因、分子和细胞水平的研究与系统和行为水平的研究整合起来。最典型的例子是我们前面提到过的前额叶皮层。我们知道，这个脑区在广泛的认知功能中起着至关重要的作用，从而就引出以下的问题：为什么认知功能依赖于前额叶皮层，而不是初级感觉系统或运动系统？这个问题是难以仅靠实验做出回答的，部分原因是前额叶皮层网络具有强大的正反馈和负反馈环路，这个动力系统的行为不是单靠实验观察和直觉能够预测的。因而，即使动物和人类生理学研究产生足够的数据以揭示特定认知功能与神经细胞电活动的关系，但仍需要理论和模型的帮助来探索如下问题：什么通路机制引起了所观察到的神经元电信号？而所观察到的这些生物信号又反映了何种足以解释行为的算法及普适原则？

计算模型恰恰能提供适宜的方法来定量探索贯穿于多层次的复杂系统。因此，将计算神经科学模拟手段并入转化神经科学（translational neuroscience）研究方案中，有可能会发展出更多与神经系统和精神疾病通路功能障碍有关的更为准确的脑模型。

第三节　两类研究认知的计算模型

计算模型有许多类型，我们在此介绍其中的两种类型。第一类是数学心理学模型或来自计算机科学的算法模型。此模型适合用来定量分析行为研究的数据，并将与实验相符的参数用于构建神经计算规则的模型。第二类是以生物学为基础建立的神经通路模型，即以突触信号传递机制及微通路特性为基础的模型。此类模型是理解皮层功能和精神障碍神经生物学基础的一种有力工具。

什么是建立在生物基础之上的神经通路模型？简单地说，它指的是受神经生物学约束并模拟大脑功能（比如抉择）的数学模型，是一个跨生物机制、神经动力学、通路功能和大脑本身的计算规则（computation mechanism）数个层次的计算框架（图 1-3-1）。有人可能会问，这样的模式是否过于复杂，难以应用在精神医学中呢？其实不然。首先，"基于生物学的模型"是一个广义的术语，涵盖具有不同复杂程度的多种模型,比如单个神经元的模型可以是 Hodgkin-Huxley 式模型或泄漏整合 - 发放神经元(leaky integrate-and-fire neuron)模型,等等。分析不同抽象层次的模型,例如脉冲网络模型(network model of spiking neurons)与其简化的"平均场"神经元群模型(mean-field population rate model),以及它们之间的关系,是非常有用的。第二,神经网络模型在揭示神经机制上已有数个成功的例子。例如利用这种模型,科学家们发现了多巴胺神经元传递"奖赏预测误差"(reward prediction error)信号,揭示了工作记忆的持久性神经元电活动,以及研究了抉择行为的神经机制等等,说明应用此类模型研究神经机制是一个行之有效的方法。第三,要阐明生物机制、神经动力学、通路功能和大脑本身的计算规则之间的相互关系,目前不可能找到比基于生物学的神经通路模型更简单的框架了。

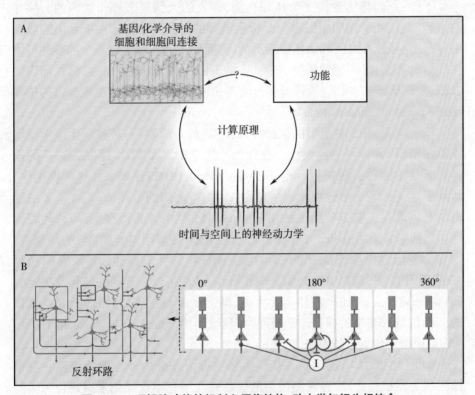

图 1-3-1　理解脑功能的机制必须将结构、动力学与行为相结合

注:A. 大脑测量探索与行为相关的时空神经元群活动模式。理论和建模一方面提供有力的工具来阐明行为产生的生物机制,另一方面解释脑功能所必需的计算规则。B. 以生物学为基础的神经通路建模是由单一的神经元和突触(分别是左侧红框、蓝框内的部分)的生理来标化,并受量化网络连接的数据限制。可以说这种方法是从功能、神经动力学和计算规则以及生物机制的 3 个方面来理解神经系统最必要最简单的理论框架

在脉冲网络模型里,单个神经元通常是由 leaky integrate-and-fire 模型或 Hodgkin-Huxley 模型来描述的。这些模型由生理数据,例如膜时间常数和输入—输出函数(即由突触输入决定的脉冲发放频率)等来校准。兴奋性椎体细胞和抑制性中间神经元的这类模型在性质上可以有很大区别。值得强调的是,以生物学为基础的模型中,突触水平的建模也必须精确。神经元之间的突触连接有自己的上升和衰减时间常数,突触动力学是确定神经网络的整合时间和保证网络稳定性的关键因素。最后,我们需要用解剖数据来赋予模型定量的网络架构。例如,目前较普遍接受的网络架构是由有相同选择性的兴奋性神经元与总体水平上的抑制性神经元连接组成的;而兴奋性与抑制性突触之间的动态平衡这个皮层微通路的普遍特点也被越来越多的实验所证实,并应用到皮层网络模型中。

下面,我们具体谈谈一个认知功能,即人的大脑是怎样作抉择的。抉择的过程,是从几个选项中做出一个特定选择的过程。比如你在下暴雨的黑夜中开车,外界进入大脑的信息模糊不清,你需要不停地在信息不全的多种可能性中给出判断,这叫感知抉择(perceptual decision-making)。又如,你在商店买衣服,需要从样式、料质、价钱等多方面考虑来选择,这叫基于主观价值的抉择(value-based decision-making)。

概括地说,有 2 种类型的抉择计算模型:行为模型(一种数学生理学模型或算法模型)和神经通路模型。在行为心理学中,"A 或 B"即"二选一"的抉择通常是由漂移扩散模型(drift diffusion model,DDM)建模。在这种模型中,活动变量 X 代表 2 个选项累积信息量 X_A 和 X_B 之间的差异,$X=X_A-X_B$。X 的动力学是由漂移扩散方程给出的,$dX/dt=\mu+w(t)$,其中 μ 是漂移率,$w(t)$ 代表噪声。漂移率 μ 表示有利于 2 个选择之一的偏差(证据净差)(如果没有净偏差,则 μ 为零)。这个系统是一个完美的输入积分器。当 $X(t)$ 达到正阈值 θ(选择 A)或负阈值 $-\theta$(选择 B)时,积分进程终止,从而可读出选择的结果及决定时间(reaction time)。如果漂移率 μ 为正,则选择 A 是正确的,而选择 B 是错误的。因此,这种类型的模型通常被称为"爬坡达阈"(ramping-to-threshold)模型,μ 在此模型中代表平均斜率。

Wang 在 2002 年创建了一个以生物物理为基础的神经通路模型。与单纯的行为模型相比,神经通路模型的优越性在于它不仅能用来描述行为实验的结果,也可解释动物实验中观察到的与决策有关的单个神经元的活动。神经通路模型表明,一个长的积分时间可以在"抉择神经网络"通过回荡激活(reverberating excitation)来实现。当这种正反馈足够强,反复激活与突触抑制可以创建多个稳定状态("吸引子"-"attractor state")。这种模型最初用于工作记忆的研究,同样的模型,如果是由 NMDA 受体介导的"慢反馈网络机制"

（slow recurrent circuit mechanism），也可以用于抉择的脑研究。有趣的是，对于灵长类动物生理学的研究常常发现，在前额叶皮层和顶叶皮层等皮层区的神经活动不仅与抉择有关，在工作记忆过程中也表现出持久的记忆型的放电活动。同一个慢反馈网络模型可同时解释抉择和工作记忆的机制。于是，建立在这些实验和理论基础之上，我们提出了抉择和工作记忆共享的"认知型"网络的概念。

行为模型与生物物理为基础的神经网络模型是可以互补的。在对认知和精神疾病机制的研究中，最理想的策略是在抽象度与生物体系接近的程度以及数学分析水平不同的数个模型之间来回切换，同时发展。

第四节　跨疾病分类的"内表型"

由于精神疾病的病理生理特征跨越诊断边界，一个有前途的研究方向是搜索跨疾病分类的"内表型"。所谓内表型即是将风险基因型与精神疾病综合症状联系在一起的定量遗传性状（图 1-4-1A）。尽管尚未显示内表型具有比精神病学诊断更简单的遗传学特征，然而由于内表型可以更精确地定义和测量，从而更容易在动物模型上检测，以揭示疾病背后的生物学机制。例如，冲动性（impulsivity）与强迫性（compulsivity）的行为内表型在一系列包括强迫症、药物依赖、注意缺陷多动障碍在内的许多精神疾病的诊断类别里都可以看到。冲动和强迫或许不是单一的构建，但是它可能是从一组心理过程派生出来的，能够由内表型来揭示（图 1-4-1B）。

如何准确和可靠地识别内表型是一个重大挑战。为了在这个研究中取得进展，我们要综合考虑患者的感受与其选择和行动。这就需要设计行为实验来测试专门的认知功能，以量化多种精神疾病是否共享同一特定功能的异常。这些精心设计的任务应该对人类和其他动物均适用，从而可以将动物实验的结果用于转化研究（translational research）。而且其理论推测可以应用到正常受试者和患者，这样才可以提供对大脑功能障碍的核心的洞察。

举个抉择障碍的例子。很多精神病人在社会、职业和娱乐领域重复地做出错误的、对自己不利的选择。越来越多的证据表明，抉择障碍是一种贯穿精神疾病诊断边界的认知内表型。有一些研究涉及"以奖赏为基础的抉择"（reward-based decision making）的评估过程，能让人通过经验来学习做出正确评估的是大脑本身的计算原则，而这种能力正是适应性选择行为（adaptive choice behavior）的基础。大脑的这个抉择过程包括：从 2 个或多个选择中取 1 个、评估其结果（得到奖赏还是惩罚）、用这种经验来指导下一个选择，以期实现抉择优化。强化学习（reinforcement learning）理论为这种适应性抉择过程和

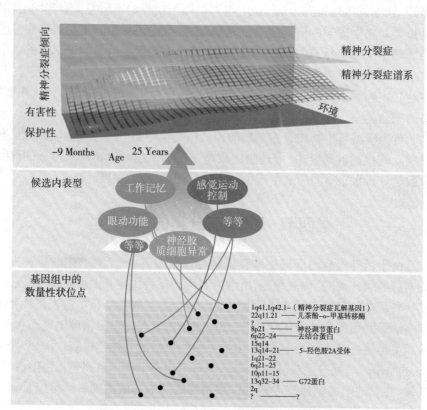

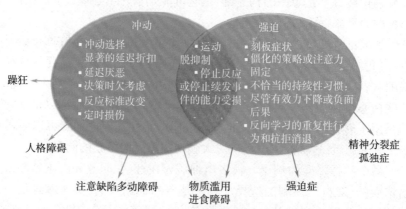

图1-4-1 横跨传统定义精神病类别的内表型研究

注:A.基因以及在研究精神分裂症的生物系统方法中涉及的内表型。遗传、环境和表观遗传因素之间
动态发展的交互作用产生的累积效应导致精神分裂症的发病。作为精神分裂症鉴别的内表型,涉
及感觉运动门控通道、眼球运动功能、工作记忆及神经胶质细胞的异常。更多的基因位点、基因及
候选的内表型仍有待于进一步发现(由问号表示)。该图不是按比例绘制的。B.冲动和强迫背后
的可能心理因素的机制。这些表征并不一定直接相关,说明冲动与强迫并非源于同一基因。这个
领域的研究目前十分活跃。冲动和强迫都涉及运动/响应脱抑制,但发生在反应过程的不同阶段

与精神疾病造成的损伤提供了研究框架。在这个行为科学与生物机制交叉的研究领域里，有一个重大发现，那就是腹侧被盖区（ventral tegmental area，VTA）多巴胺神经元间断式发放是"奖赏预测误差"的表征。该发现正好与强化学习理论所预言的"奖赏预测误差"相符合。

简单解释，我们在此将"奖赏预测误差"用数学描述为 $\delta_t=r_t-V_t$，其中 r_t 是在时间 t 的实际奖赏，V_t 是大脑的预期奖赏。预期奖赏是主观的，需要通过"抉择 - 结果评估 - 抉择 - 结果评估"的过程反复来调整。这个反复学习过程可由如下数学公式描述：$V_{t+1}=V_t+\alpha\delta_t$。如果实际奖赏大于预期奖赏，$\delta_t$ 是正值，V_{t+1} 比 V_t 大；相反，如果实际奖赏小于预期奖赏，δ_t 是负值，V_{t+1} 比 V_t 小，这样 V_t 可能逐渐准确地预言实际奖赏。学习的速度由速率 α 来控制（α 越大，V_t 变化越快）。不少实验证据表明，帕金森病、精神分裂症、抽动秽语综合征、注意力缺陷障碍、药物成瘾和抑郁症都涉及强化学习的受损，这有力地证明了这些基于功能、跨诊断类别的方法在精神病学研究中的重要性。

例如，药物成瘾可以认为是强化学习系统出了问题。这种定量模型的优点是其足够精确可以通过新的实验来验证真伪，这是科学对定量模型的基本要求。Redish 的模型预测，当药物被用作无条件强化物时，"阻断"行为不会发生。所谓"阻断"行为是基于如下的研究观察：当受试者首先学习到刺激 A 是与奖赏相关联的，如果随后将 A 与另一刺激 B 配对时，受试者不会认为 B 也与奖赏相关联。如果药物（例如刺激 A 和 B）导致价值无限增加，这种"阻断"则不应该被观察到。然而，用可卡因作为无条件刺激的行为实验发现，"阻断"仍然发生了，与 Redish 的模型相违。对此结果的一种可能的解释是"阻断"并非由强化学习造成；另一种解释是强化学习涉及脑内多个互相竞争的系统，如何对这个结果做出正确的解释仍在研究中。

强化学习方法也被用于抑郁症的研究。Huys 等试图检验的假设是抑郁症与对奖赏敏感性的改变有关。具体而言，在此模型中"奖赏预测误差"变成 $\delta_t=\rho r_t-V_t$，其中新加的参数 ρ 表示对奖赏的敏感性。用强化学习模型，对有 50 例严重抑郁症患者与 50 例健康受试者参与的实验结果进行拟合行为数据的分析，发现与健康对照组相比，抑郁症患者组的奖赏灵敏度（ρ 值）显著减少，但学习效率 α 并没有变化，这与抑郁症患者缺乏愉快感和生活动力的表现是一致的。Strauss 等 2011 年也曾报道过类似的结果，但没有将此现象定量化或做出理论解释。Huys 等的这项工作表明计算建模可用来剖析行为障碍的不同方面（比如，是患者对奖赏的灵敏度，而不是学习效率出现了异常）。

目前人们认识到强化学习涉及到两个神经系统。其中一个称为"无模型（model-free）系统"，是由暗示自动引起的习惯性行为系统。第二个是基于大脑对环境因果关系的理解作行为选择的"基于模型（model-based）的系统"。"无模型系统"和"基于模型的系统"之间必须保持平衡。Daw 等建立了一个双系统学习模式的计算模型并结合人脑成像的研究方法来检验这 2 个系统的不平衡是否会导致精神疾病的不适应选择行为。利用这个计算模型,研究者们发现,重复使用成瘾性药物后,受试者的行为选择重点从"基于模型的系统"转换为"无模型系统"。同样,双系统计算模型拟合数据发现,强迫症的患者也偏向于"无模型系统"的习惯行为。目前,关于中枢控制机制如何管理维持"基于模型的系统"和"无模型系统"之间平衡问题的研究方兴未艾。

　　"无模型系统"依赖于"奖赏预测误差",而"基于模型的系统"可能依赖于侧额叶的更抽象的"状态预测误差"(state prediction error)。基于此理论,研究者们创立了"双系统强化学习"的计算模型。这个强化学习的计算模型方法已经推进了对诸如妄想症等精神疾病的转化医学研究,而这些研究在过去单靠实验精神病学的手段是无法完成的。妄想症是关于世界的错误信念,尽管这些信念与现实世界里大量的证据有矛盾,具有妄想障碍的人仍顽固地坚持己见。Corlett 等用功能磁共振成像研究首发精神病患者,看到因果关系的冲突会激活右侧前额叶皮层,这种活动被认为可以作为对"预测误差信号"的检测。他们发现,患者该预测误差信号的异常与妄想症的严重程度密切相关。因此,预测能力的异常会产生错误的信念,并导致学习能力异常,从而引起妄想症。

　　运用强化学习计算模型方法的这些研究实例,很好地说明了当理论和计算模型与实验相结合后,有助于分解行为的不同分过程(例如对奖赏的敏感性、学习效率、"无模型系统"和"基于模型的系统"之间的平衡等),研究它们在不同精神疾病中不同形式的异常。因此,每种认知内表型(例如"冲动")可用这些分过程不同损伤程度的特定组合来定义。因此,今后在这方面的进展,可能会产生一个有前途的新理论框架,以指导精神疾病转化医学的研究。

第五节　大数据和计算模型辅助诊断

　　通常情况下,从一个行为实验构建计算模型的过程有如下几个步骤:第一步,策略性地设计一个认知任务来探究某个特定的功能(例如,做选择时有奖赏的学习);第二步,选择适当的计算模型(例如强化学习模型)来模拟行为(例如,奖赏评估和抉择);第三步,模型拟合数据,得出模型参数估计。许多此类研究,都是在健康人组与符合特定精神病诊断(例如,根据 DSM-V 或国际疾病分类标准)的病患组之间进行的。而健康人组与病患组之间某些计算模型参数(例如对奖赏的敏感性、学习速率等)的差异即用来作为定义病患组"异常"的基线。然而,计算精神医学的应用并不限于辅助诊断。它的优越性在于可以将认知过程与行为联系起来,从而有助于对多种疾病共享机制的探索。例如，在双系统平衡中，偏离"基于模型的系统"倾向"无模型系统"的表象在许多疾病中都有，其中包括强迫症、暴食症、甲基苯丙胺嗜毒症等。

然而，临床诊断显然必须是为每一个人而下的，因此要实现真正的计算模型辅助诊断，以上的研究模式应该增加第四步。这步的关键是，实验前先不根据症状将受试者分为健康组和患者组，而是在从个体对象中提取模型参数值后，用复杂的统计分析算法如聚类分析（clustering analysis），根据个人的模型参数值将受试者分组（图1-5-1A）。这一步是计算模型辅助诊断的关键，如果这种基于个人模型参数值的分类符合受试者行为障碍的差别，则此方法可望用来辅助诊断，并揭示障碍的脑机制。Stephan等曾采取类似跨学科的方法，结合行为、脑功能成像和动态因果模型（dynamical causal modeling，DCM）研究精神分裂症患者的工作记忆障碍（图1-5-1B）。他们的关注点是视觉皮层、顶叶皮层和前额叶皮层之间的有效连接，因为已知这3个区域均参与视觉工作记忆。他们将以《精神疾病诊断和统计学手册》为基础的这3个皮层区域之间有效连接用DCM建模，通过DCM拟合脑成像数据，得出每个受试者的模型参数，然后对其进行无监督（unsupervised）聚类分析，发现了3个不同的患者亚类（图1-5-1C）：前额叶皮层 - 顶叶皮层连接较强的一类；前额叶皮层 - 顶叶皮层连接较弱的一类；以及视觉皮层 - 前额叶皮层连接较强的一类。这些科学家在其研究中又添加了2个步骤：第五步，验证模拟产生的聚类是否与受试者的临床表现相符。而他们在研究中的确发现，三类受试者在行为上显示出不同程度的症状（图1-5-1D）。第六步则是提出假说。他们认为在第五步中看到的行为异常可以归结与特定脑区（视皮层 - 颞叶 - 前顶叶）的连接异常相关，从而提出了可以在未来研究中检验的新假说。与之相似的研究方法也被其他研究者应用到大脑行为控制的研究中。

这个领域的这些进展提出了是否可能使用脑成像数据（或数据模型），而不是症状作为诊断分类基础这样的研究策略。一个相关的思路是从"脑连接组"（brain connectome）的角度看待精神疾病，即用计算科学分析脑成像功能"脑连接组"可以提供一个"视窗"来研究与精神疾病有关的"脑连接组"病理。

接下来的问题是：这种方法是否有望产生基于计算模型参数将患者重新分组的新途径？这种方法是否会产生异于DSM-Ⅴ的分类模式？这种分类模式能否有重复性并可以推而广之？能否提出研究病理和治疗的新方向？越来越多的研究表明，这种研究策略可能会帮助解决精神病学缺乏生物标记物的难题，由此找到的生物标记物有可能具有与诊断和治疗相关的预测能力。

决定这个理论框架的是否能成功的因素很多：包括大样本的受试者、有效和可靠的统计分析方法、计算模型的选择及对其深度的理解。随着大数据科学和计算模拟领域的蓬勃发展，一个可用于精神疾病研究的全新现代研究模

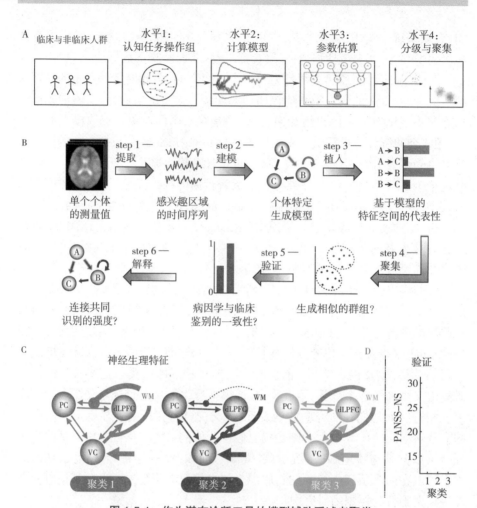

图 1-5-1　作为潜在诊断工具的模型辅助受试者聚类

注:A. 计算精神医学 4 个层次的图示。模型辅助诊断的步骤包括临床(患者组)和非临床(健康对照组)人群都进行认知任务测试,为认知任务建计算模型,通过拟合数据为每个受试者定模型参数,根据得出的多维参数数据分析,发现临床和健康人群类和亚类,或者将模型参数和临床症状严重程度联系起来;B. 脑功能成像(fMRI)数据的模型辅助聚类分析步骤。(1)提取数据(extraction):提取每个受试者相关功能脑区依赖血氧水平的 BOLD(Blood-Oxygen-Level Dependent)信号。(2)建立计算模型(modeling):根据每个受试者不同的信号时间序列采样选取计算模型参数,建立受试者特异的模型。(3)模型参数空间表征(embedding in the parameter space):将受试者特异模型参数值在参数空间中表示出来。(4)聚类分析:(clustering analysis)将相近受试者特异类型聚入不同的组。(5)模型验证(validation):验证模型是否与行为实验的临床表现相符。(6)解释结果(interpretation):做出结论并提出新假设。C-D. 将精神分裂症患者工作记忆实验脑功能成像数据用模拟分析聚类。C. 患者组的无监督聚类分析,采用高斯混合模型(Gaussian Mixture Model)与动态因果模型(dynamic causal modeling DCM)的参数估计,产生的平均后验参数可以对模型中每个耦合和输入参数做出估计,在图中由相应箭头的粗细程度显示。D. 根据连接强度来聚类定义的 3 个亚类,其由阳性和阴性综合征量表(positiveand negative syndrome scale, ,PANSS)量化的临床症状也有所不同
(A. 转载自 Wiecki 等,2015;B-D. 转载自 Brodersen 等,2014,均获许可)

式或许为期不远了。

第六节　基于生物物理的神经网路模型：跨层次的理解

与一些较抽象的模型不同，生物物理神经网络模型建立在定量神经生理学和解剖学之上，适合于用来研究精神疾病的认知和行为障碍在分子、细胞和通路层次上的缺陷机制。

在精神分裂症的认知功能障碍中，跨层次研究最多的可能是工作记忆。大脑在没有直接感官刺激信息的情况下，表现和处理信息的能力叫作"工作记忆"（working memory）。它有 3 个特点：①工作记忆的编码依赖于神经元群的持续放电，不像长期记忆（long-term memory）的编码依赖于神经突触的变化；②工作记忆系统原则上只编码主观上认为必须记忆的信息，而过滤与行为无关的"干扰刺激"（distractor）；③工作记忆的储存量（working memory capacity）极其有限，一般人的大脑同时只能记 4~7 个单元的信息。

工作记忆依赖于前额叶皮层，是认知功能的核心。工作记忆可以用简单的"延迟反应任务（delayed response task）"来测试。一个著名例子是 Funahashishi-Bruce-Goldman-Rakic 实验，采用的是"延迟响应动眼任务"（oculomotor delayed response task）：①受试者接受一个短暂（几百毫秒）的感官刺激（在屏幕上的一个视觉信号，定向角 θ）；②在几分钟的延迟期（delay period）中，受试者的大脑记住 θ 值（0°~360°）；③最后，受试者的眼必须准确地朝 θ 方向快速眼动（saccadic movement），眼扫视运动是否正确则取决于对 θ 值的工作记忆。

延迟响应动眼任务测试的是空间工作记忆（spatial working memory）。这种工作记忆简单，可高质量控制及定量描述，适合于多层次实验研究和基于生物物理基础的神经网络的建模。15 年来，研究人员针对 Funahashishi-Bruce-Goldman-Rakic 实验，建立和检验了一个空间工作记忆的脉冲神经元的网络模型（图 1-6-1）。模型中兴奋性锥体神经细胞（P）对视觉信号定向角 θ 各有选择性（0°~360°），锥体神经细胞彼此之间，以及与抑制神经细胞（I）之间有反馈连接（图 1-6-1A）。图 1-6-1B 显示用此模型对延迟动眼神经任务的模拟。最初，网络处于低动态状态，所有神经细胞自发发放率较低。在一瞬态输入（θ=180°）时（图 1-6-1C），选择性接近 180° 的细胞亚群发放加快。其结果是，这些细胞通过水平反馈连接引起兴奋性回荡（excitatory reverberation）。

如果内部兴奋 - 兴奋突触的连接足够强，在刺激被撤去之后的延迟期间（D）这个兴奋回荡大到足以维持 180° 方向附近的细胞亚群高发放率的活动，从而产生工作记忆。抑制 - 兴奋突触确保活动不扩散到网络的其余部分，所以网络持续电活动（persistent activity）的模式是一个钟形吸引子（bell-shaped

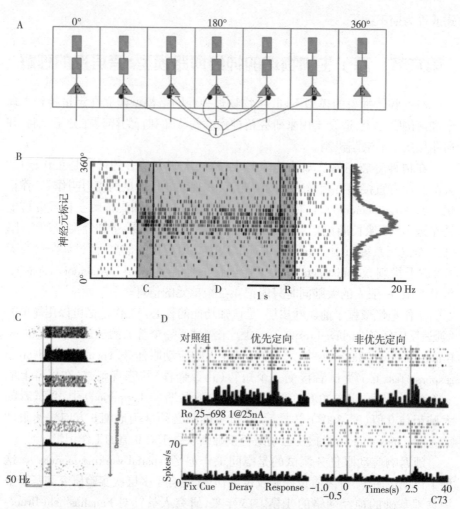

图 1-6-1　工作记忆的建模与 NMDA 受体在记忆持续活动中的作用

注:A、B. 工作记忆的脉冲网络模型。A. Funahashishi-Bruce-Goldman-Rakic 实验建立模型的架构。兴奋性锥体细胞(P)对方向 θ 值(0°~360°)具有选择性。选择性相似的锥体细胞通过局部兴奋 - 兴奋突触相连。抑制性中间神经元(I)接受兴奋细胞的输入并发送反馈抑制。(B)在延迟动眼神经模拟实验中,通过网络的持续活动模式(钟状吸引子)对刺激进行编码和工作记忆储存。锥体神经元按照其 θ 值选择性沿 y 轴标示;x 轴表示时间。(C)刺激期;D:延迟期;R:响应期。在光栅图中,每个点表示某个神经元的一个峰电位。

(C)工作记忆计算模型中 NMDA 受体阻断对工作记忆活动的影响。自上而下,控制条件(顶部),NMDA 受体减少到基准水平的 90%,80%,和 70%(底部)。随着对 NMDA 受体阻断的增加,刺激选择性维持活动逐渐减少,最终消失。

(D)在延迟动眼神经响应任务中猴子背外侧前额叶皮层单个细胞的记录。上:控制状态;下:Ro 25-6981(25 nA)(一种含 NR2B 的 NMDA 受体的阻断剂)离子导入后,记忆延迟期持续活动发放明显减少至基线。

(B. 改编自 Compte 等,2000;C-D 改编自 Wang 等,2013 均获许可)

attractor pattern)(图 1-6-1B,右边的红色曲线)。在延迟期结束时(R),工作记忆中储存的信息(θ值)可通过持久活动模式的峰值位置读出;并且网络回到初始状态。

该模型预测,实现网络的持续活动模式的兴奋回荡,是由锥体细胞通过局部兴奋 - 兴奋连接,经过 NMDA 受体介导的突触传递的(图 1-6-1C)。能通过一个数学模型预言到 NMDA 受体介导层次上的重要性,仅靠抽象的行为模型是不可能的,说明基于生物物理神经网络模型的必要性。这个理论预言在 1999 年发表,14 年后被猴子实验证实。当猴子进行 Funahashishi-Bruce-Goldman-Rakic 工作记忆任务的实验时,科学家用药物阻断前额叶皮层细胞上的 NMDA 受体,结果细胞延迟期的持续性电活动被抑制(图 1-6-1D),这个实验为上述理论提供了直接证据。另一项猴子实验显示,氯胺酮(NMDA 受体的拮抗剂)减少了前额叶皮层神经元延迟期电活动的任务选择性,同时带来工作记忆行为障碍。这些结果与精神疾病直接相关,因为 NMDA 受体的功能减退与精神分裂症工作记忆缺陷有关,而低于麻醉剂量的氯胺酮在健康受试者上也可产生类似于在精神分裂症患者上看到的工作记忆障碍。NMDA 受体对记忆持续性电活动以及它的选择性至关重要的这一发现,为工作记忆需要正常 NMDA 信号传导通路的临床观察提供了可能的机理解释。

正如中国古代哲学中提到的“一阴一阳之谓道”,突触的兴奋与抑制在局部与分布网络中的动态平衡是大脑皮层的基本属性。在基于生物物理的前额叶皮层神经网路模型中,突触兴奋与抑制的平衡对正常功能是非常重要的,因为它决定了网络的许多属性,包括:如没有通过抑制加以控制,强的兴奋 - 兴奋连接激活会导致失控的正反馈,网络不能维持动态稳定性;通过快速 AMPA 受体(兴奋性神经递质谷氨酸的另一种受体,α- 氨基 -3- 羟基 -5- 甲基 -4- 异噁唑丙酸受体,简称 AMPA)介导的兴奋和较慢的 $GABA_a$ 受体介导的抑制相互作用形成的高频率(40Hz)伽玛脑波(γ 波)网络振荡;突触抑制为神经元对刺激选择性所必需;以及记忆网络中的突触抑制屏蔽对来自不参与记忆储存的神经元的干扰刺激的响应。

这些结果对与精神分裂症有关的抑制通路缺损病理学有直接启示,特别是精神分裂症患者的一个普遍的行为问题是注意力涣散。最近的研究用上述兴奋 - 抑制平衡的计算模型来研究工作记忆的机制,模拟在工作记忆网络中抑制的减少会引起前额叶皮层过滤干扰刺激能力的欠缺,从而导致注意力分散。在工作记忆网络中,如果抑制神经元上的 NMDA 受体功能减退,抑制神经元放电降低,会引起钟状吸引子选择性降低,因此影响工作记忆编码的准确性(图 1-6-2A)。重要的是,网络的这种特征是兴奋和抑制之间总体的平衡功能(图 1-6-2B)。神经网络持续电活动选择性缺陷,使工作记忆更易受干扰刺激的影响,造成行为异常。这个计算模型有一个预测,记忆网络受干扰的程度与干扰刺激与记忆信息的相似程度。因而,如果代表记忆储存的信息范围越宽,与之相似的与记忆无关的信息,就变成干扰刺激。因为对两种信息编码的神经元群是重叠的,就有可能导致注意力分散和行为障碍(图 1-6-2C,右)。

此预测可以通过实验来检验。在实验中,健康受试者完成空间延迟匹配样品(delayed match-to-sample)的任务。延迟期中加入一个干扰刺激,它与储存在工作记忆中的样品的空间距离可小(相似)可大(不相似)。随后给予这些健康受试者少量的氯胺酮(前面讲过,这可以作为一个精神分裂症的药理模型),要求他们重复同样的任务。实验中观察到,氯胺酮只在干扰刺激和储存的信息相似的情况下增加错误行为率(图 1-6-2C,左),与模型的预测相吻合。而且,可以用计算模型做概念验证,以探索药物研制的可行性。例如,模型显示,如果对谷氨酸能或 GABA 能神经元进行调控,就能够恢复系统的兴奋 - 抑制平衡,进而扭转脱抑制诱导的注意力分散(图 1-6-2D)。因此,如果人们能开发新药来补偿脱抑制机制,有望帮助神经疾病病人恢复注意力涣散的缺陷。这个例子说明,建立在神经生物物理之上的模型,不仅可以用来发现行为障碍的脑神经机制,也可以帮助探索新的药物治疗方法。

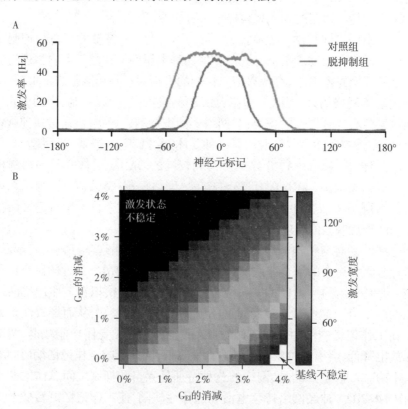

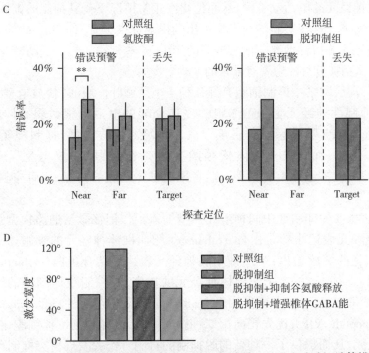

图1-6-2 兴奋与抑制平衡失控与工作记忆障碍——用实验验证计算模型

注:A. 空间工作记忆的脉冲网络模型(同图1-6-1),以钟形吸引子模式(蓝色)实现空间工作记忆储存。抑制神经元上的 NMDA 受体功能减退介导的脱抑制,引起钟形吸引子拓宽(橙色)、工作记忆编码准确度和抵抗干扰刺激的能力降低。B. NMDA 受体功能减退的参数空间(X 轴:抑制神经元上的 NMDA 电导;Y 轴:兴奋性锥体细胞神经元上的 NMDA 电导)凸显平衡对工作记忆功能的重要性。如果兴奋抑制比(E/I)被升高为脱抑制,表征宽度增加,虽然工作记忆可以实现,记忆系统很容易被干扰刺激(右下角)。相反,如果锥体细胞之间的循环兴奋导致 E/I 比降低过多,兴奋回荡不足以支持持久的电活动,工作记忆本身无法实现(左上角)。C. 在人类行为实验(空间工作记忆)中验证理论预测。数学模型发现,并不是所有干扰刺激都一样。与记忆储存信息越类似的干扰刺激,离钟形吸引子越近,使注意力涣散越有效。受试者在接受氯胺酮注射后(一种精神分裂症的药理学模型),在执行空间工作记忆任务时,仅有靠近记忆储存信息的干扰刺激才导致回答错误(左),该行为障碍与模型(右)所预测的一致。D. 模型显示,在假设药物治疗下,兴奋减少(紫色)或抑制增加(绿色)可以使补偿 E/I 平衡缺陷,恢复正常工作记忆行为(改编自 Murray 等,2014,已获许可)

　　在该模型中,网络过滤干扰的能力由于抑制性神经元电活动的减少而削弱。从这个模型中得出一个重要推测:轻微脱抑制造成的认知行为缺陷可能并非是因为记忆储存出了问题,而是因为在维持记忆时不能抵御与记忆无关的干扰刺激。在上述实验中观察到氯胺酮会减弱受试者对与记忆内容相似的刺激的抵御能力,与模型的推测相符。

　　这个观察也建议,这个脱抑制现象有可能是通过抑制性神经元上 NMDA 受体介导的电活动减少而造成的。在啮齿类动物中,快速施用氯胺酮也可导致抑制性神经元的电活动下降，从而使得在正常情况下受其抑制的锥体细胞的兴奋性增强。这些实验均对模型提出的推测提供了有力证据。此外，由于抑制性神经元关键性地参与γ波振荡的产生，这些神经元的电活动减少也能解释为什么精神分裂症患者有异常的γ波同步振荡。

然而，皮层网络中抑制细胞有好几种。小鼠额叶皮层的"快放电型"（fast spiking）抑制性神经元上一般NMDA受体介导的电活动很微弱，对NMDA受体阻断剂AP5不敏感。在成年大鼠，大多数"快放电型"抑制神经元缺乏NMDA受体，而NMDA受体依赖的突触兴奋在"规律放电型"（regular spiking）抑制性神经元上更显著。后者靶向锥体细胞的树突，从而控制信息输入。

因此，将3种抑制性中间神经元亚型纳入工作记忆微型通路模型：第一种中间神经元表达小白蛋白（parvabumin），靶向椎体神经元的细胞体，并控制锥体细胞的发放输出；第二种中间神经元表达钙结合蛋白（calbindin）或生长抑素（somatostatin），靶向椎体神经元的树突，并控制锥体细胞的输入；第三种中间神经元表达钙蛋白酶（calretintin）或血管活性肠肽（vasoactive intestinal peptide，VIP），优先靶向第二种中间神经元，即控制锥体细胞树突的中间神经元，从而提供了一种新的脱抑制的机制。作者发现树突抑制（表达somatostatin/calbindin的第二种中间神经元）比输出抑制（表达parvalbumin的第一种中间神经元）控制网络的抵抗干扰刺激的能力更有效。根据现有实验证据，氯胺酮诱导的脱抑制，很可能不是由控制输出的表达小白蛋白的中间神经元，而是由控制输入的表达生长抑素/钙结合蛋白的中间神经元的NMDA受体兴奋减少的结果。在未来的动物实验中，这个预测可使用细胞类型特异的遗传工具（cell-type specific genetic tools）来进行验证。

另一个有关的重要问题是，当兴奋-抑制失去平衡，向突触兴奋变强的方向倾斜时，会发生什么行为缺陷？模型模拟显示，这种不平衡可能会导致行为僵化，即编码记忆的吸引状态（attractor state）变得过分牢固，很难从一个吸引状态转换成静态（记忆擦除）或转换到其他记忆状态。这个问题很重要，因为工作记忆并不仅局限于感官刺激，比如大脑需要工作记忆来记住任务规则这些较抽象的概念来完成指定的行为。因而，吸引子网络模型已经扩展到遵守行为规则的内部表征。若工作记忆网络编码过分牢固，则难以实现从一个规则转到另一个规则的灵活行为，这正是精神分裂症认知异常的一个标志。

这个理论框架对分析精神疾病异常的神经调节（neuromodulation）也很有用。多巴胺系统就是一个很好的例子。众所周知，工作记忆性能表现出对多巴胺调制的依赖性呈倒"U"形：多巴胺太少，会失去工作记忆；多巴胺过多，工作记忆系统切换的灵活性下降。多巴胺调制的作用靶点是 NMDA 受体介导的兴奋性突触的激活和 GABA 介导的抑制性突触的抑制,或单个神经元的输入 - 输出关系。计算模拟表明,多巴胺调制的倒"U"形状可以用多巴胺调制对 NMDA 电导和 GABA 电导的敏感性差异来解释。此外,网络过滤干扰刺激的能力对重复性的突触兴奋与抑制的多巴胺调控十分敏感。因此,即使前额叶皮层多巴胺信号传导的障碍很轻,对工作记忆的维持也可能是非常有害的。

这些对工作记忆的研究表明,如果以生物物理为基础的计算模拟与实验互动,可望在提出新假说以揭示精神疾病核心认知障碍脑机制的创造性研究中发挥强有力的作用。

第七节　展望未来:建立一个新的跨学科领域

当今世界,治疗各种精神疾病的经济费用成为社会的巨大负担。而在包括神经内科、神经外科、精神病学和心理学等在内的临床神经科学领域里,目前对神经系统的知识,与实现深入理解造成神经系统疾病的机制及发展有效治疗手段这些目标之间仍然存在着巨大的差距。

近年来,世界科学界都开始为实现这些目标做出努力。例如在美国,美国国立卫生研究院(The National Institutes of Health,NIH)发起了包括人脑连接组项目(http://www.humanconnectomeproject.org)和脑计划(http://www.braininitiative.nih.gov/index.HTM),旨在推动先进的研究方法和开发创新技术来描述脑通路功能。欧洲和亚洲也有类似计划在同步进行,这些计划都为计算精神医学的发展奠定了基础。

从这个角度,本文以"强化学习"和"工作记忆"两个领域里的一些最新成果为例,介绍了如何用计算精神医学的方法来研究脑部疾病,并特别强调了实验、数据分析与理论之间的协作与整合是研究造成精神疾病的神经通路机制的关键。虽然本文的重点在讨论局部通路机制,计算精神医学还必须向系统水平的大脑研究发展。例如,需要发展大型的脑通路模型来研究前额叶皮层与其他大脑区域之间高度互联的复杂系统。这方面研究的一个重要课题是前额叶皮层与基底神经节间的相互作用,这个通路对工作记忆和决策来说非常重要。最近 1 项设计巧妙的行为实验的结果显示,精神分裂症患者强化学习的受损在很大程度上是工作记忆障碍而不是评估过程的缺陷。另一种重要的相互作用则涉及皮层和丘脑的互联。总而言之,采用新型手段对神经系统错综复杂的连接作探讨,将大大推动对精神疾病的研究进展。

当前神经科学正在取得的前所未有的进展为我们提供了非凡的机遇和挑战。

首先,基因组学和大规模的神经影像学研究与神经科学领域里的其他进展,一方面为我们提供了庞大的数据库,另一方面也需要新的数学和统计学工具来对其进行分析。

第二,迫切需要发展跨层次研究的新思路。例如,全基因组分析显示,编码 L- 型电压门控钙通道的基因与包括精神分裂症在内的多种严重精神障碍有关。那么,L- 型钙通道的改变是如何引起通路形成异常,并最终导致特定的精神和行为障碍的呢?可以用跨层次(从分子和细胞直到通路和行为水平)的计算模型来寻找答案。

第三,主要的精神疾病包括精神分裂症、自闭症和多动症等,都是神经发育性疾病。因此,未来的研究关键是要建立新的可用于研究发育期突触和通路变化的计算模型。例如,用功能脑成像来研究人类青春期工作记忆的功能。此外,突触机制在青春期的发育也与精神疾病相关。例如啮齿类动物,正常时小清蛋白阳性抑制神经元上的 NMDA 受体在生命早期表达丰富,但在成年期 NMDA 受体变得稀少。然而,如果 NMDA 受体在生命早期,而不是在成年期减少,就可能影响成年期的认知功能。不过目前专门为研究神经发育的关键期,或者为研究神经通路发育时的短暂受损如何影响成年脑功能而设计的计算模型十分缺乏。这方面的进展将需要建立与遗传、生理和成像实验相结合的复杂的神经通路计算模型。

第四,语言是与精神障碍相关的人类认知能力,因此对大脑语言通路的探索是与精神病学研究高度相关的一个课题。不少研究者都考虑过,是否可以定量捕捉与精神疾病有关的不正常、思维流动的具体特征这个问题。最近的一例研究工作就是沿着这一思路设计的,研究者将语言用作“测量思维的镜头”。他们发现对讲话进行定量分析,可对躁狂症与精神分裂症做出准确分类。

要在精神病学中取得突破性的进展,引入新的研究手段和策略是当务之急。而发展理论和计算模拟的计算行为科学和计算精神医学,正可以为在精神医学领域里发现新的诊断和治疗方法提供强大的工具。为了推动该领域的发展,需要新的基础设施和资源,也迫切需要培养深谙数学建模和实验的跨学科青年人才。目前对现代神经科学、精神医学、模拟计算 3 个领域融会贯通的人才屈指可数,因而要想真正推动精神医学的发展,培养跨学科的优秀领军人和大批研究人才以及对这一新兴领域研究的大力长期投入将是成功的关键。首先,应建立培训班,引入有物理和数学科学训练背景的研究生和博士后从事精神病学的研究;第二,应培养一批青年精神病学者学习计算科学,这样就可以避免在建立计算模型时没有精神病学的内行人参与;第三,政府资助机构、非营利组织和基金会应该提供新的项目,以在计算精神医学领域里推动高度跨学科的教育和研究。我相信,通过这些协作和努力,计算精神医学在解决21世纪心理健康的巨大挑战中将发挥不可或缺的作用。

（汪小京）

致谢:此文建立于本人与John Krystal(耶鲁大学医学院精神系主任)为《神经元》杂志写的专稿(Wang and Krystal,2014)。感谢上海市科学技术委员会的支持,以及刘嫄博士对此文的帮助。

参 考 文 献

1. Abbott LF. Theoretical neuroscience rising. Neuron,2008,60(3):489-495.

2. Anticevic A,Cole MW,Repovs G,et al. Connectivity,pharmacology,and computation:toward a mechanistic understandingof neural system dysfunction in schizophrenia. Front Psychiatry,2013,4:169.

3. Anticevic A,Cole MW,Repovs G,et al. Characterizing thalamo-cortical disturbances in schizophrenia and bipolarillness. Cereb Cortex,2014,24(12):3116-3130.

4. Arnsten AF,Paspalas CD,Gamo NJ,et al. Dynamic Network Connectivity:A new form of neuroplasticity. Trends Cogn Sci,2010,14(8):365-375.

5. Baddeley,A. Working memory:theories,models,and controversies. Annu Rev Psychol,2012,63:1-29.

6. Balleine BW,Dickinson A. Goal-directed instrumental action:contingency and incentive learning and their cortical substrates. Neuropharmacology,1998,37(4-5):407-419.

7. Barch DM,Ceaser A. Cognition in schizophrenia:core psychologicaland neural mechanisms. Trends Cogn Sci,2012,16(1):27-34.

8. Belforte JE,Zsiros V,Sklar ER,et al. Postnatal NMDA receptor ablation in corticolimbic interneurons confers schizophrenia-like phenotypes. Nat Neurosci,2010,13(1):76-83.

9. Belujon P,Grace AA. Critical role of the prefrontal cortex in the regulation of hippocampus-accumbens information flow. J Neurosci,2008,28(39):9797-9805.

10. Brandon NJ,Millar JK,Korth C,et al. Understanding the role of DISC1 in psychiatric disease and during normal development. J Neurosci,2009,29(41):12768-12775.

11. Brodersen KH,Deserno L,Schlagenhauf F,et al. Dissecting psychiatric spectrum disorders by generative embedding. Neuroimage Clin,2014,4:98-111.

12. Brunel N,Wang X.-J. Effects of neuromodulation in a cortical network model of object working memory dominated by recurrent inhibition. J Comput Neurosci,2001,11(1):63-85.

13. Buchanan RW, Keefe RS, Lieberman JA, et al. Arandomized clinical trial of MK-0777 for the treatment of cognitive impairments in people with schizophrenia. Biol Psychiatry, 2001, 69(5): 442-449.

14. Buckley MJ, Mansouri FA, Hoda H, et al. Dissociable components of rule guided behavior depend on distinct medial and prefrontal regions. Science, 2009, 325(5396): 52-58.

15. Bullmore E, Sporns O. Complex brain networks: graph theoreticalanalysis of structural and functional systems. Nat Rev Neurosci, 2009, 10(3): 186-198.

16. Buzs á ki G, Wang XJ. Mechanisms of gamma oscillations. Annu Rev Neurosci, 2012, 35(1): 203-225.

17. Carandini M. From circuits to behavior: a bridge too far? Nat Neurosci, 2012, 15(4): 507-509.

18. Carter E, Wang XJ. Cannabinoid-mediated disinhibition and working memory: dynamical interplay of multiple feedback mechanisms in a continuous attractor model of prefrontal cortex. Cereb Cortex, 2007, 17(Suppl 1): i16-i26.

19. Carter CS, Barch DM, Buchanan RW, et al. Identifying cognitive mechanisms targeted for treatment development in schizophrenia: an overview of the first meeting of the Cognitive Neuroscience Treatment Research to Improve Cognition in Schizophrenia Initiative. Biol Psychiatry, 2008, 64(1): 4-10.

20. Chaudhuri R, Knoblauch K, Gariel M-A, et al. A large-scale circuit mechanism for hierarchical dynamical processing in the primate cortex. Neuron, 2015, 88(2): 419-431.

21. Cohen JD, Servan-Schreiber D. Context, cortex, and dopamine: a connectionist approach to behavior and biology in schizophrenia. Psychol Rev, 1992, 99(1): 45-77.

22. Collins A, Brown J, Gold J, et al. Working memory contributions to reinforcement learning impairments in schizophrenia. J Neurosci, 2014, 34(41): 13747-13756.

23. Compte A, Brunel N, Goldman-Rakic PS, et al. Synaptic mechanisms and network dynamics underlying spatial working memory in a cortical network model. Cereb Cortex, 2000, 10: 910-923.

24. Constantinidis C, Wang XJ. A neural circuit basis for spatial working memory. Neuroscientist, 2004, 10(9): 553-565.

25. Corlett PR, Murray GK, Honey GD, et al. Disrupted prediction-error signal in psychosis: evidence for an associative account of delusions. Brain, 2007, 130(Pt 9): 2387-2400.

26. Corlett PR, Taylor JR, Wang XJ, et al. Toward a neurobiology of delusions. Prog Neurobiol, 2010, 92(3): 345-369.

27. Courchesne E, Mouton PR, Calhoun ME, et al. Neuron number and size in prefrontal cortex of children with autism. JAMA, 2011, 306(18): 2001-2010.

28. Coyle JT, Tsai G, Goff D. Converging evidence of NMDA receptor Hypofunction in the pathophysiology of schizophrenia. Ann N Y Acad Sci, 2003, 1003: 318-327.

29. D'Esposito M. From cognitive to neural models of working memory. Philos Trans R Soc Lond B Biol Sci, 2007, 362 (1481): 761-772.

30. Daw ND, Niv Y, Dayan P. Uncertainty-based competition between prefrontal and dorsolateral striatal systems for behavioral control. Nat Neurosci, 2005, 8 (12): 1704-1711.

31. Daw ND, Gershman SJ, Seymour B, et al. Model-based influences on humans' choices and striatal prediction errors. Neuron, 2011, 69 (6): 1204-1215.

32. Dayan P, Abbott LF. Theoretical Neuroscience. Cambridge MA: MIT Press, 2001.

33. Deco G, Scarano L. Soto-Faraco S. Weber's law in decision making: integrating behavioral data in humans with a neurophysiological model. J Neurosci, 2007, 27 (42): 11192-11200.

34. Deco G, Rolls ET, Romo R. Stochastic dynamics as a principleof brain function. Prog Neurobiol, 2009, 88 (1): 1-16.

35. Dezfouli A, Piray P, Keramati MM, et al. A neurocomputational model for cocaine addiction. Neural Comput, 2009, 21 (10): 2869-2893.

36. Ding L, Gold JI. The basal ganglia's contributions to perceptual decision making. Neuron, 2013, 79 (4): 640-649.

37. Dolan RJ, Dayan P. Goals and habits in the brain. Neuron, 2013, 80 (2): 312-325.

38. Douglas RJ, Martin KAC. Neuronal circuits of the neocortex. Annu Rev Neurosci, 2004, 27 (27): 419.

39. Durstewitz D, Seamans JK. The dual-state theory of prefrontal cortex dopamine function with relevance to catechol-o-methyltransferase genotypes and schizophrenia. Biol Psychiatry, 2008, 64 (9): 739-749.

40. Durstewitz D, Seamans JK, Sejnowski TJ. Dopamine-mediated stabilization of delay-period activity in a network model of prefrontal cortex. J Neurophysiol, 2000, 83 (3): 1733-1750.

41. Engel TA, Wang XJ. Same or different? A neural circuit mechanism of similarity-based pattern match decision making. J Neurosci, 2011, 31 (19): 6982-6996.

42. Fair DA, Bathula D, Nikolas MA, et al. Distinct neuropsychological subgroups in typically developing youth inform heterogeneity inchildren with ADHD. Proc Natl Acad Sci U S A, 2012, 109 (17): 6769-6774.

43. Freedman R, Lewis DA, Michels R, et al. The initial field trials of DSM-5: new blooms and old thorns. Am J Psychiatry, 2013, 170 (1): 1-5.

44. Friston KJ, Harrison L, Penny W. Dynamic causal modelling. Neuroimage, 2003, 19 (4): 1273-1302.

45. Friston KJ, Stephan KE, Montague R, et al. Computational psychiatry: the brain as a phantastic

organ. Lancet Psychiatry, 2014, 1 (2): 148-158.

46. Funahashi S, Bruce CJ, Goldman-Rakic PS. Mnemonic coding of visual space in the monkey's dorsolateral prefrontal cortex. J Neurophysiol, 1989, 61 (2): 331-349.

47. Furman M, Wang XJ. Similarity effect and optimal control of multiple-choice decision making. Neuron, 2008, 60 (6): 1153-1168.

48. Fuster JM. The Prefrontal Cortex. 4th ed. New York: Academic Press, 2008.

49. Gläscher J, Daw N, Dayan P, et al. States versus rewards: dissociable neural prediction error signals underlying model-based and model-free reinforcement learning. Neuron, 2010, 66 (4): 585-595.

50. Glimcher PW. Decisions, Uncertainty, and the Brain: The Science of Neuroeconomics. Cambridge, MA: MIT Press, 2003.

51. Glimcher PW, Fehr CF. Neuroeconomics: Decision Making and the Brain, 2nd ed. London: Academic Press, 2013.

52. Goff DC. Bitopertin: the good news and bad news. JAMA Psychiatry, 2014, 71 (6): 621-622.

53. Gold JI, Shadlen MN. The neural basis of decision making. Annu Rev Neurosci, 2007, 30: 535-574.

54. Goldman-Rakic, PS. Circuitry of primate prefrontal cortex and regulation of behavior by representational memory. In Handbook of Physiology- The Nervous System V, F. Plum and V. Mountcastle, eds. Bethesda, Maryland: American Physiological Society, 1987: 373-417.

55. Goldman-Rakic PS. Working memory dysfunction in schizophrenia. J Neuropsychiatry Clin Neurosci, 1994, 6 (4): 348-357.

56. Goldman-Rakic PS. Cellular basis of working memory. Neuron, 1995, 14 (3): 477-485.

57. Gottesman II, Gould TD. The endophenotype concept in psychiatry: etymology and strategic intentions. Am J Psychiatry, 2003, 160 (4): 636-645.

58. Gruber AJ, Calhoon GG, Shusterman I, et al. More is less: a disinhibited prefrontal cortex impairs cognitive flexibility. J Neurosci, 2010, 30 (50): 17102-17110.

59. Hansel D, Mato G. Short-term plasticity explains irregular persistent activity in working memory tasks. J Neurosci, 2013, 33 (1): 133-149.

60. Higley MJ. Localized GABAergic inhibition of dendritic Ca (2+) signaling. Nat Rev Neurosci, 2014, 15 (9): 567-572.

61. Homayoun H, Moghaddam B. NMDA receptor hypofunction produces opposite effects on prefrontal cortex interneurons and pyramidal neurons. J Neurosci, 2007, 27 (43): 11496-11500.

62. Hunt LT, Kolling N, Soltani A, et al. Mechanisms underlying cortical activity during value-guided choice. Nat. Neurosci, 2012, 15 (3): 470-476, S1-S3.

63. Huys QJ, Pizzagalli DA, Bogdan R, et al. Mapping anhedoniaonto reinforcement learning: a behavioural meta-analysis. Biol Mood Anxiety Disord, 2013, 3 (1): 12.

64. Insel TR. Rethinking schizophrenia. Nature, 2010, 468 (7321): 187-193.

65. Insel TR. The NIMH Research Domain Criteria (RDoC) Project: precision medicine for psychiatry. Am J Psychiatry, 2014, 171 (4): 395-397.

66. Insel T, Cuthbert B, Garvey M, et al. Research domain criteria (RDoC): toward anew classification framework for research on mental disorders. Am J Psychiatry, 2010, 167 (7): 748-751.

67. Johansen JP, Cain CK, Ostroff LE, et al. Molecular mechanisms of fear learning and memory. Cell, 2011, 147: 509-524.

68. Josselyn SA. Continuing the search for the engram: examining the mechanism of fear memories. J Psychiatry Neurosci, 2010, 35 (4): 221-228.

69. Kahneman D. Thinking, Fast and Slow. New York: Farrar, Straus and Giroux, 2011.

70. Kepecs A, Fishell G. Interneuron cell types are fit to function. Nature, 2014, 505 (7483): 318-326.

71. Kilpatrick ZP, Ermentrout B, Doiron B. Optimizing working memory with heterogeneity of recurrent cortical excitation. J Neurosci, 2013, 33 (48): 18999-19011.

72. Krueger RF. The structure of common mental disorders. Arch. Gen. Psychiatry, 1999, 56 (10): 921-926.

73. Krystal JH, State MW. Psychiatric disorders: diagnosis to therapy. Cell, 2014, 157 (1): 201-214.

74. Krystal JH, Karper LP, Seibyl JP, et al. Subanesthetic effects of the noncompetitive NMDA antagonist, ketamine, in humans. Psychotomimetic, perceptual, cognitive, and neuroendocrine responses. Arch Gen Psychiatry, 1994, 51 (3): 199-214.

75. Kurth-Nelson Z, Redish AD. Modeling decision-making systemsin addiction. In Computational Neuroscience of Drug Addiction, B. Gutkin and S.H. Ahmed, eds. Springer Publishing, 2011: 163-188.

76. Lapish CC, Durstewitz D, Chandler LJ, et al. Successful choice behavior is associated with distinct and coherent network states in anterior cingulate cortex. Proc Natl Acad Sci U S A, 2008, 105 (33): 11963-11968.

77. Lee D. Decision making: from neuroscience to psychiatry. Neuron, 2013, 78 (2): 233-248.

78. Lee J, Park S. Working memory impairments in schizophrenia: a meta-analysis. J Abnorm Psychol, 2005, 114 (4): 599-611.

79. Lewis DA, Gonzalez-Burgos G. Pathophysiologically based treatment interventions in schizophrenia. Nat Med, 2006, 12 (9): 1016-1022.

80. Lewis DA, Hashimoto T, Volk DW. Cortical inhibitory neurons and schizophrenia. Nat Rev Neurosci, 2005, 6(4):312-324.

81. Lewis DA, Curley AA, Glausier JR, et al. Corticalparvalbumin interneurons and cognitive dysfunction in schizophrenia. Trends Neurosci, 2012, 35(1):57-67.

82. Lisman JE, Coyle JT, Green RW, et al. Circuit-based framework for understanding neurotransmitter and risk gene interactions in schizophrenia. Trends Neurosci, 2008, 31(5): 234-242.

83. Lo CC. Wang XJ. Cortico-basal ganglia circuit mechanism fora decision threshold in reaction time tasks. Nat Neurosci, 2006, 9(7):956-963.

84. Lo CC, Boucher L, Paré M, et al. Proactive inhibitory control and attractor dynamics in countermanding action: a spiking neural circuit model. J Neurosci, 2009, 29(28):9059-9071.

85. Lucantonio F, Stalnaker TA, Shaham Y, et al. The impact of orbitofrontal dysfunction on cocaine addiction. Nat Neurosci, 2012, 15(3):358-366.

86. Luck SJ, Gold JM. The construct of attention in schizophrenia. Biol Psychiatry, 2008, 64(1): 34-39.

87. Machens CK, Romo R, Brody CD. Flexible control of mutual inhibition: a neural model of two-interval discrimination. Science, 2005, 307(5712):1121-1124.

88. Maia TV, Frank MJ. From reinforcement learning models to psychiatric and neurological disorders. Nat Neurosci, 2011, 14(2):154-162.

89. Markov NT, Ercsey-Ravasz M, Van Essen DC, et al. Cortical high-density counter stream architectures. Science, 2013, 342(6158):1238406.

90. Mejias JF, Murray JD, Kennedy H, et al. Feedforward and feedback frequency-dependent interactions in a large-scale laminar network of the primate cortex. Sci Adv, 2016, 2(11): e1601335.

91. Mesulam MM. Principles of Behavioral and Cognitive Neurology, 2nd ed. New York: Oxford University Press, 2000.

92. Millan MJ, Agid Y, Brüne M, et al. Cognitive dysfunction in psychiatric disorders: characteristics, causes and the quest for improved therapy. Nat Rev Drug Discov, 2012, 11(2): 141-168.

93. Miller EK, Cohen JD. An integrative theory of prefrontal cortex function. Annu Rev Neurosci, 2001, 24:167-202.

94. Miller P, Wang XJ. Inhibitory control by an integral feedback signal in prefrontal cortex: a model of discrimination between sequential stimuli. Proc Natl Acad Sci U S A, 2006, 103(1): 201-206.

95. Moghaddam B, Krystal JH. Capturing the angel in "angel dust": twenty years of translational

neuroscience studies of NMDA receptor antagonists in animals and humans. Schizophr Bull, 2012,38(5):942-949.

96. Montague PR, Dayan P, Sejnowski TJ. A framework for mesencephalic dopamine systems based on predictive Hebbian learning. J Neurosci, 1996, 16(5):1936-1947.

97. Montague PR, Dolan RJ, Friston KJ, et al. Computational psychiatry. Trends Cogn Sci, 2012, 16(1):72-80.

98. Moore H, Jentsch JD, Ghajarnia M, et al. A neurobehavioral systems analysis of adult rats exposed to methylazoxymethanol acetate on E17: implications for the neuropathology of schizophrenia. Biol Psychiatry, 2006, 60(3):253-264.

99. Mota NB, Vasconcelos NA, Lemos N, et al. Speech graphs provide a quantitative measure of thought disorder in psychosis. PLoS ONE, 2012, 7(4):e34928.

100. Murray JD, Anticevic A, Gancsos M, et al. Linking microcircuit dysfunction to cognitive impairment: effects of disinhibition associated with schizophrenia in a cortical working memory model. Cereb Cortex, 2014, 24(4):859-872.

101. O'Reilly RC, Frank MJ. Making working memory work: a computational model of learning in the prefrontal cortex and basal ganglia. Neural Comput, 18(2):283-328.

102. Olesen J, Gustavsson A, Svensson M, et al. The economic cost of brain disorders in Europe. Eur J Neurol, 2012, 19(1):155-162.

103. Panlilio LV, Thorndike EB, Schindler CW. Blocking of conditioning to a cocaine-paired stimulus: testing the hypothesis that cocaine perpetually produces a signal of larger-than-expected reward. Pharmacol Biochem Behav, 2007, 86(4):774-777.

104. Park S, Holzman PS. Schizophrenics show spatial working memory deficits. Arch Gen Psychiatry, 1992, 49(12):975-982.

105. Parker AJ, Newsome WT. Sense and the single neuron: probing the physiology of perception. Annu Rev Neurosci, 1998, 21:227-277.

106. Pereira J, Wang XJ. A trade-off between accuracy and flexibility in a working memory circuit endowed with slow feedback mechanisms. Cereb Cortex, 2015, 25(10):3586-3601.

107. Rae CL, Hughes LE, Anderson MC, et al. The prefrontal cortex achieves inhibitory control by facilitating subcortical motor pathway connectivity. J Neurosci, 2015, 35(2):787-794.

108. Rae CL, Nombela C, Rodríguez PV, et al. Atomoxetine restores the response inhibition network in Parkinson's disease. Brain, 2016, 139(Pt 8):2235-2248.

109. RangelA, Camerer C, Montague PR. A framework for studying the neurobiology of value-based decision making. Nat Rev Neurosci, 2008, 9(7):545-556.

110. Ratcliff R. A theory of memory retrieval. Psychol Rev, 1978, 85(85):59-108.

111. Redish AD. Addiction as a computational process gone awry. Science, 2004, 306(5703):

1944-1947.

112. Redish AD, Jensen S, Johnson A, et al. Reconciling reinforcement learning models with behavioral extinction and renewal: implications for addiction, relapse, and problem gambling. Psychol Rev, 2007, 114 (3): 784-805.

113. Renart A, Song P, Wang XJ. Robust spatial working memory through homeostatic synaptic scaling in heterogeneous cortical networks. Neuron, 2003, 38 (3): 473-485.

114. Rescorla R, Wagner AR. A theory of Pavlovian conditioning: variations in the effectiveness of reinforcement and non-reinforcement. In Classical Conditioning II, A.H. Black and W.F. Prokasy, eds. New York: Appleton-Century-Crofts, 1972: 64-69.

115. Rigotti M, Ben Dayan Rubin D, Wang XJ, et al. Internal representation of task rules by recurrent dynamics: the importance of the diversity of neural responses. Front Comput Neurosci, 2010, 4: 24.

116. Rigotti M, Barak O, Warden MR, et al. The importance of mixed selectivity in complex cognitive tasks. Nature, 2013, 497 (7451): 585-590.

117. Robbins TW, Gillan CM, Smith DG, et al. Neurocognitive endophenotypes of impulsivity and compulsivity: towards dimensional psychiatry. Trends Cogn Sci, 2012, 16 (1): 81-91.

118. Roitman JD, Shadlen MN. Response of neurons in the lateral intraparietal area during a combined visual discrimination reaction time task. J Neurosci, 2002, 22 (21): 9475-9489.

119. Rolls ET, Loh M, Deco G, et al. Computational models of schizophrenia and dopamine modulation in the prefrontal cortex. Nat Rev Neurosci, 2008, 9 (9): 696-709.

120. Rotaru DC, Yoshino H, Lewis DA, et al. Glutamate receptor subtypes mediating synaptic activation of prefrontal cortex neurons: relevance for schizophrenia. J Neurosci, 2011, 31 (1): 142-156.

121. Rubinov M, Bullmore E. Fledgling pathoconnectomics of psychiatric disorders. Trends Cogn Sci, 2013, 17 (12): 641-647.

122. Sakai K. Task set and prefrontal cortex. Annu Rev Neurosci, 2008, 31: 219-245.

123. Satterthwaite TD, Wolf DH, Erus G, et al. Functional maturation of the executive system during adolescence. J Neurosci, 2013, 33 (41): 16249-16261.

124. Schultz W, Dayan P, Montague PR. A neural substrate of prediction and reward. Science, 1997, 275 (5306): 1593-1599.

125. Seamans JK, Durstewitz D, Christie BR, et al. Dopamine D1/D5 receptor modulation of excitatory synaptic inputs to layer V prefrontal cortex neurons. Proc Natl Acad Sci U S A, 2001, 98 (1): 301-306.

126. Sejnowski TJ, Koch C, Churchland PS. Computational neuroscience. Science, 1988, 241 (4871): 1299-1306.

127. Sigala N,Kusunoki M,Nimmo-Smith I,et al. Hierarchical coding for sequential task events in the monkey prefrontal cortex. Proc Natl Acad Sci U S A,2008,105(33):11969-11974.

128. Simon DA,Daw ND. Dual-System Learning Models and Drugs of Abuse[M]. New York:Springer Publishing New York,2012:145-161.

129. Skoblenick K,Everling S. NMDA antagonist ketamine reducestask selectivity in macaque dorsolateral prefrontal neurons and impairs performance of randomly interleaved prosaccades and ant saccades. J Neurosci,2012,32(35):12018-12027.

130. Smith PL,Ratcliff R. Psychology and neurobiology of simple decisions. Trends Neurosci,2004,27(3):161-168.

131. Smoller JW,Ripke S,Lee PH,et al. Identification of risk loci with shared effects on five major psychiatric disorders:a genome-wide analysis. Lancet,2013,381(9875):1371-1379.

132. Soltani A,Wang XJ. A biophysically based neural model of matching law behavior:melioration by stochastic synapses. J Neurosci,2006,26(14):3731-3744.

133. Soltani A,Chaisangmongkon W,Wang XJ. Neural circuit mechanisms of value-based decision-making and reinforcement learning. Elsevier Academic press,2017.

134. Song HF,Kennedy H,Wang XJ. Spatial embedding of structural similarity in the cerebral cortex. Proc Natl Acad Sci,2014,111(46):16580-16585.

135. Spencer KM,Nestor PG,Perlmutter R,et al. Neural synchrony indexes disordered perception and cognition in schizophrenia. Proc Natl Acad Sci U S A,2004,101(49):17288-17293.

136. Sporns O. Networks of the Brain. Cambridge,MA:MIT Press,2009.

137. Stephan KE,Harrison LM,Kiebel SJ,et al. Dynamic causal models of neural system dynamics:current state and future extensions. J Biosci,2007,32(1):129-144.

138. Stephan KE,Bach DR,Fletcher PC,et al. Charting the landscape of priority problems in psychiatry,part 1:classification and diagnosis. Lancet Psychiatry,2016,3(1):77-83.

139. Stephan KE,Binder EB,Breakspear M,et al. Charting the landscape of priority problems in psychiatry,part 2:pathogenesis and a etiology. Lancet Psychiatry,2016,3(1):84-90.

140. Strauss GP,Frank MJ,Waltz JA,et al. Deficits in positive reinforcement learning and uncertainty-driven exploration are associated with distinct aspects of negative symptoms in schizophrenia. Biol Psychiatry,2011,69(5):424-431.

141. Sutton RS,Barto AG. Reinforcement Learning:An Introduction. Cambridge,MA:MIT Press,1998.

142. Szczepanski SM,Knight RT. Insights into human behavior from lesions to the prefrontal cortex. Neuron,2014,83(5):1002-1018.

143. Voon V,Derbyshire K,Rück C,et al. Disorders of compulsivity:a common bias towards learning habits. Mol Psychiatry,2015,20(3):345-352.

144. Vos T, Flaxman AD, Naghavi M, et al. Years lived with disability (YLDs) for 1160 sequelae of 289 diseases and injuries 1990-2010: a systematic analysis for the Global Burden of Disease Study 2010. Lancet, 2012, 380 (9859): 2163-2196.

145. Vukadinovic Z. Sleep abnormalities in schizophrenia may suggest impaired trans-thalamic cortico-cortical communication: towards a dynamic model of the illness. Eur J Neurosci, 2011, 34 (7): 1031-1039.

146. Wallis JD, Anderson KC, Miller EK. Single neurons in prefrontal cortex encode abstract rules. Nature, 2001, 411 (6840): 953-956.

147. Wang HX, Gao WJ. Cell type-specific development of NMDA receptors in the interneurons of rat prefrontal cortex. Neuropsychopharmacology, 2009, 34 (8): 2028-2040.

148. Wang HX, Stradtman GG 3rd, Wang XJ, et al. (2008). A specialized NMDA receptor function in layer 5 recurrent micro circuitry of the adult rat prefrontal cortex. Proc Natl Acad Sci U S A, 2008, 105 (43): 16791-16796.

149. Wang M, Yang Y, Wang CJ, et al. NMDA receptors sub serve persistent neuronal firing during working memory in dorsolateral prefrontal cortex. Neuron, 2013, 77 (4): 736-749.

150. Wang XJ.. Synaptic basis of cortical persistent activity: the importance of NMDA receptors to working memory. J Neurosci, 1999, 19 (21): 9587-9603.

151. Wang XJ. Synaptic reverberation underlying mnemonic persistent activity. Trends Neurosci, 2001, 24 (8): 455-463.

152. Wang XJ. Probabilistic decision making by slow reverberation incortical circuits. Neuron, 2002, 36 (5): 955-968.

153. Wang XJ. A microcircuit model of prefrontal functions: Ying and Yang of reverberatory neurodynamic in cognition. New York: Cambridge University Press, 2006: 92-127.

154. Wang XJ. Toward a prefrontal microcircuit model for cognitive deficits in schizophrenia. Pharmacopsychiatry, 2006, 39 (Suppl 1): S80-S87.

155. Wang XJ. Decision making in recurrent neuronal circuits. Neuron, 2008, 60 (2): 215-234.

156. Wang XJ. Neurophysiological and computational principles of cortical rhythms in cognition. Physiol Rev, 2010, 90 (3): 1195-1268.

157. Wang XJ. The Prefrontal Cortex as a Quintessential "Cognitive-Type" Neural Circuit. New York: Cambridge University Press, 2013: 226-248.

158. Wang XJ, Kennedy H. Brain structure and dynamics across scales: in search of rules. Curr Opin Neurobiol, 2016, 37: 92-98.

159. Wang XJ, Krystal J. Computational psychiatry. Neuron, 2014, 84 (3): 638-654.

160. Wang XJ, Tegné r J, Constantinidis C, et al. Division of labor among distinct subtypes of inhibitory neurons ina cortical microcircuit of working memory. Proc Natl Acad Sci U S A,

2004,101(5):1368-1373.

161. Wei W,Wang XJ. Inhibitory control in the cortico-basal ganglia-thalamocortical circuit: complex regulation and interplay with memory and decision processes. Neuron,2016,92(5): 1-13.

162. Wei Z,Wang XJ,Wang DH. From distributed resources to limited slots in multiple-item working memory:a spiking network model with normalization. J Neurosci,2012,32(33): 11228-11240.

163. Wiecki TV,Poland J,Frank MJ. Model-Based Cognitive Neuroscience Approaches to Computational Psychiatry. Clinical Psychological Science,2014,3(3):378-399.

164. Wiecki TV,Poland J,Frank MJ. Model-Based Cognitive Neuroscience Approaches to Computational Psychiatry. Clinical Psychological Science,2014,3(3):378-399.

165. Wimmer K,Nykamp DQ,Constantinidis C,et al. Bump attractor dynamics in prefrontal cortex explains behavioral precision in spatial working memory. Nat Neurosci,2014,17(3): 431-439.

166. Wittchen HU,Jacobi F,Rehm J,et al. The size and burden of mental disorders and other disorders of the brain in Europe 2010. European Neuropsychopharmacology,2011,21(9): 655.

167. Wong KF,Wang XJ. A recurrent network mechanism of time integration in perceptual decisions. J Neurosci,2006,26(4):1314-1328.

168. Yang G,Murray J,Wang XJ. A dendritic disinhibitory circuit mechanism for pathway-specific gating. Nature Communication,2016,7:12815.

169. Yang GJ,Murray JD,Repovs G,et al. Altered global brain signal in schizophrenia. Proc Natl Acad Sci U S A,2014,111(20):7438-7443.

170. Yang GJ,Murray JD,Wang XJ,et al. Functional hierarchy underlies preferential connectivity disturbances in schizophrenia. Proc Natl Acad Sci U S A,2016,113(2):E219-228.

171. Zhang J,Rittman T,Nombela C,et al. Different decision deficits impair response inhibition in progressive supranuclear palsy and Parkinson's disease. Brain,2016,139(Pt 1):161-173.

第二章
计算神经科学的模型与方法

大脑决定或调控人类的所有认知、记忆、思想和行为。大脑的基本工作单元称为神经元,单个神经元的功能看似简单,但是海量神经元(1011 数量级)和突触/树突连接(1014 数量级)组成巨大的、极其复杂的信息处理系统。每个表情、每个动作和每个思想都是这个复杂的系统工作产生的。大脑通过神经元及其连接来实现的认知功能源于神经元网络的计算能力。基于此,产生了计算神经科学这门交叉的学科。简言之,就是以计算的方法研究"神经系统在做什么,如何实现功能和为什么以此工作方式实现功能"。对于数据处理和分析的计算在于模型的建立。计算神经科学涉及动力系统模型、概率统计模型及其二者结合。文献提出的针对计算神经科学 3 个问题,提出了 3 类描述神经系统行为的模型概念:①描述模型(descriptive model)——解释做什么;②机制模型(mechanistic model)——解释如何做;③解释模型(interpretive model)——解释为什么这么做。

第一节 前 言

发育缺陷和环境因素等诱发的脑结构和功能改变,导致精神活动异常,产生所谓的精神疾病。精神疾病无论是经济负担还是社会负担都是非常巨大。以欧洲为例,最近的研究表明,精神疾病已经成为 21 世纪欧洲最大的健康挑战,形成巨大的社会和经济负担,而且呈急剧上升的趋势。但是,目前关于精神疾病的认知还极其有限。诊断手段还仅限于通过量表进行的症状统计和综合分析,治疗也多局限于症状控制,既缺乏充分严格病理学知识,也没有完整病症分类和有效的生物监测指标,因而难以科学严格的诊断和治疗。只有从神经元、神经递质和网络层面研究大脑,才可能清晰刻画精神疾病的临床表现在大脑不同层面的体现及其因果关系。

对于单个神经元和局部神经回路的研究极大丰富了对神经网络与认知功能关系的理解,但是仍具有局限性。首先,因为神经元信号数据的测量(局部场电位、放电序列)对实验主体是有损的,所以无法直接观测人类大脑的活动行为。除了多通道的 EEG/MEG 技术,近年来发展的磁共振成像(MRI)技术为研究人类大脑提供了有效的影像数据方法,尽管较高空间解析率使研究者可以更清晰地探索大脑不同区域与认知功能的联系,血氧水平依赖(BOLD)数据只是大脑状态的间接反映。因此,离开对于神经元层面的分析与研究,难以对大脑认知功能有准确和整体的研究。基于神经元网络的计算模型,可为人类大脑的研究提供有力的工具,其与大脑影像数据的结合,可谓人类脑科学的研究补上关键的一环。

笔者认为,神经计算的相关知识,有利于理解大脑的工作原理和分析处理实验神经科学的数据,对于大脑认知、学习和记忆等的研究至关重要。因此学习计算神经学的相关知识对于理解和研究精神疾病是非常有必要的。

本部分将介绍神经计算的各类模型和方法,用于帮助分析和处理实验神经科学数据,理解和建立新的神经科学理论;更能通过构造新算法和新思想,进而应用于实际工程问题,诸如模式识别,图像处理和优化计算。持此观点阅读以下各节将有助于理解这些模型和方法在理论神经科学和人工神经网络应用的价值。具体而言,本章第 2 节首先介绍神经细胞的解剖知识,通过电路模型描述其膜电位和动作电位,从而给出几类常见的神经元计算模型,并阐述其动作电位的产生机制,以及突触链接构造;将神经元模型通过轴突和树突链接,构成网络模型,介绍常见的网络模型,包括前馈和递归网络,以及在神经计算的应用;第 3 节着重介绍各类神经学习算法,包括 Hebb 学习法则、基于贝叶斯的统计学习、非监督式学习、监督式学习和强化式学习;第 4 节介绍时空滤波、贝叶斯推论和信息理论,以此实现神经编码和解码,应用于一个简单视觉特征(模式)提取的例子。

第二节　计算神经元网络模型

神经科学相关研究表明,大脑的行为和功能是以神经元作为基本单位的。神经元是神经系统内离散的细胞,而非连续的组织;神经信息流由突触—通过神经元细胞体—再由树突传递到其它神经元。神经元有不同的种类,在不同位置(如大脑皮层、脑干)的神经元具有不同的形态。但是都具有类似的行为和结构特征。将这些共同行为和特征加以综合和抽象,用以定义理想神经元的生物模型。图 2-2-1 描述的是一个理想神经元的结构。神经元的状态通过两类指标来描述:电特征(比如膜电位)和生化特征(比如各类离子和神经递质的浓度)。从此意义上讲,理想神经元也可称为电神经元和化学神经元。神经元最主要的电信号就是动作电位,一类急剧的、先升后降的电位变化。通过

动作电位在树突 - 突触的传播来实现信息传递。

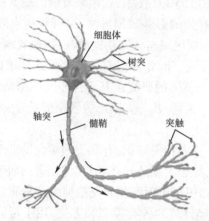

细胞体

树突

轴突

髓鞘

突触

图 2-2-1　理想神经元地结构略图（来自网络）

本节主要通过电神经元来描述神经信号,而各类离子和神经传递子的特征通过其对于电信号的影响(电位和传递率)来刻画:首先简要介绍理想神经元和离子通道的结构和生化特征和动作电位;神经元之间的连接:突触和树突的结构和特征,以及基于动作电位的信息流在其中的传递方式;其次利用上这些生物物理特征,建立神经元的数学模型,包括 Hulexy-Hodgin 模型和渗透整合激发模型,并简要介绍其动力学行为特征以及如何实现对动作电位的描述。

2.1　理想神经元的电生理特征

单个神经元的功能很简单,但通过大量的神经元连接构成网络可完成复杂的认知功能。神经元之间通过树突 - 突触耦合在一起,通过电位和化学物质传递动作电位。通过突触滤波建立实现神经元之间的动作电位传递的数学机制,从而构造发放神经元网络(spiking neuronal network)。可通过数值计算来分析和理解神经科学实验数据和现象。该模型利用神经放电来描述神经动力学行为,刻画神经放电的时间序列,更接近与生物实验数据,更易于描述神经元的同步放电。因此,成为目前最主要的生物计算神经网络模型之一。然而,由于数值仿真的计算代价高,严格地分析非常困难,难以进行严格的数学证明。

通过平均场近似,以神经元的放电频率作为神经活动的度量。科学家提出了一系列神经网络模型,通过描述神经网络的放电率行为,刻画神经信息的传递和实现神经计算。这些类网络模型称为放电率神经网络,相比于发放神经元网络模型,不仅数值仿真的代价更小,可较容易地进行大尺度的网络计算模拟,更重要的是,可进行严格的数学分析和证明。

需要指出的是,高性能计算硬件和大规模计算技术的日新月异,在大规模网络条件下,仿真放电神经元网络并非困难,而其理论分析常常还依赖于放电率神经网络。相比于放电神经元网络,通过集成电路,放电率神经网络的物理实现代价更低。由此,神经网络的计算功能可通过硬件实现,这为其在优化计算和模式识别中的应用提供高效低成本的手段。因此,放电率神经网络模型也被称为人工神经网络。

　　神经元细胞由细胞膜和细胞体组成。细胞膜(membrane)是双层脂质膜,并非完全隔绝细胞体内外,在一定条件下,它可以对某些带电离子开放,比如钠[Na^+]、钾[K^+]、氯离子[Cl^-]和一些有机离子。由于离子的流进流出,细胞膜内外电位变化,从而实现神经元对电生理信息的处理和传递。神经元细胞膜内外的电位差称为神经元的膜电位差(membrane potential difference),是描述神经元的电生理特性的主要指标。正常状态下,神经元细胞体内的K^+和有机离子浓度高于细胞体外,Na^+和Cl^-浓度低于细胞外。

　　离子的进出是通过打开或关闭细胞膜上的离子通道(ion channel)来实现的。离子通道实质上是神经元细胞膜上的一些有孔的蛋白膜。根据打开 - 关闭的特性分为如下几类:①电压门控离子通道:通道打开的概率由膜电位控制。②递质门控离子通道:通过绑定一类化学物质才能打开通道,由此可选择进入或流出的离子种类。③机械门控离子通道:由内外压力和张力控制打开或关闭通道,由此可调节某些带电离子在细胞体内的浓度。离子通道的开闭控制带电离子的进出,从而实现膜电位的控制。

　　没有外部刺激时,神经细胞的膜电位会保持一个常数,称之为静息电位(resting potential)。神经元发生了放电行为之后,神经元会趋于静息电位。在计算神经科学中,静息电位常设为 -70mV,即以此时细胞膜外的电位为0mV,细胞膜内的电位为 -70mV。静息电位是通过一类称为钠钾离子泵的离子通道组合,可以实现Na^+流出和K^+流入。兴奋性动作电位可导致Na^+进入神经细胞,导致细胞内电位升高,钠钾离子泵可迫使Na^+流出,从而调节膜电位回归静息电位;反之,抑制性动作电位可导致Cl^-进入神经细胞,导致细胞内电位降低,钠钾离子泵可迫使K^+流入,从而调节膜电位回归静息电位。图 2-2-2 给出了各类离子流出流入的示意。

　　动作电位是神经元最主要的状态和信息传递载体,描述为急剧上升和随后急剧下降的膜电位变化。图 2-2-3 给出了一个典型的动作电位示意图,其持续时间大约在几毫秒,电位变化范围在 100mV 左右。它既可能是外界突触刺激引起的,也可能是自发的,伴随着不同类型的离子通道的打开和关闭。动作电位的发生频率和发放时间点是神经信息的主要表达形式。发放频率也被称为放电率(firing rate),可通过一个非负实数时间序列来描述,$r(t,x)$,其

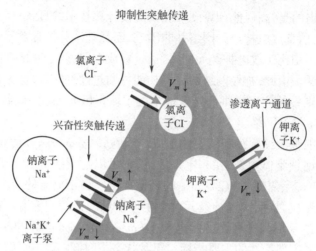

图 2-2-2　离子流入流出示意图（来自网络）

中 t 表示时间，x 表示神经元的空间位置。发放时间可通过一个点过程（point process）来描述，$\{t_1^i, \cdots, t_k^i, \cdots\}$，$t_k^i$ 表示神经元 i 的第 k 次发放动作电位的时间点，基于点过程理论，也可以等价的用 $N^i(t)$ 描述，即神经元 i 在 $(0,t)$ 的发放次数。这些过程可被描述为确定性的动力系统，或者被描述为随机过程。

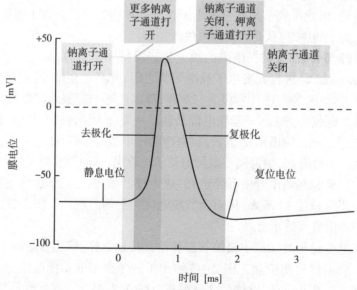

图 2-2-3　动作电位和离子通道开闭示意图（来自网络）

　　神经元产生的动作电位沿着轴突向其他神经元传递，轴突的基本结构包括髓鞘和兰氏结（node of ranvier），由胶质细胞构成；胶质细胞通过钠钾离子的先后流入流出，产生类似于动作电位的形态，从而将神经元产生的动作电位向远处传递。这是一种主动（active）放电传递，因而神经细胞的动作电位可进行长距离的无损传递。

　　轴突传来的神经元 A 的动作电位与神经元 B 的树突接触，从而实现传递。这种连接称之为突触（synapses）。神经元之间有两类突触，一类是"电突触"，也称之为间隙连接（gap junction），由于神经元细胞之间存在电位差，打开电位门控离子通道，使得 Na⁺ 的传递，从而实现动作电位传递；另一类是"化学突触"，通过一类称为神经递质（neurotransmitter）的蛋白质与离子的绑定，从神经元 A 的轴突终端（button）释放，与神经元细胞的细胞膜结合，打开递质门控通道，从而实现离子流入流出，导致动作电位的传递。

　　一个动作电位分为两个时间阶段。首先是去极化过程（depolarization）：膜电位在处于静息电位阶段（由渗透离子通道控制），由于电位的升高，Na⁺ 通道打开，更多的 Na⁺ 进入导致膜电位迅速升高，进一步加剧更多的 Na⁺ 通道开放，从而产生了急剧上升的膜电位；然后是复极化过程（repolarization），当电位升高到一定程度，Na⁺ 通道关闭，钾离子通道打开，导致 K⁺ 的流出，导致膜电位的迅速下降，下降到一定程度，K⁺ 通道关闭，通过钠钾离子泵的作用，恢复到静息电位（图 2-2-4）。

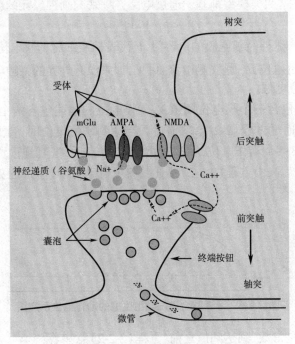

图 2-2-4　化学触突示意图

化学突触连接由于神经递质结合离子的不同分为两类。一类称为兴奋性突触,此类神经递质由谷氨酸盐构成(比如 AMPA),可与 Na^+ 结合,绑定该类离子通道,使得 Na^+ 进入神经元 B,导致 B 的去极化,即膜电位上升。所传递的电位称之为兴奋性后突触电位(EPSP)。另一类称为抑制性突触,对应的神经递质(比如 GABA)可与 K^+ 结合,绑定该类离子通道,使得 Na^+ 从神经元 B 流出,导致 B 的超极化(hyperpolarization),即膜电位下降。所传递的电位称之为抑制性性后突触电位(IPSP)。

　　相同的动作电位,突触间化学递质的数量不同,导致不同的后突触电位。更多的神经递质可绑定更多的离子通道,导致更多离子流出流入,后突触的电位更大。根据此机制,神经系统可实现记忆和学习功能,称之为突触可塑性(synaptic plasticity)。从此意义上说,突触可塑性是大脑实现记忆和学习的生理基础。认知科学家 Hebb 提出了著名的 Hebb 可塑性理论(也被称之谓 Hebb 学习定律):"如果神经元 A 多次导致神经元 B 的激发,那么从 A 到 B 的突触连接就会加强"。

2.2　计算神经元模型

　　渗透整合激发(leakage integrate-and-fire,LIF)模型和 Hodgkin-Huxley 模型(HH 模型)是两类重要的计算神经元模型。前者着重刻画突触,而后者详细描述离子通道。这两类模型都基于通过电路方程来刻画神经元的膜电位:

$$C\dot{V}=-g_L(V-V_L)+I_{syn} \tag{2-2-1}$$

这里,C 描述神经细胞膜的电容量,V 代表神经细胞的膜电位,g_L 是渗透电导率,V_L 是渗透电位,I_{syn} 是突触电流。可见,如果没有外界的突触电流,$\lim_{t\to\infty}V(t)=V_L$,这就是静息电位。

　　LIF 模型包含一个膜电位阈值 V_{th}。膜电位的描述包含两个阶段:低于阈值电位时,可通过方程(2-2-1)来描述。当达到阈值电位时,自此时间神经元产生并发放出一个动作电位,在通过重置时间 t_{ref} 后,恢复到重置电位 V_{reset};由于 $V_{reset}<V_{th}$,之后又由方程(2-2-2)描述其膜电位动力学行为(图 2-2-5)。

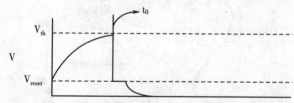

图 2-2-5　渗透整合激发模型生成的动作电位示意图

　　如果 I_{syn} 是常数,到达阈值之前,方程(2-2-2)意味着:

$$\lim_{t \to \infty} V(t) = V_L + \frac{I_{syn}}{g_L}$$

如果 $I_{syn} > g_L(V_{th} - V_L)$，$V(t)$ 将在某个时刻达到 V_{th}，发放出一个动作电位，并且 $V(t) = V_{reset}$ 持续 t_{ref} 时间长度。那么从 $V(0) = V_{reset}$ 到 V_{th}，简单计算可知共需要时间

$$t_{th} = \frac{C}{g_L} log\left(\frac{I_{syn} - g_L(V_{reset} - V_L)}{I_{syn} - g_L(V_{th} - V_L)}\right) \tag{2-2-2}$$

加上 t_{ref} 可得两次动作电位的时间间隔（放电时间间隔，Inter-Spike-Interval；ISI）。

由此可知，当 $I_{syn} > g_L(V_{th} - V_L)$，渗透整合激发神经元的放电频率为：

$$\frac{1}{t_{th} + t_{ref}} = \frac{1}{t_{ref} + \frac{C}{g_L} log \frac{I_{syn} - g_L(V_{reset} - V_L)}{I_{syn} - g_L(V_{th} - V_L)}} \tag{2-2-3}$$

上式中，放电频率可视为突触电流输入的数，称之为激发函数。

图 2-2-6 给出了上式表达的激发函数的形态，

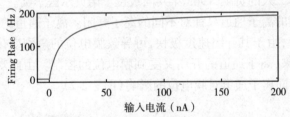

图 2-2-6 渗透整合激发模型的周期轨道和激发函数（来自网络）

在实际中，神经元的突触电流不是常数，而是由多个树突电流输入叠加而成。树突传来的其他神经元的动作电位通过突触连接，经由不同种类的神经递质来传递。主要的神经递质受体有以下几类：① AMPA 受体。依赖于电位，激活后使得 Na^+ 流入神经细胞，接受兴奋性后突触电位。② NMDA 受体。依赖于电位，激活后使得 K^+ 流出神经细胞（也允许少量 Na^+ 和 Ca^{2+} 流入），主要接受抑制性后突触电位。③ GABA 受体。包含两类：GABAa，激活后使得 Cl^- 流入神经细胞，导致过极化；GABAb，激活后使得 K^+ 流出神经细胞。两者都是接受抑制性突触后电位，导致过极化，其不同之处在于 GABAa 的速度更快。GABAa 也被称为快速 GABA，而 GABAb 也被称为慢速 GABA。

由此，

$$I_{syn} = -I_{AMPA} - I_{NMDA} - I_{GABA} \tag{2-2-4}$$

而

$$I_u = g_u (V - V_u) \sum_j w^u_j s^u_j$$

其中 u=AMPA，NMDA，GABA。g_u 是各类突触的导电率，V_u 是各类突触的平衡电位。w^u_j 是各个树突、各类突触的权重，s^u_j 是突触类型 u 在树突 j 的电流，由下描述：

$$\dot{s}^u_j = -\frac{s^u_j}{\tau_u} + \sum_k \delta (t - t^j_k) \tag{2-2-5}$$

其中，τ_u 是突触类型 u 的时间尺度，t^j_k 是树突 j 传来的动作电位时间点，而 $\delta (\cdot)$ 是狄雷克 - 德尔塔函数。此方程刻画动作电位导致后突触电位指数衰减的形态。

联立方程（2-2-1）、（2-2-2）和（2-2-3），描述从树突传来的动作电位如何通过不同类型的突触连接，转化为突触电流，从而构成一个完整的渗透整合激发神经元模型。

另一类神经元模型考虑了离子通道的开闭，更具有生物意义。这个模型由英国科学家 Alan Lloyd Hodgkin 和 Andrew Huxley 基于巨型鱿鱼的神经元研究在 1952 年共同提出。此模型的提出，为通过计算方法研究神经系统打开了一扇门。由于二人的贡献，1963 年共同被授予诺贝尔医学奖。

不同类型的离子通道只针对不同的离子开闭。离子通道的开闭影响了细胞膜的导电率，由于其开闭速度极快，可导致膜电位的急剧变化，从而产生动作电位；反过来，离子通道的开闭又受到膜电位的控制。由此观点，通过并联电路来描述不同离子通道对膜电位的影响（图 2-2-7）。

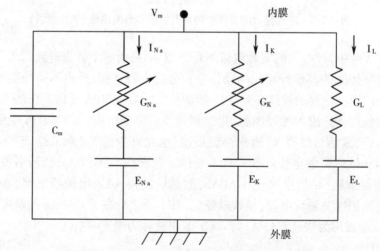

图 2-2-7 HH 神经元模型的电路示意图（来自网络）

基于电容 - 电阻电路理论,用如下方程描述其膜电位的动态行为:

$$C\dot{V}=I$$

其中

$$I=-I_L-I_{Na}-I_K+I_{app}$$

由渗透、Na^+ 和 K^+ 和外界输入($Iapp$)电流相加而成,渗透电流和 LIF 模型一样,由钠钾离子泵定,具有常数的渗透导电率,因此 $I_L=g_L(V-V_L)$。而 $I_{Na}=g_{Na}(V-V_{Na})$ 和 $I_K=g_K(V-V_K)$ 的导电率是变化的,受膜电位 V 影响。离子通道的原理由 4 个蛋白质通道构成,只有当所有通道打开,离子通道才能使得离子出入。Na^+ 通道包含 3 个主动式通道和 1 个被动式通道,其打开的概率分别定义为 m 和 h,假设 4 个通道的打开是独立的,因此整个离子通道打开的概率为 m3.h,而 K^+ 通道由 4 个同类通道构成,其打开概率设为 n,因此钾离子通道打开概率为 n4(也假设是独立开闭的)。以平均场的思想考虑,离子通道的导电率正比于离子通道打开的概率:

$$g_{Na}=\bar{g}_{Na}m^3h,g_K=\bar{g}_kn^4$$

打开概率 m,n 和 h 受 v 的影响。Hodgkin 和 Huxley 利用电位钳的技术锁定膜电位,通过测量发现,离子通道打开概率指数收敛到某一给定值;在锁定不同膜电位的情况下,他们发现此给定值是膜电位的函数。由此,构造如下主方程描述离子通道的打开概率:

$$\tau(V)\dot{z}=-z+z_\infty(V),z=m,n,h$$

这些膜电位的函数在不同文献可有不同的表达式。但是他们的形态是类似的,图 2-2-8 给出了各个参数随膜电位的变化示意图。

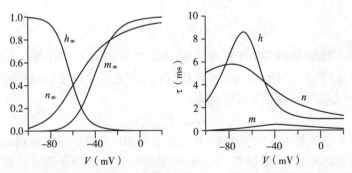

图 2-2-8　参数函数示意图:$z_\infty(V)$(左图),$\tau(V)$(右图),z=m,h,n(来自网络)

可见,动作电位的产生正是这些函数的形态决定的:开始阶段,被动性 Na^+ 通道 h 处于较高的打开概率而主动式 Na^+ 通道打开概率较低,加之 K^+ 通道打开概率较低,在兴奋性后突触电位的影响下,膜电位较慢上升;膜电位的进一步上升,导致主动型 Na^+ 通道打开概率急剧升高,尽管 K^+ 通道打开概率也在上升和被动型 Na⁺ 通道打开概率下降,但是被动型 Na⁺ 通道打开概率身处于高位,而且主动型 Na⁺ 通道变化速度较慢,使得膜电位快速的上升,这就是去极化过程;膜电位到达一定程度,被动型 Na⁺ 通道打开概率急剧下降(因为其变化速度也更快),K⁺ 的打开概率急速增加,导致膜电位开始下降,这就是过极化过程。从而,一个动作电位产生了。

从数学上看,HH 模型是一个四维的常微分方程组,包含变量(V、m、h、n),动作电位的产生及其与外部输入电流 Iapp 的关系可通过 Hopf 分叉来刻画。可有当 Iapp 在一定范围内,HH 模型的稳定吸引子有一个平衡点变为一个极限环(周期轨道),V 的周期变化即刻画了动作电位的发放。利用分差理论,稳定平衡点和分叉行为可由在平衡点附近线性化后雅可比(Jacobin)矩阵的在特征根来描述,如果实部小于零,则是平衡点,由于 Iapp 的增加,导致特征根的实部变为正,则出现了极限环。极限环的频率(周期的倒数)由特征根的虚部决定,因为在此条件下,特征根始终是一对共轭复数,虚部始终非零,当 Iapp 大于分叉值时,极限环的频率大于某个正常数,也就是说,随 I 的增加,神经元的放电频率由 0 突然跳跃到一个正数。这样的神经元称为第二类神经元(type Ⅱ neuron)。与之对应,随 I 的增加,神经元的放电频率从 0 开始连续增加,这样的神经元称为第一类神经元(type Ⅰ neuron)。显而易见,渗透整合激发神经元就是第一类神经元。

2.3 计算神经网络模型

在渗透整合激发模型和 HH 模型中,神经元的膜电位是通过电容 - 电阻电路来描述的,其电流输入有两部分:外界刺激和突触刺激。

利用电路知识,可有如下方程描述:

$$\tau_m \dot{V} = -(V - V_L) - r_m \sum_s g_s (V - V_s) + I_e R_m \tag{2-2-6}$$

这里,s 代表突触(可有多种突触:AMPA、NMDA、GABA 等),V_s 是突触 s 的方向电位($V > V_s$ 和 $V < V_s$,电流方向相反),g_s 是突触导电率,依赖于后突触通道的开闭(参见 HH 模型),可表达为:

$$g_s = g_{s,max} P_{s,rel} P_s$$

$g_{s,max}$ 是该突触的最大导电率;$P_{s,rel}$ 表示在动作电位到达突触前时,是否释放神经递质的概率,一般设为 $P_{s,rel} = 1$,P_s 是对应突触的例子通道打开的概率,和前面 HH 模型一样,可通过动力学主方程描述如下

$$\dot{P}_s = \alpha_s (1 - P_s) - \beta_s P_s$$

α_s 和 β_s 受到突触动作电位的调控。

动作电位到达后突触时,可通过突触滤波来刻画 P_s 的动力学行为:

$$P_s = \int_{-\infty}^t K_s (t - u) \rho_s (u) du$$

这里，$\rho_s(u)$ 是该突触收到的动作电位时间序列：$\rho_s(u)=\sum_k\delta(t-t_k)$，$t_k$ 是各个动作电位的到达时间点；$K_s(\cdot)$ 突是触滤波器的核（Kernel）。

前面的方程（2-2-4）描述指数衰减的滤波，其核为：

$$K_s(t)=exp\left(-\frac{t}{\tau_s}\right)$$

实验数据显示，动作电位到达到突触电位到达峰值 Z 间还具有一定的时间延迟。无论 AMPA，NMDA 和 GABA，其峰值均在动作电位发生很短时间后达到（注意到，NMDA 明显慢于 AMPA 和 GABA）。可用 α 函数作为突触滤波的核函数：

$$K_s(t)=\frac{t}{\tau_{s,peak}}exp\left(1-\frac{t}{\tau_{s,peak}}\right)$$

神经网络模型实质上是…大类激发率神经模型。将激发率替代放电神经元网络模型中的动作电位序列，构造出激发率神经网络模型。以 W 层神经网络为例，由图 2-2-9 所示，W 神经元作为输入层，神经元 A 接受多个神经元的突触动作电位作为输入电流作为输出层。输入层的神经元放电序列记为 Pb（b=1,…,N，表示第 b 个神经元的突触动作电位序列）。

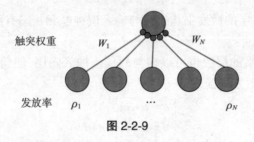

触突权重 W_1 W_N

发放率 ρ_1 … ρ_N

图 2-2-9

而神经元 A 接收到突触电流通过如下方法计算：这些放电时间序列通过核函数 K(.)滤波后的加权和：

$$I(t)=\sum_{b=1}^{N}w_b\int_{-\infty}^{t}K(t-u)\rho_b(u)\,du$$

用激发率 μ_b 替代放电序列 $\rho_b(u)$，上式变为：

$$I(t)=\sum_{b=1}^{N}w_b\int_{-\infty}^{t}K(t-u)\mu_b(u)\,du \tag{2-2-7}$$

考虑简单的核数 $K(t)=\frac{1}{\tau_s}exp\left(-\frac{t}{\tau_s}\right)$，通过微分（2-2-7）左右侧可得：

$$\tau_s\dot{I}_s=-I_s+\sum_b w_b\mu_b$$

由相关讨论可知，神经元 A 的激发率与输入电流的关系可通过一类激发

函数来映射,由此可写出神经元 A 激发率的发展方程如下:

$$\tau_A \dot{\mu}_A = -\mu_A + f(I)$$

这里 f 是激发函数,τ_A 是神经元激发率时间常数。一般情形下,$\tau_A \gg \tau_s$ 也就是说,突触的变化速度远快于神经元激发率的变化速度,可认为 $I_s = \sum_b w_b \mu_b$,则有如下方程:

$$\tau_A \dot{\mu}_A = -\mu_A + f\left(\sum_b w_b \mu_b\right)$$

若考虑输出层有多个神经元,a=1,…,M,每个输出神经元都接受任意输入神经元的突触连接,如图 2-2-10 所示:

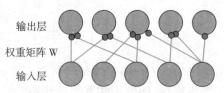

输出层

权重矩阵 W

输入层

图 2-2-10 两层前馈神经网络示意图

设 $\mu = [\mu_1,\cdots,\mu_M]^T$,$W = [w_{ab}]$,a=1,…,M,6=1,…N,表示各个突触的权重,$F(x_1,\cdots,x_M) = [f(x_1),\cdots,f(x_M)]^T$ 代替激发函数。则神经网络可有如下方程描述:

$$\tau \dot{\mu} = -\mu + F(W\mu)$$

上式中,输出层的激发书状态只与输入层神经元状态有关,此类结构称为前馈神经网络。

前馈神经网络的层数也可以多与两层。加入隐层,便构成了三层前馈神经网络。可有如下方程描述:

$$\begin{cases} \dot{\mu} = -\mu + Aw \\ \dot{w} = -w + F(Bu+\theta) \end{cases} \tag{2-2-8}$$

这里,向量 μ 代表输出层神经元状态,向量 w 代表隐层各个神经元的状态,u 代表输入层各个神经元。(2-2-8)的平衡态实质上实现了一个从输入层到输出层的映射:

$$\mu = A \cdot F(B \cdot u + \theta) \tag{2-2-9}$$

可以证明,几乎所有有界连续非线性函数都可作为激发函数,使得(2-2-9)型函数在连续函数空间中稠密。因此,适当地设置隐层神经元个数,各层间突触连接权重,神经网络(图 2-2-10)可近似任意连续函数。

递归神经网络是一类更一般的神经网络结构。不同于前馈神经网络和反馈神经网络只有朝前或者朝后的传播结构,递归神经网络的结构可以是任意的,可能包含具有圈(cycle)结构,至于单个神经元的动力学特征和神经元之间突触连接,可有不同的模型来刻画。这里主要介绍激发(膜电位)的递归神经网络模型,这些模型在模式分类、图像处理、信息分析等方面有广泛的应用,更一般的耦合结构能够给神经网络更强的替代能力和处理能力。这些模型来源于生物神经元网络模型,其优越性在于能通过物理硬件(集成电路)来实现,而且运算速度快。

几乎所有递归神经网络模型都基于平均场(mean-field)方法,即利用状态在随机空间平均值来代替该随机状态。就笔者所知,这些模型源于 Amari 和 Wilson-Cowan 独立提出的如下具有连续时间和连续空间神经场模型。

$$\dot{u}(x,t)=-u(x,t)+f(\int_{\Omega}u(y,t)k(x,y)dy+\theta(x,t)),x\in\Omega \qquad (2\text{-}2\text{-}10)$$

这里假设神经系统是一个连续空间(流形),t 代表时间,x 代表空间(Ω 是神经元分布的空间),$u(x,t)$ 表示在位置 x 神经元在时间 t 的状态,$f(.)$ 是激发 W 数,$k(x,y)$ 神经元间(从位置 y 到 x)的突触连接(卷积),$\theta(x,t)$ 表示在位置 x 受到的外部刺激。

突触核 W 数 $k(x,y)$ 表示了神经元与周围环境耦合情况,很多情况下设为和神经元之间距离有关,可写为 $k(x-y)$。设计不同核函数可实现不同感知域。比如图 2-2-11 分别显示了中心开 - 周边关(on-centre-off-surround)和中心关 - 周边开(off-centre-on-surround)的感知域,从而实现基本的像素单位的识别。

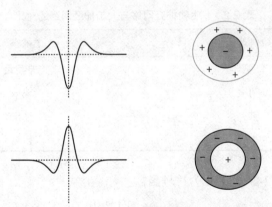

图 2-2-11 中心关 - 周边开(上图)和中心开 - 周边关的核函数与对应的感知域

通过空间离散化,神经元的位置从连续空间(流形)的点可转化为图结构中的节点,由此,可构造神经网络模型如下:

$$\dot{u}_i=-u_i+f\left(\sum_{j=1}^{N}t_{ij}u_j-\theta_j\right),i=1,\cdots,N \qquad (2\text{-}2\text{-}11)$$

或者进一步离散时间可得:

$$X_i(k+1)=f\left(\sum_{j=1}^{N}w_{ij}X_j-\theta_j\right),i=1,\cdots,N \qquad (2\text{-}2\text{-}12)$$

这里 k 是离散时间。

人工神经科学的先驱 Hopfield 提出了一类可算法实现的网络模型,能够实现一些优化计算。更重要的是,他提出了一个新的观点:大脑是一个计算模型,利用动力系统的渐进行为来进行计算。神经元的状态随时间而变化;其整体吸引子对应优化问题的解、需要识别的模式和信息处理的模式,从而实现从初始状态和输入状态到不同吸引子的映射,称为神经替代(neural representation);通过突触连接的改变(比如学习),控制大脑动力系统的吸引子的分布,从而实现给定目标不同条件下的神经计算;这些模型可通过集成电路实现。以此为思路,Hopfield 建立了基于电路的神经网络模型来描述嗅觉神经功能。最简单的问题就是嗅觉神经如何识别一个已知的气味。但是,嗅觉的实现相当复杂,包含风的方向、混合气味和远程感知,这涉及复杂的计算实现。Hopfield 利用简单的、已知的神经电路来实现嗅蕾和前梨状质(prepiriform cortex)的气味感知功能。

神经网络以动作电位描述大脑动力系统的状态,从而实现动作电位计算。类比生物神经元系统,所提出了人工神经网络的概念实际上将生物的概念转化为计算动力系统模型的概念,如表 2-2-1 所示。

表 2-2-1　生物神经网络与人工神经网络的对比

生物神经网络	人工神经网络
细胞体	神经元
树突	输入
轴突	输出
突触	权重

考虑模型(2-2-12)取 f 为符号函数:

$$\text{sgn}(X) = \begin{cases} 1 & X > 0 \\ -1 & X < 0 \end{cases}$$

则有如下形式(图 2-2-12):

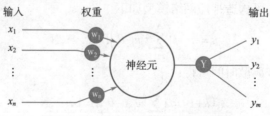

图 2-2-12　Hopfield 神经网络示意图

$$X_i(k+1)=sgn\left(\sum_{j=1}^{N}w_{ij}X_j-\theta_j\right),i=1,\cdots,N \qquad (2\text{-}2\text{-}13)$$

也就是说，神经元计算其他神经元输入突触之和，在与其阈值（氏）比较，给出不同的输出值。神经元也可以使用别的激发函数，比如乙形函数。

当 $w_{ij}=w_{ji}$，(2-2-13) 有如下能量函数：

$$L(X)=-\frac{1}{2}\sum_{i,j}w_{ij}X_iX_j+\sum_{i}\theta_iX_i$$

可以证明随时间下降。因此，Hopfield 网络可视为搜导计算能量函数 L(X) 的极小值。这正是 Hopfield 神经网络用于神经计算的数学基础。比如，求解推销员旅行问题。

第三节 神经学习理论

动物实验发现，兴奋性后突触电位的大小随时间增加，这种增强可持续几小时甚至几天，称为长时程增强（long term potentiation，LTP）。与之对应，实验也发现，兴奋性后突触电位的大小随时间减少，这种突触连接的减弱也可持续几小时甚至几天，称为长时程消退（long term depression，LTD）。突触连接的增强和减少是由于神经元突触间神经递质数量的变化，和两个神经元放电时间有关。文献表明，神经元 A 动作电位的发放在神经元 B 动作电位发放之前，那么从 A 到 B 的突触连接增强，导致 LTP；反过来，神经元 A 动作电位的发放在神经元 B 的动作电位发放之后，那么从 A 到 B 的突触连接减弱，导致 LTD。这种依赖神经元放电时间点之间关系的突触变化，称为放电时间依赖的可塑性（spike-timing dependent plasticity，STDP）。突触可塑性有各种原因，其中最重要的是神经递质数量的变化，这类变化被神经元接收到的信号和神经元的反应所影响，是神经元实现记忆和学习的生物基础。本节简要介绍计算神经科学所涉及的一些学习定律，包含 Hebb 学习律、非监督学习、监督学习和强化学习。

3.1 Hebb 学习律

Hebb 学习律是最重要的学习理论。其本质是：当神经元 A 持续的参与神经元 B 的发放，那么从 A 到 B 的突触连接得到加强。用如下一个简单的前馈线性模型来解释 Hebb 学习律：

$$v=w^Tu \qquad (2\text{-}3\text{-}1)$$

其中，$u=[u_1,\cdots,u_n]^T$ 各分量表示神经元接收到的各个突触后输入信号（发放率），$w=[w_1,\cdots,w_n]^T$ 的各分量表示各突触的耦合强度，v 是神经元的输出信号（发放率）。线性 Hebb 学习律可有如下方程来描述 w 依赖输入信号 u 和输出信号 v 的关系：

$$\tau_w \dot{w} = uv \tag{2-3-2}$$

这里，τ_w 是时间常数。可见，u_j 和 v 同时出现时，对应的突触耦合强度增加，此学习律常常写为离散形式：

$$\Delta w = \epsilon uv$$

这里 $\Delta w = w(k+1) - w(k)$ 是差分，ϵ 是学习率常数。实际中，由于输入输出信号具有随机性，Hebb 学习律常常刻画在平均意义下：

$$\tau_w \dot{w} = <uv>_u = Qw \tag{2-3-3}$$

这里 $Q = <uu^T>_u$ 是输入信号的相关矩阵。由于发放率非负，Q 是一个非负矩阵，所以（2-3-1）和（2-3-2）只能解释 LTP。为了实现 LTD 对（3.1）做一些改动：

$$\tau_w \dot{w} = <u(v - <v>)>_u w = Cw \tag{2-3-4}$$

这里 C 是输入信号的协方差矩阵。尽管此算法体现了 Hebb 学习律的意义，但此算法是不稳定的。因为 C 和 Q 是至少半正定（常常是正定）矩阵，因此 w 的范数随时间趋于无穷变为无限大，从算法实现角度看是没有意义的。

为此需对算法做一些改进，比如在每一步迭代（离散时间），将 w 除以其长度（2-范数），保持 ‖w‖2=1 始终成立。由此，Oja 提出新算法，称为 Oja 学习律。在（2-3-1）的形式下，可写为：

$$\tau_w \dot{w} = Cw - (w^T Cw)w \tag{2-3-5}$$

由

$$\frac{\tau_w}{2} \frac{d}{dt}(w^T w) = w^T Cw(1 - w^T w)$$

可见，$\lim_{t \to \infty} w^T w = 1$，也就是说，w 的长度是有界的。

注意到，C 的最大特征根的特征向量方向，实际上构成对应最大化方差的 u 分量的线性组合。即如下问题的解：

$$\begin{cases} max_\varphi \sum_i \varphi_i u_i \\ s.t. \|\varphi\| = 1 \end{cases} \tag{2-3-6}$$

此问题被称为主成分分析（Principle Component Analysis）。该问题是寻求数据最大的展开方向。而通过 Hebb（Oja）学习律，神经元可实现最大主成分的求解。而一般的寻求 p 个主成分，可通过多个神经元利用 Hebb（Oja）学习来并行实现。算法（2-3-5）可推广为

$$\tau_w \dot{W} = CW - W(W^T CW) \tag{2-3-7}$$

其中 $W \in R^{n,p}$ 各列收敛于数据 u 的 p 个主成分。

3.2　非监督学习

非监督学习是指神经元对于输入数据特征的提取，此过程不依赖对于数据特征的标签。举个简单的例子，考虑结构简单前馈神经元网络，具有两层结

构(输入层和输出层),各有 2 个神经元,其中输入层代表数据的 2 个分量,输出层 2 个神经元代表分簇的个数。对应每个输出神经元 v_A 和 v_B,从输入到输出的突触权重向量分别为 w_A 和 w_A。

仍然考虑简单的线性模型:

$$v_i = w_i^T u, \quad i = A, B \tag{2-3-8}$$

神经元 A 或者 B 发放,决定于输入信号与各自的突触权重向量距离,距离越近的神经元则激发:

$$i^* = argmin_{i=A \, or \, B} \|u - w_i\|$$

则 i^* 神经元发放。突触权重的学习是在线(On-line),也就是说,每次新的数据 u 进入,相应的调整对应的出权重。首先,依据现在的突触,通过(3-7)判断新数据仏属于的簇,比如属于簇 i。那么通过如下算法,更新突触权重:

$$w_i^t = argmin \sum_{j=1}^{t} \|w - u_j\|^2$$

容易求解,此时突触权重为

$$w_j^t = \frac{1}{t} \sum_{j=1}^{t} u_j = w_i^{t-1} + \frac{1}{t}(u_t - w_i^{t-1})$$

也就是

$$\Delta w_i = \epsilon(u_t - w_i^{t-1})$$

注意到,此算法之对于新数据 i 所判断的簇对应的突触进行,而另一个神经元的突触在本步不做更新。

上述的学习算法被称为竞争学习(competitive learning),新数据进入,学习包含两个过程:

(1)通过最大化激发的神经元决定此数据数据的簇(胜者为王,winner-take-all);

(2)通过最小化距离本簇所有输入的距离,更新突触权重。通过更新,突触权重逐渐趋于每一簇的中心。

竞争学习可作适当修改,比如对于大规模、具有几何结构的输出神经元网络,取消胜者为王的更新策略,却而代之为更新最大激发可能的神经元附近所有神经元的突触权重。此时算法称为自组织映射(self organisation map)。

无论是 Hebb 学习还是竞争学习,并没有事先知道对于数据的先验知识,而通过学习算法,得到数据的内在结构。比如在竞争学习中,每个新数据属于的簇是通过当前突触权重来判断,而非事先指定。此类学习称之为非监督学习。

从贝叶斯方法的角度来描述非监督学习。随机变量 v 描述原因,u 描述数据。$p(v;G)$ 是 v 的先验概率分布,其中 G 是参数,$p(u|v;G)$ 是在原因 v 的条件下,

数据 u 的条件概率分布（条件似然）。全概率公式可知：

$$p(u;G) = \sum_v p(u|v;G)p(v;G)$$

和贝叶斯公式可得 v 关于 u 的后验分布：

$$p(v|u;G) = \frac{p(u|v;G)p(v;G)}{p(u;G)}$$

上面简单的描述了基本的贝叶斯推论的过程。其关键在于，通过参数估计给出一个"好的"条件似然，也就是一个"好的"生成模型（generative model）。非监督学习的目标就是如何通过数据学习产生生成模型，其主要方法包括：

（1）计算 v（后验）；

（2）通过学习估计参数。

假设 v 只有有限个取值，将先验 $p(v;G)$ 也视为参数（记为 γ_v），则参数空间为 (G, γ_v)。可通过交替的期望 - 最大化算法（expectation maximization，EM）来实现非监督学习：

（1）E 步。利用贝叶斯公式计算后验：

$$p(v|u;G) = \frac{p(u|v;G)p(v;G)}{\sum_v p(u|v;G)p(v;G)}$$

（2）M 步。依据 E 步的后验，通过平均化更新参数估计：

$$G = \frac{\sum_v p(v|u;G)G(u)}{\sum_v p(u|v;G)}, \gamma_v = \frac{\sum_v p(v|u;G)}{N_u}$$

这里 $G(u)$ 是通过数据 u 对于参数 G 的估计，N_u 是目前数据的个数。交替 EM 过程直至收敛。

以前面的分簇问题为例，假设在每一簇，数据的条件似然是高斯分布，其对应的参数为 (μ_i, G_i)，i=A，B。那么，全概率是混合高斯分布（Mixture Gaussian）的，M 步对于参数 G 的估计可写为：

$$\mu_i = \frac{\sum_u p(i|u;G)u}{\sum_u p(i|u;G)}, \mu_i = \frac{\sum_u p(i|u;G)|u-\mu_i|^2}{\sum_u p(i|u;G)}$$

3.3　分类器与监督学习

有些情况下，已知关于据的信息。比如分类问题，如果对于训练数据，已知其所属的类别，那么在此情况下，利用神经元进行分类的学习称之为监督学习（supervised learning）。以如下简单例子为例，在二维的数据空间，红色和绿色的点分别代表两个簇的数据，问题是："如何找到一条线（高维情况下则为超曲面）将两簇分开？"当此分类的线是直线（高维情况下为超平面）时，也被称为线性分类问题。

最简单的神经元分类模型就是感知器（perceptron），由 McCulloch 和 Pitts 在 1943 年提出。由图 2-2-9 所示，利用突触神经元的思想，构造如下一个简单模型：

$$v=\text{sgn}\left(\sum_i w_i u_i-\theta\right) \tag{2-3-9}$$

u_i 是输入信号的各个分量，w_j 是对突应触权重，输出值 v 为 ±1，分别代表 2 个簇。sgn(x) 是符号函数：当 x>0，sgn(x)=1；反之，sgn(x)=−1。θ 是阈值。

显然，(2-3-9) 可实现两类的线性分类，且分类线是：

$$\sum_i w_i u_i=\theta$$

当 $\sum_i w_i u_i>\theta$，则属于 +1 的簇；当 $\sum_i w_i u_i\leq\theta$ 则属于 −1 的簇。问题是如何通过学求解突出权重 w_i 和阈值 θ。对于每个训练数据 u 其属于的簇是知道的，记为 v_u，可通过类似 Hebb 学习律利用误差 v_u-v 来更新 w_i 和 θ：

$$\Delta w\propto(v_u-v)u_i,\Delta\theta\propto-(v_u-v) \tag{2-3-10}$$

可见，$v_u=v$ 时，权重和阈值不做变化；而当 $v_u>v$（即 $v_u=1,v=-1$），相应的增加突触权重并减少阈值；当 $v_u<v$（即 $v_u=-1,v=1$），相应的减少突触权重和增加阈值。逐步将感知器达到最佳的分类效果。

第二节提到三层的前馈 Hopfield 网络（图 2-2-9）可逼近任何连续函数，因此如果知道训练数据对应的输出值，可通过监督学习获得突触连接权重。$u=[u_1,\cdots,u_n]^T$ 是输入层，$v=[v_1,\cdots,v_m]^T$ 是输出层，$x=[x_1,\cdots,X_K]^T$ 是隐层。

$$v_i=G\left(\sum_{k=1}^K W_{ik}x_k-\vartheta_i\right),x_k=g\left(\sum_{j=1}^n w_{kj}u_j-\theta_k\right)$$

假设 $d=[d_1,\cdots,d_N]^T$ 是真实的输出值，那么通过最小化误差函数实现监督学习。比如平方差误差：

$$E(w,W,\theta,\vartheta)=\sum_i(d_j-v_i)^2$$

仍然使用梯度算法可得：

$$\Delta W_{ik}\propto-\frac{\partial E}{\partial W_{ik}}=(d_i-v_i)G'\left(\sum_{k=1}^K W_{ik}x_k-\vartheta_i\right)x_k$$

将 (d_i-v_i) 称为 δ，因此此学习律称为 δ- 学习律；

$$\Delta w_{kj}\propto-\frac{\partial E}{\partial w_{kj}}=\frac{\partial E}{\partial x_k}\frac{\partial x}{\partial w_{kj}}$$

此学习律称为后馈学习律（back propagation learning rule），有兴趣的读者可自行推导。

对于分类问题，更常见代价函数是交叉熵（cross entropy）：

$$H(w,W,\theta,\vartheta)=\sum_i\left[d_i log v_i+(1-d_i)\log(1-v_i)\right]$$

当然，还可以推广至更多层（>3 层）的前馈神经网络，可通过类似的监督学习律获得突触权重，这样的学习也称为深度学习（deep learning）。

3.4　收益预测与强化学习

强化学习的概念来源行为心理学，用以描述生物在一定环境中的行为

（action）策略，策略的选择依赖于环境对于此策略给予生物体的惩罚（cost）或者收益（reward）。生物体通过最大化收益（或者最小化惩罚）学习优化行为策略的过程称之为强化学习，其包含如下基本要素：①状态集合，记为 E；②行为集合，记为 A；③主体（agent）的状态转移规则；④收益规则（作为状态转移的函数）；⑤主体的观测。

强化学习的目标就是通过学找到行为策略（观测的函数）来最大化收益。此观点和思想，除计算神经科学外，在诸如对策论、运筹学和控制理论等都有相应的表达。图 2-3-1 所示的强化学习的基本结构。在神经科学中，其思想可追溯到巴普诺夫关于狗的条件反射实验：通过学习，狗将铃声和事物联系在一起，当铃声出现时，狗便开始分泌唾液。可见，狗的策略（分泌唾液准备进食）来源于它对未来（食物）的期望。因此，强化学习的思想在于寻求最大化未来报酬的策略。其关键在于如何估计（预测）未来的收益。

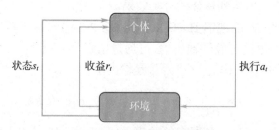

图 2-3-1　强化学习示意图

本节采用一个简单的例子给予说明，假设 u(t) 是神经元的刺激，v(t) 是其输出，r(1)在 t 时刻的收益，希望神经元能够预测未来一段时间 [t, T] 的收益的期望：

$$v(t) = \left\langle \sum_{j=1}^{T-t} r(t+j) \right\rangle$$

其中〈.〉是对多次重复实验取平均。用一个简单的线性前馈神经元来实现对于收益的预测：

$$v(t) = \sum_{j=0}^{t} w(j) u(t+j)$$

其学习算法通过最小化平方误差：

$$min_w \left(\sum_{j=0}^{T-t} r(t+j) - v(t) \right)^2$$

实际上，未来收益是无法观察的，可通过一个简单的近似将上式改写为：

$$\left(\sum_{j=0}^{T-t} r(t+j) - v(t) \right)^2 = \left(r(t) + \sum_{j=0}^{T-t-1} r(t+j) - v(t) \right)^2 \approx \left(r(t) + v(t+1) - v(t) \right)^2$$

上述近似假设 v(t+1) 可以近似 $\sum_{j=0}^{t} w(j) u(t+j+1)$。那么,通过梯度算法,可得突触权重的学习算法的 δ- 律:

$$\Delta w(j) \propto [r(t)+v(t+1)-v(t)]u(t-j)$$

注意到 r(t)+v(t+1) 实际上是对于未来收益的预测,v(t) 是输出信号的预测。v(t+1)−v(t) 是输出状态的差分,此算法也称为时差分学习(temporal difference learning, TD-Learning)。

通过学习,神经网络可以很好的预测收益,优化的策略实质上是寻求最大化预测收益。举一个简单的例子加以说明。假设一个老鼠在如图 2-3-2 的迷宫中,一共有三个转弯处需要做出"向左"或"向右"的选择,在迷宫的四个尽头,老鼠的收益用数字表示,分别为 0、5、2、0。利用强化学习的观点来研究此问题,其中环境状态空间定义为:E=A,B,C;老鼠的行为有 2 个:F={ L,R },分别代表向左转、向右转;那么状态转移规则非常直接:(u,a)→u',u∈E,a∈F。剩下的问题之一便是如何估计每个行为的期望收益。比如老鼠达到 B 位置,假设走到下一步的两个端点的概率相相同,那么其期望收益为:v(B)=1/2×0+1/2×5=2.5;同理在 C 位置的期望收益为:v(C)=1/2×0+1/2×2=1;那么,在 A 位置的期望收益为:v(A)=1/2×v(B)+1/2×v(C)=1.75。

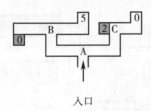

图 2-3-2　迷宫及其端点收益示意

通过前文所述的学习算法也能计算出每个位置的期望收益。仍假设两层的前馈神经元网络,输入层是各个位置 u=A,B,C,对应的突触权重 w(u) 代表各个位置的期望收益,利用时差分(TD)学习算法:

$$\Delta w \propto [r(u)+v(u')-v(u)]$$

其中 v(u') 是 u 的下一步状态,即 (u,a)→u' 的状态转移。取学习率为 0.5,多次随机实验后(以 1/2 概率选择行为),w(u) 收敛于各个期望收益。当成功的获得期望收益后,老鼠只要根据期望收益的分布,学习相应的策略。策略的学习的期望收益的学习可以并行完成。称为执行 - 评价(强化)算法,其包含两个步骤:

(1) 评价学习(critic learning):如前所述,利用时差分算法学习更新对于每个状态期望收益的评估:

$$\Delta w \propto [r(u)+v(u')-v(u)] \tag{2-3-11}$$

（2）执行学习（actor learning）:Q(u,a)表示在状态 u 下一采取行为 a 的收益,也利用类似时差分算法进行更新:

$$\Delta Q(u,a) \propto [r(u)+v(u')-v(u)](1_{a,a'}-P(a';u)) \qquad (2-3-12)$$

这里 a 是目前的行为,a'∈A 代表所有行为;当 a=a',$1_{a,a'}$=1;反之为零。P(a;u)表示在 u 状态取 a 行为的概率,此概率定义了行为策略（从随机意义下）,通过 Q(u,a),利用 Softmax 函数给出:

$$P(a;u) = \frac{\exp(\beta Q(u,a))}{\sum_{b \in A} \exp(\beta Q(u,b))}$$

β>0 是参数。交替（2-3-11）和（2-3-12）直至收敛。

对于执行学习中的（2-3-10）,可作如下解释,当前行为选择为 a,如果期望收益增加,[r(u)+v(u')-v(u)]>0,那么通过增加 Q(u,a),增加选择 a 的概率;通过减少 Q(u,a7)进一步降低选择其它 a' 的概率。简单计算可知,很快老鼠的行为收敛到收益最优的策略。值得注意的是在 C 位置,由于在 A 位置更多的概率向左,到达 C 的概率较低,因此,其收敛速度相对较慢。如果图 2-3-3 中的收益从左到右分别为:0、5、3、3,那么通过强化学习,老鼠会采取什么样的优化策略? 这个问题留给读者思考。

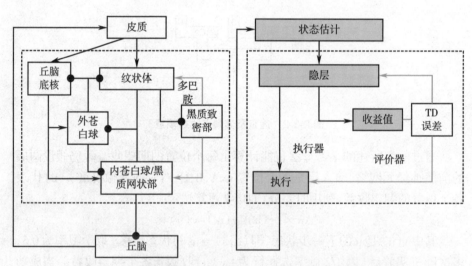

图 2-3-3 基底神经结构示意图与执行 - 评价强化学习结构的比较

在大脑中,基底神经节（basal ganglia）是大脑深部一系列神经核组成的功能整体。它位于大脑皮质底下一群运动神经核的统称,与大脑皮质、丘脑和脑干相连。如前所知其主要功能为自主运动的控制、整合调节细致的意识活动和运动反应。同时还参与记忆,情感和奖励学习等高级认知功能。它的结构可类似于实现 Actor-Critic 强化学习的结构,如图 2-3-4 所示。其中,黑质致密部（SNc）的多巴胺能输入刺激纹状体内的所有多巴胺受体，在系统扮演着期望收益的角色，其对神经 M1 的调节可进行类似收益期望的评估。内苍白球（GPi）、黑质网状部（SNr）和丘脑可实现行为策略的调整。

第四节　神经信息理论

本节从信息理论的角度阐述神经信号。神经代码（neural code）是指一类计算工具，用以发现大脑如何表示（represent）信息的计算模型，也包含计算方法通过对大脑活动的度量数据，来推断大脑的工作情况，以及大脑处理信息和进行复杂计算的生化基础。

神经代码分为神经编码（neural encoding）和神经解码（neural decoding）两个对应的机制。神经编码是研究刺激（stimulus）如何产生神经活动反应（response）及其模式。通过建立描述模型，刻画大脑如何接受和反应外部信号。神经解码是研究如何通过神经活动推断外部刺激，通过建立机制模型，重构大脑的认知功能并且给出模型的评价体系。从概率论的角度，神经编码本质上就是描述如下的条件概率：

$$P（反应 r | 刺激 s）$$

而神经解码本质上就是描述如下的条件概率：

$$P（刺激 s | 反应 r）$$

外部刺激不仅是所有的外部信息，比如看到的图像、听到的声音，以及其他感觉，更重要的是这些信号所包含的信息，比如图像的轮廓、颜色、背景、语义等。而神经活动是指通过实验手段记录的神经信号。大脑最基本的信息处理单元是神经元，通过突触 / 树突的连接构成神经网络（回路）是大脑认知和功能的基础。对于单个神经元，可通过电压钳（voltage clamp）来测其膜电位；对于局部神经回路，可通过插入多通道电极阵列（electrode array）记录局部场电位（local field potential）。此外，近年来新发展的技术手段使得研究者可以同时观测大量神经元的行为，比如功能多神经元钙离子成像（fMCI，图 2-4-1A），通过注射入钙氟磷酸盐，采用 CCD 摄像机通过电子显微镜观察 / 拍摄，可实现同时定位和观测成千上万数量的神经元的状态信号。除了多通道的 EEG/MEG 技术，近年来发展的功能核磁共振成像（fMRI）技术为研究人类大脑提供了有效的影像数据方法，这些技术大大丰富了对大脑特别是人类大脑活动的记录数据。

在本节中，为简单起见，将神经放电（放电率、放点时间）作为神经系统对于刺激的反应的描述。首先将分别阐述神经编码和神经解码的基本思想和方法，包含通过时空滤波来对于视觉特征的提取，以及通过贝叶斯推断，利用大脑活动记录,重构外部刺激的方法。然后将信息理论引入神经计算,并进行相关讨论。

4.1 时空滤波和神经编码

神经解码(Neural Decoding)用于描述放电率与刺激特征的关系,也被称为调谐曲线(tuning curve)。神经视觉的研究发现,方向感知域模型描述了视觉神经元通过激发率实现对于视觉图像中某些特征性的编码;不仅如此,视觉图像的其他特征,比如空间频率(spatial frequency)也被发现在猫的初级视觉皮层具有有向的选择性。人类的视觉皮层还能对于图像中的文本信息具有选择性的反应。也就是说,视觉皮层的多层结构,实现了对于图像不同层次信息特征的提取,这类特征提取正是通过特定皮层神经元的反应来实现的。由此可见研究神经编码对于理解大脑功能具有重要意义。

神经编码可通过一个简单的空间滤波器来实现:

$$r(x)=\int k_1(x')s(x-x')dx' \tag{2-4-1}$$

这里,$r(x)$是在 x 位置神经元的放电率(反应),$s(x')$是在 x 位置神经元的刺激。采取不同的滤波核函数 $k_1(x')$,可实现对于不同空间特征的编码。神经元不仅对空间特征、也对时间特征进行反应。如下简单的时间滤波器,可对于时间特征编码:

$$r(t)=\int k_2(t')s(t-t')dt' \tag{2-4-2}$$

其中 $r(t)$是在 t 时刻的神经元的放电率,$s(t)$是在时刻 t 的刺激,$k_2(t')$是时域滤波核函数。比如,图 2-4-1A 所描述的时域滤波核函数实现了移动平均(moving average),也就是神经元在 t 时刻的反应(放电率)是之前 T 长时间段 $[t-T,t]$ 的刺激的平均;图 2-4-1B 所描述的时域滤波核函数随时间远离 t 而指数递减,称之为渗透平均,也就是神经元在 t 时刻的反应(放电率)是之前刺激的加权平均,其权重贡献随时间远离而指数递减。

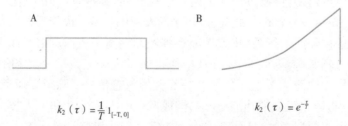

图 2-4-1 移动平均(A)和渗透平均(B)滤波核函数示意图

神经编码应该包含空间和时间特征,因此考虑时空滤波器来描述:

$$r(x,t)=g\left(\iint s(x-x',t-t')k_3(x',t')dx'dt'\right)$$

其中 $r(x,t)$是在时刻、空间域 x 的神经元的放电率,$s(x,t)$是在时刻 t 和空间域 X 的刺激，$k_3(x', t')$ 是时空滤波核函数。函数 g(.) 是神经元激发函数。

由此可见，神经编码包含两个层次：首先是刺激特征提取，通过时空滤波器提取刺激的特定时空特征；然后通过激发函数将这些特征转化为神经放电。

如何通过试验数据建立神经编码模型呢？其包含两个步骤，通过数据获得时空滤波器和获得激发函数。以时域滤波器为例，外部刺激 S(t) 是一个时间序列，同时记录给定神经元的放点序列 $(t_1, \cdots, t_n)$。给定时间窗口长度 T，将每次放电时刻之前 T 时间段的刺激提出，再对所有放电进行平均，获得时域滤波器的核函数形式：

$$k_2(t') = \frac{1}{n} \sum_{i=1}^{n} s(t_i - t')$$

此称为发放 - 触发平均方法（spike triggered average）。同理，对于空间滤波器，也可以通过对与发生放电的空间位置附近的刺激（关与所有放电）进行发放 - 触发平均，获得空间滤波的核函数。将空间和时间结合起来，类似方法可基于数据构造时空滤波器的核函数。

通过时空滤波器实现对于刺激的特征提取。因此，其核函数也被称为特征（Feature）。由此，神经反应（放电）可视为直接依赖于此刺激的特征，

$$P(r(x,t) | s(x,t)) = P(r(x,t) | s_1(x,t))$$

这里 r(x,t) 是空间域位置 x 在 t 时刻放电率，

$$s_1(x,t) = \iint s(x-x', t-t') k_3(x', t') \, dx' dt'$$

是时空特征提取。通过前面构造的滤波器，可通过贝叶斯公示计算 $s_1(x,t)$ 如下：

$$P(r(x,t) | s_1(x,t)) \propto \frac{P(s_1(x,t) | r(x,t))}{P(s_1(x,t))}$$

也就是说，激发函数正比于特征 s_1 在放电情况下条件概率和 s_1 本身概率的比值。通过数据，可以观测到所有放电时间和位置，再通过计算所得 $s_1(x,t)$，通过比较两者概率分布的比值获得激发函数 g(.) 的形式。

刺激的特征不止一个，需要将所有的特征提取放入神经编码模型中：

$$r = g(k_1 * s, \cdots, k_p * s)$$

这里，激发函数是多元函数，k_j 表示第 j 特征对应的核函数，* 代表滤波器所做的卷积。显然，希望特征个数尽可能的小，这样编码模型才能尽量简单。这就涉及一个重要问题，如何从刺激的数据中提取少量特征，而尽量替代刺激中的所有信息。这称之为特征选择（feature selection）问题。

以时间刺激为例，空间和时空的情形可类似处理刺激 s(t) 是时间的函数，将其视作（可能无限维）函数空间的一个点。或者更简单些，选取离散的时间点 $\{s(t_1), \cdots, s(t_K)\}$，s(t) 视 K 维空间的一个点；或者通过一组标准正交函数基

$\varphi_k(t)$ 将 s(t) 展开：

$$s(t) = \sum_k a_k \varphi_k(t)$$

比如，傅里叶变换的基函数。那么 s(t) 可由 $\{a_1, \cdots, a_K\}$（比如傅里叶系数）代替，视为 n 维空间的一个点（K 阶傅里叶变换），从几何意义上来讲，特征选取可视为选取一组低维的基，将 s(t) 在它们证成的低维空间展开（投影因此特征选取也被称为对数据的降维）。有很多方法可进行降维（特征选取），比如主成分分析（PCA）。

具体而言，前面所述的发放-触发平均只能提取平均意义下的特征，加入进行主成分分析，则可提取更多的特征，而保持较少的特征数目。同前面一样，定义，$s_i(t') = s(t_i - t')$ 是神经元放电时间 t_i 之前的刺激序列。通过离散化或者在函数正交基展开，转化为高维空间的点，仍记为 s_i 第一个特征为发放-触发平均，即 $k_0 * s = \dfrac{1}{n} \sum_i s_i$。减去此平均值后，将 $\hat{s_i} = s_i - k_0 * s$ 视为高维随机变量（期望为 0）的样本，通过 PCA，提出 j 主成分记为 $k_j(t')$，构成其余 K-1 个特征（滤波器核函数），放入神经编码模型中：

$$r = g(k_0 * s, \cdots, k_{K-1} * s)$$

将 $s_i(t')$ 视为连续时间的函数，通过标准正交函数基提取主成分的方法也被称为泛函主成分分析（fPCA）。

同样的方法可用于处理空间的特征提取（滤波）以及时空特征提取（滤波）。由此方法，可以构造 r(x,t) 描述时空域的神经元发放率。神经发放具有随机性，相同的刺激信号可导致不同的神经发放序列。最简单的方法就是利用（时空）泊松随机场（Poisson random field）来构造空间域的神经发放过程。也就是说在 x 位置的神经元在 t 时刻发放，与其他位置和其他时刻统计独立。泊松随机场模型具有局限性，因为神经元的发放在时间和空间实质都是具有相关性的，但由于考虑其计算的便利性，并且很多时候这类相关性较弱，被广泛应用于神经计算中。

利用卷积形式的滤波核函数来实现对于神经信号特征提取，这正是目前流形的卷积神经网络（CNN）的生物学基础，通过学习滤波核函数，已实现最优化的提特征提取和信号编码。

4.2 统计信号处理与神经解码

本节将利用统计信息处理技术来研究神经解码问题。包括利用信息检测来建立神经决策问题；利用贝叶斯推断来解决神经元群体解码问题；利用贝叶斯估计来实现刺激信息重构。所涉及的统计信息处理理论和方法请参看 Scharfll 的著作。

可通过神经元的发放率来进行二元判断。这里利用信息检测理论来讨论此问题。设 ± 分别表示两种可能性,神经元的反应为r(发放率),如何根据r的值判断是 +,还是 −? 也就是说,需要寻找一个决策函数φ(·)和阈值 η 作如下判断:

$$\begin{cases} \phi(r) \geqslant \eta \Rightarrow + \\ \phi(r) < \eta \Rightarrow - \end{cases}$$

此称之为决策律。给定决策律情况下,条件概率 $P(\phi(r) \geqslant \eta|-)$ 称为虚警率(false alarm rate),也称为假阳率;条件概率 $P(\phi(r) \geqslant \eta|+)$ 称为统计功效(statistical power)。假设 $P(r|\pm)$ 是在两种情况下神经反应的条件概率。Neymann-Pearson引理给出了如何获得最优的决策函数。即给定假阳率水平 α,选取决策函数为

$$\phi(r) = \frac{P(r|+)}{P(r|-)}$$

和阈值 η 取为使得 $P(\phi(r) \geqslant \eta|-) = \alpha$,则次决策函数和阈值假阳率不高于 α 可获得最大化的统计功效。

此 $\phi(r)$ 也称为似然比(likelihood ratio)。此决策律称为 Neymann-Pearson 决策律。可见 $P(r|+)$ 与 $P(r|-)$ 的差距越大(相似性越小),虚警率越小而统计功效越大。以高斯分布为例,如图 2-4-2 所示两个高斯分布的密度函数。其差异越大,对应假阳率的概率(面积)越小,相反统计功效对应的概率(面积)越大。其似然比形如乙形函数。

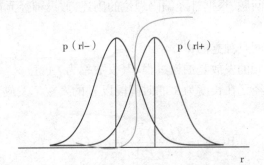

图 2-4-2　两个高斯分布的似然比示意图

另一类决策律是利用贝叶斯公式,考虑不同决策的代价和先验分布(P(±)),通过P(± |r)的似然比作为决策函数,假设L ± 分别是 ± 的决策的代价,那么给定神经反应 r 的条件下,不同决定的代价期望分别为:

$$L_+ P(+|r) \quad L_- P(-|r)$$

其比例为:

$$\frac{L_+P(+|r)}{L_-P(-|r)} = \frac{L_+P(r|+)P(+)}{L_-P(r|-)P(-)}$$

当超过某一阈值(常取为 1)时,则为 +;反之为 −,也就是说,其决策率为:

$$\frac{P(r|+)}{P(r|-)} \lessgtr \frac{L_-P(-)}{L_+P(+)}$$

此决策律称为贝叶斯决策律。

上面阐述了利用单个变量 r,实现神经决策的简单机制。而实际上,大脑是通过大量神经元的群体来实现决策的,单个神经元具有自己偏好的调谐曲线(编码机制),如何整合这些不同的决策单元实现整体决策。这里以一类方向识别的问题为例。研究发现不同位置的神经元对于不同方向有偏好(比如蟋蟀腿部具有感知方向的神经细胞),这些神经元对于方向的调谐曲线具有高斯性的函数关系。假设由 N 个神经元,每个神经元的反应是 r_a,定义神经元群体的反应向量 r=$[r_1,\cdots,r_N]^T$。利用贝叶斯律来刻画神经解码:

$$P(s|r) = \frac{P(r|s)P(s)}{P(r)}$$

其中 s 是方向刺激。求解 s 有两种手段:最大化似然率(ML):maxsP(r|s) 和最大化后验概率(MAP):

$$\max_s P(s|r)。$$

假设神经元的条件发放率是方向的函数 $f_a(s)$,a=1,$\cdots$,N 是神经元的编号。为了简要刻画此问题,根据神经编码理论的阐述,假设神经元群体发放构成一个泊松场:

- 神经元之间是独立的;
- 每个神经元的发放是泊松过程(其发放率为 $f_a(s)$)

那么每个神经元在长度为 T 的时间段以 r_a 的发放率发放,其发放次数 r_aT 的概率为:

$$P(r_a|s) = \frac{(f_a(s)T)^{r_aT}}{(r_aT)!}\exp(-f_a(s)T)$$

由假设的独立性可知:

$$P(r|s) = \prod_{a=1}^{N} P(r_a|s)$$

其对数为:

$$\log(P(r|s)) = \sum_{a=1}^{n}\left[r_aT\log(f_a(s)T)-f_a(s)T-\log((r_aT!))\right]$$

最大似然率方法通过最大化 logP(r|s)求解 s,通过计算 logP(r|s)的驻点获

$$\frac{\partial \log P(r|s)}{\partial s} = 0$$

求导可得：

$$\sum_{a=1}^{N} r_a \frac{f'_a(s)}{f_a(s)} = 0 \qquad (2\text{-}4\text{-}3)$$

该方程的解在一定条件下就为刺激的最大似然估计。假设调谐曲线是高斯形的：

$$f_a(s) \propto exp\left(-\frac{(s-s_a)^2}{2\sigma_a^2}\right)$$

其中 s_a 表示神经元 a 的偏好方向。则（2-4-3）的解为：

$$s^* = \left(-\frac{\sum_{a=1}^{N} r_a s_a / \sigma_a^2}{\sum_{a=1}^{N} r_a / \sigma_a^2}\right)$$

实质上是神经元偏好方向 s_a 对于 r_a/σ_a^2 的加权平均。如果 σ_a^2 对所有神经元 a 都相等，则最大似然估计是反映发放率的加权平均：

$$s_{ML} = \frac{\sum_{a=1}^{N} r_a s_a}{\sum_{a=1}^{N} r_a}$$

加入考虑先验概率 $P(s)$，最大后验估计等价于最大化

$$\log P(s|r) = \log P(r|s) + \log P(s) - \log P(r)$$

注意到最后一项与变量 s 无关，再代入前面似然函数的表达式，其驻点方程为：

$$\sum_{a=1}^{N} r_a \frac{f'_a(s)}{f_a(s)} + \frac{P'(s)}{P(s)} = 0 \qquad (2\text{-}4\text{-}4)$$

对于高斯形的调谐曲线，而且假设先验概率也是高斯的，其密度分布为：

$$P(s) \propto exp\left(-\frac{(s-s_p)^2}{2\sigma_p^2}\right)$$

可得 s 的最大后验估计：

$$S_{MAP} = \frac{T\sum_{a=1}^{N}\dfrac{r_a s_a}{\sigma_a^2} + \dfrac{s_p}{\sigma_p^2}}{T\sum_{a=1}^{N}\dfrac{r_a}{\sigma_a^2} + \dfrac{1}{\sigma_p^2}}$$

本质上是在最大似然估计的基础上，再加入先验分布，一起进行加权平均。

应当注意，上述方法存在一些不足，主要在于所基于的泊松假设：不同神经元的发放之间是独立。而实验观测可以看出，实质上不是独立的，神经同步发放是神经信号传递的重要手段。

利用贝叶斯估计可进行神经解码。简单介绍如下，假设 $P(s|r)$ 是后验分布，

$L(s,s_B)$ 定义了估计值 s_B 与真实值 s 的误差的代价,那么其平均误差可写为:

$$L(S_B|r)=\int L(s,s_B)P(ds|r)$$

通过最小化 $L(S_B|r)$,求解的 sb 即为利用后验分布的贝叶斯估计,这就实现了一个简单的神经解码。其驻点方程为:

$$\int \frac{\partial L(s,s_B)}{\partial s_B}P(ds|r)=0 \tag{2-4-5}$$

常见的误差函数是平方误差:$L(s,s_B)=(s-s_B)^2$,代入(2-4-5)可得:

$$s_B=\int sP(ds|r)=E(s|r)$$

也就是说,在二次误差函数情形下,贝叶斯估计值就等于刺激在神经反应(基于后验分布)的条件期望。因此问题的关键是构造后验分布,由贝叶斯律:

$$P(s|r)\propto P(r|s)P(s)$$

其本质就是构造神经解码模型(P(r|s))和给出先验分布 P(s)。

4.3　计算神经信号中的信息量

信息理论源于香农(Shannon)在 20 世纪 40 年代提出的理论,用以度量编码系统所蕴含的信息量。神经元通过神经放电序列来替代外部刺激的信息。本节上使用香农理论来计算神经放电序列的信息量,利用互信息(mutual information)来度量神经编码的效率。

根据香农信息理论,代码系统的信息本质上是产生编码的概率分布的熵(entropy),也称为信息熵:

$$H[x]=-E[\log p(x)]=-\int \log p(x)p(x)dx \tag{2-4-6}$$

其中,x 是编码的随机变量,p(x)是其概率密度函数,对数的底为 2,信息熵的单位为比特(Bit)。对于离散随机变量,可写为:

$$H[x]=-\sum_i P_i log P_i \tag{2-4-7}$$

其中,P_i 是 x 在(N 个)状态 i 的概率。因此,信息熵本质上是概率分布函数的泛函,可记为 H[p(.)]。如果概率状态是有限个,对应的概率为 Pi,…,Pn(n 个状态),H 可视为 Pi,…,Pn 的函数,也可记为 H(Pi,…,P)。此定义具有如下性质:

(1)对称性,设 $k_1,\cdots,k_N$ 是 $1,\cdots,N$ 的任意一个置换,则 $H(P_{k_1},\cdots,P_{k_N})=H(P_1,\cdots,P_N)$;

随机最大化:当 $P_1=P_2=\cdots=P_N=1/N$ 时,其信息熵取得最大值:

$$H(P_1,\cdots,P_N)\leqslant H(\frac{1}{N},\cdots,\frac{1}{N})=logN$$

(2)可加性:代码系统细化为若干子系统,则其信息熵等于两者之和:①子系统熵依据在此子系统概率的加权平均;②在各个子系统的概率的熵。假如系统 R 分为 $R_1\cdots,R_N$ 各不相融的子系统,分布到各个子系统的概率为 P_k,则:

$$H[\ R\ ]=H(P_1,\cdots,P_K)+\sum_k P_k H[\ R_k\ ]$$

可以证明，满足这 3 个性质的连续函数必然具有形式（2-4-7）乘以常数倍数。

在神经编码中需要考虑两类代码所包含的信息：刺激（s）和反应（r）。研究这不仅关注反应 r 包含的整体信息，更要特别关注在刺激条件下的信息。比方说，在刺激性条件下，神经元的发放更规则（更少的随机性），那么 r 对于 s 信息替代更明显；反之 r 对于刺激 s 的信息未有有效的反应。r 在 s 的条件信息熵定义为：

$$H[\ r|s\ ]=-E[\ \log(p(r|s))\ ]=-\int drds\, p(r|s)p(s)\log p(r|s)$$

也就是 r 相对 s 条件分布的熵。那么 r 的整体信息熵与在 s 条件信息熵之差，可视为 s 和 r 之间信息传递量，刻画两者之间的相互信息关系：

$$MI[\ s,r\ ]=H[\ r\ ]-H[\ r|s\ ] \tag{2-4-8}$$

由于

$$H[\ r|s\ ]=H[(r,s)]-H[\ s\ ]$$

这里，$H[(r,s)]$ 是 (r,s) 联合分布的信息熵。所以有：

$$MI[\ s,r\ ]=h[\ r\ ]-h[\ r|s\ ]=H[\ r\ ]+H[\ s\ ]-H[(r,s)] \tag{2-4-9}$$

注意到，后者实质上是联和分布 $p(r,s)$ 与假设 r 和 s 独立的联合分布 $p(r)p(s)$（二者边际分布的乘积）对应信息熵的差。注意到 $H[\ r\ ]+H[\ s\ ]\geqslant H[(r,s)]$，当且仅当 r 与 s 独立时，取得等号。所以，$MI[\ s,r\ ]=0$ 当且仅当 r 与 s 统计意义下独立。

进一步也等价于：

$$MI[\ s,r\ ]=H[\ r\ ]+H[\ s\ ]-H[(r,s)]=E\left[\ log\ \frac{p(r,s)}{p(r)p(s)}\ \right]$$

后者也定义为概率分布 $p(r,s)$ 到 $p(r)p(s)$ 的 KL 散度（Kullback - Leibler Divergence），其定义了两个概率分布 $P(.)$ 和 $Q(.)$ 的（有向）距离：

$$D_{KL}(P||Q)=\int P(ds)\log\frac{dP(x)}{dQ(x)}$$

也被称为分布 P 对于分布 Q 的相对信息熵。

可见，互信息可用以刻画神经反应 r 对于刺激 s 的信息替代效率，$M1(r,s)$ 越大，它们之间的信息相关越大，神经编码系统的效率越好。所以，可通过计算刺激 - 反应的互信息来刻画神经编码系统的信息效率。

计算神经放电序列的信息量有两种方式：①按发放与否将放电序列视为布尔（0-1）序列，利用布尔序列的相关方法计算信息量；②将放电序列视为混合泊松过程（Cox 过程），利用发放率来计算信息量。无论哪种方法，根据公式（2-4-8），其关键在于计算三个分布：反应 r 的分布 $P(r)$ 和 r 在刺激 s 的条件分

布 $P(r|s)$。基于数据计算分布有两个情况：相同输入的重复采样或者将长发放序列分段再视为不同的采样，利用遍历性，通过对时间的平均来计算期望，从而获得信息熵的计算值。

首先考虑将放电序列视为布尔序列。给定采样时间区间 δt，将放电序列的整个时间区间 $[0,T]$ 分段 $0=t_0=t_1=\cdots=t_n=T$，这里 $t_k-t_{k-1}=\delta t$。构造 0-1 序列 y_k 如下：

$$y_k=\begin{cases} 0 & [t_{k-1},t_k)\text{ 没有发放} \\ 1 & [t_{k-1},t_k)\text{ 有发放} \end{cases}$$

用 y 作为反应 r 的替代。给定一定长度 L，考虑长度为 L 的 0-1 字符串的概率分布作为 r 的分布。假设是 $S_1\cdots S_M$ 所有出现过的 L-字符串，其出现比率分别为 $Q_1\cdots Q_M$，那么反应的整体信息熵可如下计算：

$$H[y]=-\sum_{m=1}^{M}Q_m\log Q_m$$

在每个刺激 s_j 下，再统计 L-长字符中的出现比率，记为 $Q_1^j,\cdots,Q_M^j$ 可计算在 s_j 条件下的信息熵：

$$H(r|s=s_j)=-\sum_m Q_m^j\log Q_m^j$$

在对所有刺激进行平均，可得条件信息 M：

$$H[r|s]=<H[r|s=s_j]>_j$$

由此可计算 r 与 s 的互信息 $MI(r,s)=H[r]-H[r|s]$，显然此算法受采样区间和字符长度的影响，但是完全依赖数据，无需任何先验的分布假设。

另一种方法，将放电序列视为（混合）泊松过程，通过统计计算整体的发放率为 $\bar{r}$，而在刺激 s 下的激发率为 $r(t)$（时间变量 t 代表是在刺激 s 发生时间 t 时刻之后一定时间区间统计）。利用泊松性质可知，在 $[t,t+\delta]$ 充分时间区间内

$$P(spike)=\bar{r}\delta,\ P(spike|s)=r(t)\delta$$

那么 δ 长度时间段的平均互信息为：

$$MI(r,s;\delta)=-\bar{r}\delta\log(\bar{r}\delta)-(1-\bar{r}\delta)\log(1-\bar{r}\delta)+$$

$$\frac{1}{T}\int_0^T dt[r(t)\delta\log(r(t)\delta)+(1-r(t)\delta)\log(1-r(t)\delta)]$$

注意到此处利用（假设）发放序列具有遍历性，对于刺激 s 的平均等于充分长时间 T 的平均。上式左右同时除以 $\bar{r}\delta$，利用 $\frac{1}{T}\int_0^T dt\ r(t)=\bar{r}$. 再令 $\delta\to 0$，可得如下式子：

$$\lim_{\delta\to 0}MI(r,s;\delta)=\int_0^T\frac{r(t)}{\bar{r}}\log\frac{r(t)}{\bar{r}}dr$$

也就是平均每次发放的互信息（mutual information per spike）。

反应 - 刺激的互信息用以刻画神经编码的通道容量（channel capacity），可用于评价神经编码的效率。可通过最大化而这种之间的互信息来优化神经编码：

$$max\ MI(r,s)$$

此处最大化是对于所有编码模型和参数。注意到本质上也是最大化 $P(r)$ 和 $P(r|s)$ 的平均 KL 散度：

$$\max <D_{KL}(P(r)|P(r|s))>_s$$

可以证明，反应的概率分布匹配输入刺激的分布时，最大化编码系统的通到容量。

已有工作指出神经编码激发函数的形式实质上是输入信号的概率分布。刺激的形态多种多样，如何获得其概率分布？研究者提出了"自然刺激"（natural stimuli）的概念，包括"自然图像"（natural image）和"自然声音"（natural sound）等。研究认为，"自然"（非人为特殊布置）的神经刺激（图像、声音、气味等）的分布是具有相似性的。而比如自然图像的空间频率是符合幂律分布的。高斯分布是最常见的刻画自然刺激的分布，此时神经有效编码的激发函数的形式便是乙型函数形式。神经系统是实质上是通过神经元群体来编码的，从信息理论的观点看，这种编码形式是冗余的。假设 $r_{1,2}$ 是两个神经元的反应，其共同的信息熵是低于各自信息熵之和：

$$H[r_1,r_2] \leqslant H[r_1] + H[r_2]$$

取等号的条件是两者独立。但是在神经元群体，他们之间不是独立的，因此神经群体编码存在冗余性。这种冗余一定程度上可以降低编码错误率，但是效率不高。因此，研究者提出的关于神经元群体有效编码的定律是"稀疏化原则"（sparseness）：即神经系统采用尽量少的神经元参与给定任务的编码，以提高有效性。

以一个简单信号为例，s 是刺激信号，$r=[r_1,\cdots,r_n]^T$ 是 n 个神经元的反应。$\varphi_i(\cdot)$ 是各自的激发函数，那么利用简单的线性形式表达神经元群体的反应如下：

$$I(s) = \sum_{i=1}^{N} a_i\varphi_i(s) + \varepsilon(s)$$

其中 a_i 是编码系数，$\varepsilon(s)$ 描述误差。也有人提出加入关于稀疏化的惩罚项进入（基于高斯分布假设的）最大似然估计中，以获得稀疏化的神经元群体编码：

$$\min_a \sum_s [I(s) - \sum_{i=1}^{N} a_i\varphi_i(s)]^2 + \lambda C(a)$$

这里 $a=[a_1,\cdots,a_n]^T$，$\lambda>0$ 是惩罚项的权重，$C(a)$ 是描述稀疏化的项，比如通过 L1 范数：

$$C(a)=\sum_{i=1}^{N}|a_i|$$

此时的优化问题也被称为套圈法（lasso）。在意定义一下实现对于变量 a_i 的选择，从而实现稀疏回归（sparse regression）。

（卢文联）

参 考 文 献

1. Dayan P, AbbottL F. Theoretical Neuroscience: Computational and Mathematical Modeling of Neural Systems. Massachusetts: The MIT Press Cambridge, 2001.

2. Gustavsson A, Svensson M, Jacobi F, et al. Cost of disorders of the brain in Europe 2010. Eur Neuropsychopharmacol, 2011, 21(10): 718-779.

3. Hebb DO. Distinctive features of learning in the higher animal. InJ. F. Delafresnaye (Ed.). Brain Mechanisms andL earning. London: Oxford University Press, 1961.

4. Abbott LF. Lapique's introduction of the integrate-and-fire model neuron (1907). Brain Research Bulletin, 1999, 50(5/6): 303-304.

5. Hodgkin AL, Huxley AF. A quantitative description of membrane current and its application to conduction and excitation in nerve. J Physiol, 1952, 117(4): 500-544.

6. Hassard B. Bifurcation of periodic solutions of Hodgkin-Huxley model for the squid giant axon. J Theor Biol, 1978, 71(3): 401-420.

7. Cybenko G. Approximation by superpositions of a sigmoidal function. Math Control Signals and Syst, 1989, 2(4): 303-314.

8. Chen TP, Chen H, Liu RW. Approximation capability in $C(R(n))$ by multilayer feedforward networks and related problems. IEEE Trans Neural Netw, 1995, 6(1): 25-30.

9. Amari S. Dynamics of pattern formation in lateral-inhibition type neural fields. Biol Cybern, 1977, 27(2): 77-87.

10. Wilson HR, Cowan JD. Excitatory and inhibitory interactions in localized populations of model neurons. Biophys J, 1972, 12(1): 1-24.

11. Wilson HR, Cowan JD. A mathematical theory of the functional dynamics of cortical and thalamic nervous tissue. Kybernetik, 1973, 13(2): 55-80.

12. Hopfield JJ. Neural networks and physical systems with emergent collective computational abilities. Proc Natl Acad Sci U S A, 1982, 79(8): 2554-2558.

13. Hopfield JJ. Neurons with graded response have collective computational properties like those of two-state neurons. Proc Natl Acad Sci U S A, 1984, 81(10): 3088-3092.

14. Bi GQ, Poo MM. Synaptic modifications in cultured hippocampal neurons: dependence on spike timing, synaptic strength, and postsynaptic cell type. J Neurosci, 1998, 18(24): 10464-10472.

15. Pearson K. On Linesand Planes of Closest Fitto Systems of Pointsin Space[J]. Philosophical Magazine, 1901, 2(6): 559-572.

16. Chen T, Amari S. Unified stabilization approach to principal and minor components extraction algorithms. Neural Netw, 2001, 14(10): 1377-1387.

17. Eysel U. Turning a corner in vision research. Nature, 1999, 399(6737): 641, 643-644.

18. McCulloch WW, Pitts W. A logical calculus of the ideas immanent in nervous activity. The Bulletin of Mathematical Biophysics, 1943, 5(4): 115-133.

19. Pavlov IP. Conditioned Reflexes: An Investigation of the Physiological Activity of the Cerebral Cortex. Translated and Edited byG. V. Anrep. London: Oxford University Press, 1927.

20. Joel D, Niv Y, Ruppin E. Actor-critic models of the basal ganglia: new anatomical and computational perspectives. Neural Netw, 2002, 15(4-6): 535-547.

21. Yuste R. Katz LC. Control of postsynaptic Ca^{2+} influx in developing neocortex by excitatory and inhibitory neurotransmitters. Neuron, 1991, 6(3): 333-344.

22. Namiki S, Matsuki N, Ikegaya Y. Large-scale imaging of brain network activity from> 10,000 neocorticalcells. Nature Proceedings, 2009.

23. Scharf LL. Statistical Signal Processing: Detection, Estimation, and TimeSeriesAnalysis. ADDISON-WESLEYPUBLISHING, 1991.

24. Shannon CE. A Mathematical theory of information. The Bell Sys-temTechnical Journal, 1948, 27: 379-423, 623-656.

25. Reinagel P, Reid RC. Temporal coding of visual information in the thalamus. J Neurosci, 2000, 20(14): 5392-5400.

26. Brenner N, Strong SP, Koberle R, et al. Synergy in a neural code. Neural Computat, 2000, 12(7): 1531-1552.

27. Barlow HB. Possible principles underlying the transformations of sensory messages. in Sensory Communication, MIT Press, 1961.

28. Lewicki MS, Efficient coding of natural sounds. Nat Neurosci, 2002, 5(4): 356-363.

29. Olshausen BA, Field DJ. Sparse coding with an overcomplete basis set: a strategy employed by V1. Vision Res, 1997, 37(23): 3311-3325.

30. Tibshirani R. Regression shrinkage and selection via the lasso. Journal of the Royal Statistical Society, 1996, SeriesB 58(1): 267-288.

第三章

精神疾病遗传学统计方法

各方面的研究已明确显示遗传因素是精神疾病发病的最重要因素之一,基因连锁分析与连锁不平衡分析是目前定位精神疾病相关基因的主要研究方法,两种方法都是利用统计方法对遗传性质的重组率与连锁不平衡系数进行衡量并定位基因。在详细介绍相关统计方法之前,先简单介绍其中涉及的一些基本概念。

第一节 基 本 概 念

染色体(Chromosome) 是细胞内具有遗传性质的遗传物质深度压缩形成的聚合体,其本质都是脱氧核糖核酸(DNA)和蛋白质组合后不均匀地分布于细胞核中,是遗传信息的主要载体。每一种生物的染色体数是恒定的。多数高等动植物是二倍体(diploid)。也就是说,每一身体细胞中有两组同样的染色体(称为同源染色体),其中与性别直接有关的染色体,称为性染色体,性染色体可以不成对。众所周知,人的染色体数是 46(2n=46),即有 23 对染色体,其中包括 22 对常染色体(1~22)和 1 对性染色体(x 和 y)。

脱氧核糖核酸(DNA)是染色体的主要化学成分,同时也是遗传物质的基础,组成基因(gene)的材料。DNA 是一种长链聚合物,呈双链结构,由脱氧核糖及 4 种含氮碱基组成,即腺嘌呤脱氧核苷酸(dAMP,简称脱氧腺苷)、胸腺嘧啶脱氧核苷酸(dTMP,简称脱氧胸苷)、胞嘧啶脱氧核苷酸(dCMP,简称脱氧胞苷)、鸟嘌呤脱氧核苷酸(dGMP,简称脱氧鸟苷)。

基因(gene) 一般是指某一特定性状的 DNA 功能单位,它是一段具有特定结构的连续的 DNA 序列。每个基因在染色体上都有特定的位置。基因通过指导蛋白质的合成来表达自己所携带的遗传信息,从而控制生物个体的性状表现。在遗传学上,把具有一对相对性状的纯种杂交一代所显现出来的亲本性状,称为显性性状,控制显性性状的基因称为显性基因;把未显现出来的亲本性状,称为隐性性状,控制隐性性状的基因称为隐性基因。显性基因决定的遗传过程,称为显性遗传。而隐性基因决定的遗传,则称为隐性遗传。根据基因位于常染色体或性染色体上,可以分为常染色体遗传或伴性遗传(图 3-1-1)。

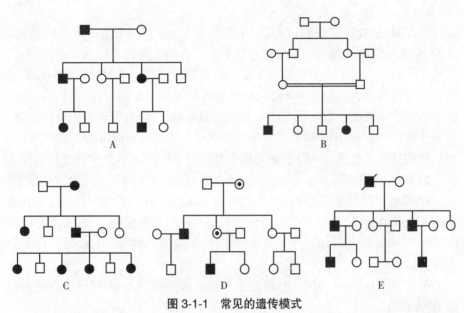

图 3-1-1 常见的遗传模式

注:A. 常染色体显性遗传;B. 常染色体隐性遗传;C. X 染色体连锁显性遗传;D. X 染色体连锁隐性遗传;E. Y 染色体连锁遗传

减数分裂(meiosis)是指生物体在进行有性生殖过程中,形成有性生殖细胞的方式。配子(精子或卵)是由配子母细胞经减数分裂而产生的。在减数分裂过程中,同源染色体分离,非同源染色体自由组合。亲本的每一配子带有一组染色体即为单倍体(haploid)。

基因突变(gene mutation)是指细胞中的遗传基因(通常指 DNA)发生的改变。它包括单个碱基改变所引起的点突变,或多个碱基的缺失、重复和插入而引起的基因结构的改变。基因突变通常发生在 DNA 复制时期,即细胞分裂间期,包括有丝分裂间期和减数分裂间期。如果突变发生在配子(性细胞)形成阶段,并把突变传到后代,这种突变称为生殖细胞突变。体细胞突变是指除性细胞外的体细胞发生的突变。

基因重组(gene recombination)是指在生物体进行有性生殖的过程中,控制不同性状的基因重新组合。主要发生在减数第一次分裂前期的交叉互换和后期的非同源染色体自由组合。

连锁(linkage)是指位于同一条染色体上的基因连在一起的伴同遗传的现象。如果同一同源染色体的 2 个非等位基因不发生姐妹染色单体之间的交换,则这 2 个基因总是联系在一起遗传的现象称为完全连锁(complete linkage)。如果位于同源染色体上的非等位基因的杂合体在形成配子时除有亲型配子外,还有少数的重组型配子产生的现象,则称为不完全连锁(incomplete linkage)。

微卫星(STR)一般指基因组中由短的重复单元(一般为 1~6 个碱基)组成的 DNA 串联重复序列。微卫星广泛分布于真核生物的基因组中,包括编码区和非编码区。由于重复单位及重复次数不同,使其在不同种族,不同人群之间的分布具有很大差异性,构成了 STR 遗传多态性。不同个体之间在一个同源 STR 位点的重复次数不同。由于微卫星具有数量多、在基因组内分布均匀、多态性信息丰富、易于检测等优点被作为优良的遗传标记而得到广泛应用。

单核甘酸多态性(SNP)主要是指在基因组水平上由单个核苷酸的变异所引起的 DNA 序列多态性。在基因组 DNA 中,任何碱基均有可能发生变异,因此 SNP 既有可能在基因序列内,也有可能在基因以外的非编码序列上。SNP 是在人类基因组中广泛存在,人类可遗传的变异中最常见的一种,占所有已知多态性的 90% 以上。SNP 易于基因分型,适于快速、规模化筛查,是最常用的遗传标记。

等位基因(allele)指同一基因的不同形式或多态性 DNA 标记位点的多态性 DNA 片段。

基因型(genotype)是指一对同源染色体上的两个等位基因组成基因型,如 AA、Aa、aa。具有相同等位基因的个体称为纯合子(homozygote),如 AA 或 aa;具有不同等位基因的个体称为杂合子(heterozygote),如 Aa。

基因频率(gene frequency)是指在一个群体中某一特殊型的等位基因在所有等位基因总数中所占的比率,由基因型频率推算得出。

外显率(penetrance)是指群体中某一基因型(通常在杂合子状态下)个体表现出相应表型的百分率。外显率等于 100% 时称为完全外显(complete penetranc)低于 100% 时则为不完全外显(incomplete penetranc)或外显不全。

第二节　连　锁　分　析

连锁分析是参照某些已明确位置的遗传标记(如微卫星)来推测某种表型的易感基因在染色体上的位置。连锁分析是基于家系研究的一种方法,是单基因遗传病定位克隆方法的核心。这种分析方法是利用连锁的原理研究致病基因与参考位点(遗传标记)的关系。它是利用遗传标记在家系中进行分型,再利用数学手段计算遗传标记在家系中是否与疾病产生共分离。

基本原理是在减数分裂中同一染色体上的某些位点由于物理相距很近,

他们发生交叉的概率较小,也就是发生重组的概率小,这些位点的等位基因连锁在一起从亲代遗传到子代。位点间的距离越远,在减数分裂的过程中,发生交叉的可能性越大,位点间重组的可能性越大。位点间遗传距离的大小通常用 θ 表示,两个位点间的重组分数定义为:θ= 重组配子数 /(重组配子数 + 非重组配子数),取值范围为 0~0.5。当 θ 为 0 时,表示两位点未出现交叉,两者相距极近,θ 为 0.5 时,表示两位点的等位基因在减数分裂时随机组合,故两位点不在同一染色体上,或在同一染色体上相距很远。

利用连锁的原理研究致病基因与参考位点的关系。根据孟德尔分离率,如果同一染色体上的位点不连锁,那么基因标记将独立于致病基因而分离,与致病基因位于同一单倍体或不同单倍体的机率各占一半,否则表明连锁的存在。连锁分析通常采用家系分析的方法来估计两个基因的重组率,从而进行基因定位的方法。

连锁分析可分为参数连锁分析(parametic linkage analysis)和非参数连锁分析(non-parametic linkage analysis)。

参数分析法也称最大似然率法,是最常用的连锁分析方法,要求对遗传模式、基因频率、外显度等参数进行预设置,分析中未知的变量仅仅是重组率 θ。LOD 值(常用 $Z(\hat{\theta})$ 表示)的运算式是:

$$Z(\hat{\theta})=\log_{10}\frac{L(\hat{\theta})}{L(\hat{\theta}=0.5)} \tag{3-2-1}$$

$\hat{\theta}$ 为 θ 的最大似然估计值。检验假设 H_0 为 θ=0.5,位点间不连锁;备择假设 H_1 为:θ<0.5,即假设位点间连锁,计算在不同的 θ 时(θ=0~0.5),此家系的概率,再假设位点间不连锁即 θ=0.5 时此家系的概率,然后求出存在连锁的相对概率,取其 log 值。最大 LOD 对应的 θ 值为 θ 的最大似然估计。当 LOD 值≥3,表明在给定 θ 值的条件下,连锁的可能性比不连锁的可能性大 1000 倍或以上,可定义为连锁;当 LOD 值 <-2,可以排除连锁;对于 X- 性连锁来说,LOD 值≥2 可定义为连锁。如果疾病的遗传模式、基因频率、外显率、拟表型率等参数估计错误,会降低检验效能。由于多基因遗传病遗传方式不明确、外显率较低,所以参数分析法在多基因疾病中的应用受到限制,研究多基因遗传病时多采用非参数分析法。

非参数分析法不需要预先知道遗传模式、基因频率、外显度等参数,在进行复杂疾病的连锁分析时,具有一定的优势。非参数分析方法的种类较多,其中大多数方法也是建立在假定可能的遗传模型基础上的,实际上是一种参数或半参数的分析方法。但是一般情况下,这种对遗传模型的可能只影响参数的估计,而不影响方法检测连锁的有效性。常用的非参数连锁分析有患者同胞对分析(affected sib-pair analysis,ASP)、患者 - 亲属同胞对(affected-relative pair,ARP)等。ASP 法涉及的一个基本概念血缘同一,即 identical by descent (IBD),它指同胞对中共有的某一等位基因或 DNA 区域来源于一个共同祖先。假如亲代基因型已知,在零假设情况下,同胞对在任何位点共享 0 个、1 个、2 个 IBD 的概率将分别为 0.25%、0.50%、0.25%。显然,同胞对的 IBD 几率明显高于其他亲属及随机人群。如某个遗传标志的 IBD 超过随机同胞对的 5% (P<0.05),即可判断该标志与某个易感基因之间存在连锁关系。

$$\text{LOD}(Z_0, Z_1) = 2\log_e\left[\frac{\text{Like}(Z_0, Z_1)}{\text{Like}(Z_0=0.25, Z_1=0.5)}\right] \qquad (3\text{-}2\text{-}2)$$

IBD 法虽然在计算时不需要父母的基因型信息,但要求父母均活着,以便核证子代同胞的基因型资料。IBD 也要求排除双系遗传即父母均为患者的家系。用 ASP 法检出疾病易感位点的能力依赖于该位点产生某个性状的遗传变异的作用大小,而这种作用大小可通过测量一个 ASP 的患病风险与群体患病风险之比来实现,这一比值称为 λ_s。它是 ASP 法检出易感基因和遗传标志间连锁关系的重要参数,也是某一疾病所有易感位点的总效应的综合量度。ARP 则是分析家系中状态同一(identical by state,IBS)的个体,即只考虑家系成员的遗传标志或等位基因的相似性,而不管其是否源于一个共同祖先。根据在同一家庭中患病的同胞或亲属之间倾向于共享相同的致病染色体,从而可通过检测个体间的染色体的共享情况同染色体随机分配时的理论值的偏离,而定位疾病基因。

第三节　连锁分析在定位精神疾病致病基因实践中的应用

为了研究清楚精神疾病的致病基因,世界各地的研究者付出了极大的努力。至今已有许多染色体区域被怀疑携带精神疾病的致病基因,连锁分析法定位了精神疾病的一系列的连锁区域。

1　精神分裂症(Schizophrenia)

精神分裂症是以基本个性改变,思维、情感、行为的分裂,精神活动与环境的不协调为主要特征的一类最常见的精神病。该病多在青壮年起病,病程迁延,进展缓慢,有发展为衰退的可能,一般无意识障碍和智能障碍。在全世界各个人群中普遍存在,发病率在 1% 左右。精神分裂症患者亲属的终生预期患病率则远较一般人群为高,精神分裂症患者的父母中发病风险为 5.6%,父母一方为精神分裂症患者的小孩患病风险是 12.8%,双亲患精神分裂症的子女终生患病率为 46.3%,精神分裂症患者兄弟姐妹之预期危险度为 10.1%,同卵双生子更是高达 50%~60%。在二级亲属和三级亲属中,预期危险度分别是 3.3% 和 2.4%。可以看出血缘关系愈近,患病率也愈高。越来越多的家系、双生子和寄生子研究都证明了遗传因素是形成精神分裂症的一个风险因子,约占 80%,遗传因素在精神分裂症的病因中起着非常重要的作用,这一点已经是精神病学界的共识。各国的研究者采用连锁分析的方法迄今已在人类基因组多条染色体上定位了多个精神分裂症的易感区域。

1.1 1q21-q22

Brzustowicz 等在 22 个具有高精神分裂症患者比例的加拿大大家系中进行了全基因组扫描,发现了精神分裂症与染色体 1q21-22 区域存在连锁,最大 LOD 值为 6.5,且表现为常染色体隐性遗传模式。研究人员认为他们的结果提供了足够强的证据,可以通过定位克隆的方法找到潜在的易感基因。在他们研究的家系中,有 5 个家系拥有 20~29 个参与成员,平均每个家系有 13.8 个个体参与了研究。平均每个家系有 3.6 个患有精神分裂症或分裂情感障碍的个体参与,其中一个最大的家系有 15 个精神疾病的个体参与研究。他们选择了 4 种遗传模式来实现多重检验次数的最小化,即相对于"狭义"和"广义"的诊断分类标准都分别采用显性和隐性遗传模式。狭义的诊断分类标准包括被诊断为精神分裂症和分裂情感障碍(schizoaffective disorder);广义的诊断分类标准除了以上两种外还包括数种精神分裂症谱系疾病。研究人员还进行了 2500 次非连锁的重复模拟,确定了与 $P=0.05$ 相对应的 LOD 值:基于同质假说的显著性的 LOD 值应 >3.3,基于异质性假说则要 >3.5。在隐性 - 狭义诊断标准模式下,最高的 LOD 值为 5.79 位于染色体 1q22 区域 D1S1679 处($P<0.0002$)。此外,在 1q 上及与之相邻的其他 5 个遗传标记(跨度约为 39cM)也都得到了 >2.0 的 LOD 值。在采用两点分析时,在其他任何染色体上均未检测到显著性连锁。当采用多点分析时,基于隐性 - 狭义诊断标准模式,在 D1S1653 和 D1S1679 之间得到了最大 LOD 值 6.50($P<0.0002$),约 75% 的家系与这个位点连锁($\alpha=0.75$)。

Levinson 等对精神分裂症和 1 号染色体长臂存在连锁的证据进行了进一步评估,他们使用来自 779 个信息度高的精神分裂症家系的多中心样品,对横跨 1 号染色体 107cM 范围的 16 个遗传标记进行了分析,未发现显著性的证据,在 8 个独立样品中也没有发现存在等位基因共享。使用起源于欧洲的家系进行独立分析,在隐性遗传模式下,家系含有更多数量的患病个体,依然没有得到显著性的连锁信号。因此他们认为如果在 1 号染色体长臂存在精神分裂症易感基因,这些基因对整个人类的遗传影响很可能很小。

Macgregor 等认为 Levinson 未能重复出大家系所得到的结果的原因是无论使用何种大小的合理样本量,都可能存在位点异质性。Bassett 等也提出,

Levinson 等之所以没有成功检测到 1q 上的连锁,是因为他们在那个位点的实验设计是失败的。Levinson 等回应声明,他们在分析 Brzustowicz 等的数据时犯了个错误,修正后的结果支持了 Brzustowicz 等的加拿大家系中精神分裂症和 1 号染色体存在非常显著的连锁结论。此外,另外 3 个课题组也支持了这个结论,Gurling 等、Blackwood 等和 Ekelund 等也得到了显著性结果,表明 1 号染色体长臂上或许确实存在与精神分裂症的连锁。

Brzustowicz 等使用了与之前研究相同的一组样品,对 1 号染色体上的精神分裂症易感位点进行了精细定位,最终定位到 1q22,在一个相隔小于 3cM,约 1Mb 的区域得到了一个最大多点 LOD 值,为 6.50。

1.2　6p23

Wang 等在 186 个多发家系中进行了连锁分析,结果表明在 6pter-22 区域存在精神分裂症易感位点。他们假设位点是同质的,并使用部分显性遗传模式,同时适度拓宽疾病定义,在 6p23 上的 D6S260 处得到 LOD 值为 3.2。在允许位点异质性的情况下,他们对 F13A1 和 D6S260 位点进行分析时得到了多点 LOD 值 3.9。非参数患病家系分析得到的结果也支持 6p23 区域的连锁信号。Straub 等使用了 16 个遗传标记对 265 个家系进行连锁分析,总体的数据支持了在 6p24-22 区域存在精神分裂症易感位点。假设位点是异质性的(α 为 0.15~0.3),最大的 LOD 值 3.51 位于 D6S296 处。Schwab 等在 54 个家系(43 家来自德国,11 家来自以色列西班牙系犹太人家系)对 6p 进行了多点受累同胞对的连锁分析,在一个很大的区域内得到了阳性的 LOD 值,其中在 D6S274 附近得到了最大 LOD 值 2.2,而这个遗传标记 Straub 等也报道过有阳性的 LOD 值。把 2 项研究结合后得到的 LOD 值为 3.6~4.0,这个结果支持了在这个区域存在精神分裂症易感位点的观点。

在后续研究中,Moises 等从原来在冰岛人群中发现的可能有连锁的 26 个位点中选取了 10 个,补充征集了来自于多个国家和地区的精神分裂症患者,支持了精神分裂症与 6 号染色体短臂的遗传标记存在连锁。此后 14 家研究中心联合新收集了 500 个家系进行研究,最后发现一个支持但是非决定性的证据,证明在 6 号染色体上存在有精神分裂症的易感位点,受累同胞对最大 LOD 值 2.19(P=0.001)。

然而 Garner 等使用 211 个家系作为样品进行研究,在 6p24 约 37cM 区域内的遗传标记均未发现连锁的证据。Daniels 等从 6p24-22 周围 40cM 的区域内选用了 9 个微卫星标记对 86 个家系的 102 个同胞对样品进行实验,结果也没有发现阳性证据。Maziade 等对 18 个家系(包括精神分裂症、分裂情感障碍和双向情感障碍)进行研究,在其中一个家系中,D6S296 和 D6S277 在显性遗传模式下得到的 LOD 值分别为 2.49 和 2.15。同时这个结果提供了进一步的证据证明这 3 种疾病可能共享某些易感位点。Brzustowicz 等对 10 个来自加拿大带有凯尔特血缘的家系进行的研究中发现,无论是在显性遗传模式下还是隐性遗传模式下,都没有发现位于 6p 的遗传标记和精神分裂症存在连锁。然而,他们发现和 D6S1960 之间存在很强的关联(两点分析时 $P=1.2 \times 10^{-5}$;多点分析时 $P=5.4 \times 10^{-6}$),这提示了在 6p 上的一个位点可能和精神病症有关联。

Kaufmann 等在对来自于 30 个非洲裔美国人核心家系的 42 个同胞对(患有精神分裂症或分裂情感障碍)所进行的多中心合作研究中发现包括 6q16-24、8pter-q12、9q32-34 和 15p13-12 在内的多个区域都显示了连锁($P=0.01 \sim 0.05$)。然而,按照 Lander 和 Kruglyak 设定的标准,无论是这些结果还是另外 459 个遗传标记的全基因组扫描都未达到基因组显著性连锁水平。

1.3　6q23.2,6q13-q26

Cao 等研究了两组独立的数据发现,在 6q 上可能存在精神分裂症的易感位点,但是他们不能确定 6q 和疾病之间是否存在连锁。在这个项研究中他们使用了一个两阶段逼近和非参数连锁分析:IBD 法和多点 LOD 值法。在第一组数据中,他们发现位于 6q13-26 区域的遗传标记存在超过预期的等位基因共享;其中最显著的是位于 6q21-22.3 区域的 D6S416。多点 LOD 值在 D6S278 附近有一个最大值 3.06,在 D6S454/D6S423 处为 3.05。第二组数据则显示 6q13-26 区域存在等位基因共享。

Lindholm 等在一个包含 12 代,210 个个体的瑞典家系中进行了全基因组扫描,所有的分析都指向 6q25 区域。位于 6q25.2 的 D6S264,在使用瑞典正常人群的等位基因频率时,得到一个最大 LOD 值 3.45。相对的,当使用这个家系的等位基因频率时,得到一个最大 LOD 值为 2.59。他们进一步分析了位于 6q25 区域的其他遗传标记,在 D6S253 得到一个最大 LOD 值为 6.6,同时他们还发现一个跨度 6cM 的单倍型,尽管经过了 12 代,但仍存在于大多数患病个体中。对 6q25 区域的遗传标记进行多点分析得到一个最大 LOD 值 7.7。他们的研究结果表明了在这个大家系中,一个共同的祖先拥有的染色体片段被患者们遗传下来了。

Lerer 等通过对来自于 21 个阿拉伯犹太人家系的 155 例精神分裂症患者所进行的全基因组连锁分析检测出一个长 12cM 的候选疾病区域,它位于 6q23 区域内 D6S1715 和 D6S292 之间(核心诊断标准下非参数 LOD 值为 4.29;在显性遗传模式下参数 LOD 值为 4.16)。Levi 等在同一批样本采用不同微卫星标记的研究同样发现了 6q23 区域的一个 4.96cM 的候选疾病区域(在 D6S1626 和 D6S292 之间),使用核心诊断标准和显性遗传模式,得到最大多点参数 LOD 值为 4.63。

1.4　8p21,8p22-p11

Blouin 等使用 452 个微卫星标记在 54 个家系中进行了一个全基因组扫描。非参数连锁分析给出显著证据证明在 13q32 区域存在精神分裂症易感位点,同时提示了在 8p22-21 区域存在另一精神分裂症易感位点。之前,Pulver 等早先也报道过有证据证明 13q 和 8p 上存在精神分裂症的易感位点。

Kendler 等使用来自于 265 个家系的独立样品,分析了横跨 8 号染色体的遗传标记,来验证之前 8p 与精神分裂症有连锁的发现。他们使用显性遗传模式和精神分裂症的广义诊断标准,在 D8S1715 和 D8S1739 之间一个 10cM 的区域发现了最强的连锁证据(最大 LOD=2.34)。Kaufmann 等对来自于 30 个核心家系的 42 例非洲裔美国人同胞对进行研究进一步支持了在 8p 存在精神分裂症易感位点。此外,他们还在 8pter-q12 区域发现强连锁(P=0.01~0.05),以及其他 3 个区域也可能存在连锁。

1.5　10q22.3

Fallin 等对 29 个德系犹太人家系进行了一次全基因组扫描,他们在 10q22.3(D10S1686)处发现很强的连锁信号,NPL 值为 3.35(P=0.035),显性的 HLOD 值为 3.14。在 10q 区域,研究者增加了 23 个遗传标记进行精细定位,NPL 值在 D10S1774 处上升到 4.27(P=0.000 02),95% 的置信区间落于 D10S1677 到 D10S1753 之间约 12.2Mb 的区域。

1.6　13q32

Lin 等通过对 13 个包含许多精神分裂症患者的家系进行的研究发现,精神分裂症和染色体 13q 的遗传标记存在连锁。Shaw 等使用 48 个家系中 70 对同胞对的独立样品进行了一个全基因组扫描,等位基因共享法提示包括 13 号和 8 号在内的 12 条染色体都显示了至少 1 个区域的 P 值 <0.05,然而仅仅 16 号和 13 号染色体上的遗传标记处的 P 值 <0.01。此外,只有包括 13 号在内的 5 条染色体上某些遗传标记处的 LOD 值 >2.0。

Brzustowicz 等分析了 21 个患有精神分裂症的加拿大家系,在显性或隐性遗传模式,以及对精神分裂症诊断标准的广义或狭义的界定下所有的分析中,位于 13q 区域的遗传标记都产生阳性 LOD 值,其中隐性遗传模式下的 LOD 值最高。在隐性—广义诊断标准的模式下得到了最大的三点 LOD 值:考虑同质性,D13S793 处的 LOD 值为 3.92,θ=0.1;考虑异质性,D13S793 处的 LOD 值为 4.42,α=0.65,θ=0。接着,Brzustowicz 等在 13 号染色体使用多点分析,在隐性 - 广义诊断标准的模式下,于 D13S793 发现了一个最大 LOD 值 3.81(P=0.02),α=0.65。这些发现和先前在同样的家系中所做的研究是一致的。

1.7　18p

Wildenauer 等选用了 Berrettini 等及 Stine 等报道的位于 18p 的与双向情

感障碍的易感位点接近的遗传标记,对 59 家患有精神分裂症或分裂情感障碍的德国和以色列家系进行了连锁研究,发现精神分裂症和位于染色体 18p 的 *GNAL* 基因存在连锁,LOD 值为 1.23。当使用精神分裂症的狭义诊断标准时,在 D18S53 处得到的两点 LOD 值为 2.46,当使用精神分裂症的广义诊断标准时(包括分裂情感障碍、双向情感障碍和严重抑郁症)得到的 LOD 值为 2.65。

此外,Schwab 等在 59 个德国和以色列家系中检测了该区域的 8 个候选基因(编码多巴胺受体、多巴胺转运体和 G 蛋白)。在 *GNAL* 基因内含子区的 1 个 CA 重复标记得到 *P* 值为 0.00055(校正后 *P* 值为 0.0044),这个基因位于 18 号染色体短臂。使用 *GNAL* 基因附近密集的 SSLP 遗传标记进行连锁分析,得到了一个最大值为 3.1 的两点 LOD 值,这个遗传标记位于离 *GNAL* 基因 0.5cM 的地方。无论是基于异质性假说的多点参数分析或非参数分析,采用狭义定义或广义定义的患病表型的分析,均支持这个连锁结果。

1.8　22q11.2,22q11-13

22q1 一直是精神分裂症的热门易感区域。以腭咽缺陷为症状的腭心面综合征(Velo-Cardio-Facial Syndrome,VCFS),属于 22q11 缺失综合征(22q11 deletion syndrome,22q11DS)。而有研究发现,在没有明显生理缺陷的 22q11 缺失携带者身上,出现复杂的神经发育、认知、行为和精神等症状的概率是普通人的数倍。而患有 22q11 缺失综合征的儿童在婴儿时期就开始表现出神经发育异常,其中 25% 将在青少年和成年时期发生精神分裂症。这表明了两种疾病共病的可能。22q11 缺失在普通人群中的频率只有 0.025%,但是在成年型和早发型精神分裂症患者中的频率分别达到 2% 和 6%。也就是说,携带 22q11 缺失的个体患有精神分裂症的风险是普通人群患病率(1%)的 25~30 倍。最近一系列的研究发现,携带 22q11 缺失的精神分裂症患者在神经生理学和神经解剖学上具有经典的精神分裂症特征。

Pulver 等、Karayiorgou 等和 Coon 等的独立研究都发现,在 22 号染色体长臂(22q12-13 区域)可能存在和疾病连锁的精神分裂症易感位点,但是这几个小组的结果都未达到统计上的强连锁。而且 Pulver 等模拟研究提示,如果存在异质性的情况,那么少于 25% 的家系与位于 22q11-13 区域的位点有连锁。

Kalsi 等对 23 个来自于冰岛和英国的精神分裂症家系,基于异质性的假说,先后采用两点,多点 LOD 和非参数连锁分析方法,但是都没有发现证据表明精神分裂症与位于 22q12-13 区域的 D22S274 和 D22S283 和疾病之间存在连锁。Riley 等对一组南非的黑人家系样品,研究 22 号染色体上高度多态性遗传标记与精神分裂症之间的连锁程度。同样无论使用参数分析还是非参数分析,他们的结果均未支持在这个人群中 22 染色体上存在精神分裂症易感位点。Parsian 等使用多种不同的传递模式对 23 个精神分裂症家系进行分析,也没有发现证据证明在 22q 上存在精神分裂症易感位点。Mowry 等对 779 个家系的多中心样品分型了位于 22q 的 10 个微卫星标记,同时将发病年龄和性别作为协变量并入一起纳入分析。他们的研究也未发现显著性的证据证明 22q 与精神分裂症连锁,和(或)发病年龄过早、性别、位点异质性等连锁。他们认为假定的 22q 上的精神分裂症易感位点就整个人群来说,效应太弱。

在一个对来自于 11 个独立研究小组的多种患病家系的 D22S278 的分型数据进行的组合分析显示,当父母的分型数据已知时,相对于 188 个非共享的等位基因,有 252 个等位基因是共享的(χ^2=9.31, d.f.=1, P=0.001)。这个结果提示在 22q12 区域存在有精神分裂症的易感位点。

多个研究均表明精神分裂症与多个染色体区域存在连锁,除了上述 8 个染色体区域之外,详细的连锁区域见表 3-3-1,这些区间是寻找注意力缺陷多动障碍致病或易感基因的重要候选区域。

2　注意力缺陷多动障碍(attention deficit hyperactivity disorder, ADHD)

ADHD 是一种常见的精神失调状况,目前常见的案例以儿童为主。研究显示 ADHD 会在家族中出现,有一定程度的遗传影响。数据显示 ADHD 病童通常都至少有 1 位近亲亦有注意力缺陷多动障碍。患有 ADHD 的男童长大成为父亲后,不少于 1/3 人的子女亦是 ADHD 患者。另外,同卵双生儿如果当中 1 位被诊断为 ADHD,另一位同时亦是患者的概率非常高。

连锁分析法发现了多个可能与 ADHD 的发病有关,其中包括 16p13(ADHD1)、17p11(ADHD2)、6q12(ADHD3)、5p13(ADHD4)、2q21.1(ADHD5)以及 13q12.11(ADHD6),详细的连锁区域见表 3-3-1,这些区间是寻找注意力缺陷多动障碍致病或易感基因的重要候选区域。

3　自闭症(autism)

自闭症是一种广泛性发展障碍,以严重的、广泛的社会相互影响和沟通技能的损害以及刻板的行为为兴趣和活动为特征的精神疾病,又称孤独症或孤独性障碍(autistic disorder)等,是广泛性发育障碍(pervasive developmental disorder,PDD)的代表性疾病。很多研究包括自闭症的双生子研究、家系研究、细胞遗传学及分子遗传学研究等都表明遗传因素在自闭症发病中的重要作用。

全基因组连锁分析定位了多个自闭症相关的连锁区间,其中在不同研究小组中重复的几个区间包括 1q21-lq23、2q24-2q31、3q25-3q27、5pl3-5pl4、7q22-7q31、7q34-7q36、9q33-9q34、1lpl2-11pl3、17q11-17q21 等,详细的连锁区域见表 3-3-1,这些区间是寻找自闭症致病或易感基因的重要候选区域。

4　双相情感障碍（bipolar disorder）

双相情感障碍是一种精神疾病，特征为患者会经历情绪的亢奋和抑郁，亦称双极性情感疾患，早期称为躁狂抑郁疾病。躁郁症发生的原因不明，遗传因素与环境因素都有影响。家系研究和双生子研究均表明遗传因素显然是双相情感障碍的主要致病因素之一，父母无双相情感障碍的孩子患病风险为0~2%，而父母患双相情感障碍的孩子患病风险为4%~15%，同卵双生子的同病率为38.5%~43%，异卵双生子同病率为4.5%~5.6%。

对于双相情感障碍的大规模的家系、受累同胞对连锁分析发现，基因组的多个区域与双相情感障碍的发病存在一定的相关性。其中获得较好重复性的双相情感障碍的易感区域包括4号染色体的多个区域、12q、13q、21q、22q等，详细的连锁区域见表3-3-1，这些区间是寻找自闭症致病或易感基因的重要候选区域。

5　重度忧郁症（major depressive disorder）

重度忧郁症是一种典型表现为患者陷于抑郁的情感状态、自尊心降低、对以往喜爱的活动失去兴趣的精神疾病。也被称为临床抑郁症、重性抑郁障碍、单向抑郁。家系、双生子及寄养子研究发现，抑郁症先证者的一级亲属较一般人群相比，患病相对危险度为2~3。发病年龄小于30岁和反复发作的抑郁症，家族聚集性更明显，相对危险度可达4~5。多数研究结果均支持遗传因素在抑郁症发病机制中的重要作用，遗传度高达40%~70%。因此在抑郁症的发病机制中起着不容忽视的作用。

抑郁症的连锁研究在多个区域内找到了与抑郁症连锁的证据包括12q21.1、1pter-p36.13、6p21.31、1pter-p36.13、15q25.3-q26.2、12q22-q23.2等，其中涉及许多功能相关基因，主要有编码神经递质受体及其代谢相关的酶、G蛋白及其受体和调控体、cAMP代谢相关的酶、生长因子及其受体、CREB激酶系统、CREB及相关的调控蛋白和结合蛋白以及CREB的靶基因等。详细的连锁区域见表3-3-1，这些区间是寻找自闭症致病或易感基因的重要候选区域。

6　进食障碍（eating disorder）

又称摄食障碍，指妨碍患者生理、心理健康的异常进食习惯或对体重的病态控制倾向。一般有精神方面的诱因。最近的双胞胎和家系研究已经证实遗传因素与进食障碍的相关性，饮食失调是具有遗传性的疾病。通过连锁分析发现的进食障碍相关的连锁区域有1p34.2、2q32.1、4p15.3322q12.3等等，详细的连锁区域见表3-3-1，这些区间是寻找进食障碍致病或易感基因的重要候选区域。

7　尼古丁依赖症

就是对尼古丁上瘾的一种精神／心理疾病。对物质成瘾的遗传学研究显示，遗传学因素大约占 50%。研究人员通过全基因组扫描的方法已鉴别多个尼古丁依赖的遗传连锁区域，包括 1pter-p36.13、20q13.33，等。详细的连锁区域见表 3-3-1，这些区间是寻找进食障碍致病或易感基因的重要候选区域。

表 3-3-1　连锁分析法定位的 7 种主要精神疾病的连锁区域
（1,5,12,18,21,22,27,39,46–142）

疾病	连锁分析定位的疾病连锁区域
注意力缺陷多动障碍	chr2：217.3-218.7Mb；chr4：0.1-0.1Mb；chr4：68.3-68.3Mb；chr5：1.3-1.3Mb；chr5：3.4-3.4Mb；chr5：5.0-5.0Mb；chr5：9.2-9.2Mb；chr5：14.9-14.9Mb；chr5：22.4-22.4Mb；chr5：32.5-32.5Mb；chr5：34.8-34.8Mb；chr5：40.0-40.0Mb；chr5：55.7-88.7Mb；chr5：67.2-67.2Mb；chr5：144.1-144.1Mb；chr6：43.1-90.9Mb；chr6：80.4-80.4Mb；chr6：90.9-132.5Mb；chr6：127.0-132.9Mb；chr7：40.3-78.4Mb；chr7：49.4-49.4Mb；chr8：33.1-35.8Mb；chr8：53.2-53.2Mb；chr8：0.0-13.1Mb；chr9：86.1-105.8Mb；chr9：91.5-93.1Mb；chr9：127.9-127.9Mb；chr11：2.3-4.7Mb；chr11：117.7-117.7Mb；chr12：131.2-131.2Mb；chr13：107.9-107.9Mb；chr14：25.2-25.9Mb；chr15：38.3-38.3Mb；chr15：46.4-58.8Mb；chr15：0.0-33.7Mb；chr16：15.9-15.9Mb；chr16：53.7-79.1Mb；chr16：79.1-300.0Mb；chr16：84.3-86.6Mb；chr17：13.2-13.2Mb；chr17：16.4-16.4Mb；chr17：0.0-11.4Mb
孤独症	chr1：105.7-105.7Mb；chr2：172.6-183.0Mb；chr2：175.6-175.6Mb；chr3：21.9-21.9Mb；chr3：73.3-73.3Mb；chr3：113.0-116.8Mb；chr3：117.4-167.2Mb；chr3：120.9-120.9Mb；chr3：139.6-139.6Mb；chr3：171.5-187.4Mb；chr4：85.0-95.9Mb；chr4：134.8-134.8Mb；chr5：0.1-0.1Mb；chr5：40.2-40.2Mb；chr7：41.8-69.8Mb；chr7：91.6-91.6Mb；chr7：100.8-100.8Mb；chr7：110.0-139.0Mb；chr7：115.9-115.9Mb；chr7：129.2-129.2Mb；chr7：139.0-300.0Mb；chr7：140.0-154.6Mb；chr7：142.0-146.5Mb；chr8：125.4-125.4Mb；chr9：0.2-2.0Mb；chr9：5.3-5.3Mb；chr9：17.6-17.6Mb；chr9：126.8-126.8Mb；chr9：128.3-128.3Mb；chr9：136.3-139.1Mb；chr9：139.1-139.1Mb；chr10：4.4-4.4Mb；chr10：9.4-14.3Mb；chr11：4.9-123.6Mb；chr11：10.7-96.8Mb；chr11：18.6-36.5Mb；chr11：22.4-22.4Mb；chr11：35.2-35.2Mb；chr11：36.2-36.2Mb；chr11：36.7-36.7Mb；chr12：65.3-65.3Mb；chr13：29.4-30.6Mb；chr13：73.9-73.9Mb；chr13：101.5-101.5Mb；chr14：32.5-32.5Mb；chr15：66.6-66.6Mb；chr15：71.5-71.5Mb；chr15：87.6-87.6Mb；chr16：10.3-12.6Mb；chr16：13.7-13.7Mb；chr17：0.6-58.2Mb；chr17：28.4-28.4Mb；chr17：31.0-31.0Mb；chr17：31.0-56.3Mb；chr17：56.3-72.7Mb；chr19：3.3-3.3Mb；chr19：15.7-15.7Mb；chr19：35.2-52.6Mb；chr20：30.0-44.2Mb；chrX：95.4-95.4Mb；chrX：129.1-129.1Mb

续表

疾病	连锁分析定位的疾病连锁区域
双相情感障碍	chr1：61.3-61.3Mb；chr1：160.8-160.8Mb；chr2：43.4-43.4Mb；chr2：68.2-68.2Mb；chr2：72.3-72.3Mb；chr2：102.6-102.6Mb；chr2：133.2-133.2Mb；chr2：135.2-135.2Mb；chr2：156.8-156.8Mb；chr2：169.6-169.6Mb；chr3：34.7-34.7Mb；chr3：64.5-64.5Mb；chr3：139.2-139.2Mb；chr3：173.5-173.5Mb；chr3：188.5-188.5Mb；chr3：189.4-189.4Mb；chr4：80.9-80.9Mb；chr4：86.3-86.3Mb；chr4：134.8-134.8Mb；chr4：178.7-178.7Mb；chr4：185.3-189.8Mb；chr5：56.3-56.3Mb；chr5：56.4-56.4Mb；chr5：110.0-110.0Mb；chr5：156.1-156.1Mb；chr6：6.1-6.1Mb；chr6：12.8-12.8Mb；chr6：83.9-83.9Mb；chr6：104.7-104.7Mb；chr6：104.7-112.9Mb；chr6：112.9-112.9Mb；chr6：119.6-119.6Mb；chr6：140.2-140.2Mb；chr6：158.1-158.1Mb；chr6：160.3-160.3Mb；chr6：166.7-166.7Mb；chr7：19.6-19.6Mb；chr7：129.2-129.2Mb；chr7：151.6-151.6Mb；chr8：20.4-20.4Mb；chr8：26.0-26.0Mb；chr8：66.1-66.1Mb；chr8：123.7-123.7Mb；chr8：134.4-134.4Mb；chr8：135.4-135.4Mb；chr9：8.1-8.1Mb；chr9：24.5-24.5Mb；chr9：106.0-106.0Mb；chr9：135.9-135.9Mb；chr9：136.3-136.3Mb；chr10：9.0-9.0Mb；chr10：19.4-19.4Mb；chr10：75.4-75.4Mb；chr10：129.3-129.3Mb；chr10：129.5-129.5Mb；chr10：132.5-132.5Mb；chr11：67.9-67.9Mb；chr12：13.8-13.8Mb；chr12：78.0-78.0Mb；chr12：128.0-128.0Mb；chr13：20.8-20.8Mb；chr13：98.9-98.9Mb；chr13：99.9-101.5Mb；chr13：101.2-101.2Mb；chr13：101.5-101.5Mb；chr14：20.8-20.8Mb；chr14：34.7-34.7Mb；chr14：37.1-37.1Mb；chr14：44.1-44.1Mb；chr14：55.7-55.7Mb；chr14：70.2-70.2Mb；chr15：28.1-28.1Mb；chr15：46.4-49.3Mb；chr15：99.6-99.6Mb；chr16：2.0-2.0Mb；chr16：12.1-12.1Mb；chr16：53.7-53.7Mb；chr17：14.3-14.3Mb；chr17：17.3-17.3Mb；chr17：76.2-76.2Mb；chr18：3.4-3.4Mb；chr18：5.8-5.8Mb；chr18：10.2-12.6Mb；chr18：59.9-59.9Mb；chr18：63.4-63.4Mb；chr19：9.8-9.8Mb；chr19：14.6-14.6Mb；chr19：15.7-15.7Mb；chr20：0.7-1.1Mb；chr20：4.5-4.5Mb；chr20：37.2-37.2Mb；chr20：51.9-51.9Mb；chr20：58.9-58.9Mb；chr21：18.9-18.9Mb；chr21：21.6-21.6Mb；chr21：25.6-25.6Mb；chr22：23.3-23.3Mb；chr22：25.9-25.9Mb；chr22：34.9-34.9Mb；chr22：36.4-36.4Mb；chr22：36.5-36.5Mb；chr22：45.3-45.3Mb；chrX：45.0-45.0Mb；chrX：113.2-113.2Mb
进食障碍	chr1：41.7-41.7Mb；chr2：78.5-116.2Mb；chr2：185.0-185.0Mb；chr4：13.8-13.8Mb；chr4：68.3-68.3Mb；chr5：78.5-78.5Mb；chr8：2.1-2.1Mb；chr9：83.0-83.0Mb；chr10：6.7-35.3Mb；chr13：34.0-38.7Mb；chr14：34.7-70.2Mb；chr16：12.1-12.1Mb；chr22：36.5-36.5Mb
重性抑郁障碍	chr1：9.6-9.6Mb；chr1：48.3-48.3Mb；chr1：57.9-57.9Mb；chr1：93.3-93.3Mb；chr1：106.3-106.3Mb；chr2：50.8-72.1Mb；chr2：218.2-218.2Mb；chr4：175.7-175.7Mb；chr5：98.2-98.2Mb；chr6：39.3-39.3Mb；chr6：50.6-50.6Mb；chr7：28.2-28.2Mb；chr7：140.0-140.0Mb；chr8：0.2-6.5Mb；chr8：6.5-6.5Mb；chr8：12.8-12.8Mb；chr8：32.1-32.1Mb；chr8：118.5-118.5Mb；chr10：4.4-4.4Mb；chr10：9.3-9.3Mb；chr11：1.6-1.6Mb；chr11：80.0-80.0Mb；chr11：101.1-101.1Mb；chr12：27.6-27.6Mb；chr12：99.5-

续表

疾病	连锁分析定位的疾病连锁区域
重性抑郁障碍	99.5Mb；chr12：107.6-107.6Mb；chr12：133.3-133.3Mb；chr13：48.9-48.9Mb；chr14：95.3-95.3Mb；chr15：92.5-95.0Mb；chr17：17.3-39.0Mb；chr17：80.3-80.3Mb；chr18：67.4-67.4Mb
尼古丁依赖症	chr1：37.6-46.9Mb；chr2：218.6-218.6Mb；chr3：3.3-8.6Mb；chr3：13.9-13.9Mb；chr3：21.9-21.9Mb；chr3：49.4-49.4Mb；chr3：70.4-70.4Mb；chr4：13.8-35.7Mb；chr4：65.5-77.5Mb；chr4：92.4-92.4Mb；chr4：180.2-180.2Mb；chr4：185.2-190.1Mb；chr5：85.4-85.4Mb；chr5：168.4-168.4Mb；chr5：179.6-179.6Mb；chr6：10.0-10.0Mb；chr6：170.6-170.6Mb；chr7：84.7-84.7Mb；chr7：88.4-88.4Mb；chr7：90.4-90.4Mb；chr7：92.8-92.8Mb；chr7：132.6-138.5Mb；chr7：156.1-156.1Mb；chr9：5.2-18.3Mb；chr9：88.1-88.1Mb；chr9：92.5-92.5Mb；chr9：111.9-111.9Mb；chr9：127.9-127.9Mb；chr10：9.3-12.7Mb；chr10：126.1-126.1Mb；chr11：2.0-2.0Mb；chr11：4.9-17.1Mb；chr11：46.2-46.2Mb；chr11：84.7-84.7Mb；chr11：117.7-122.3Mb；chr12：3.6-3.6Mb；chr12：13.8-19.0Mb；chr12：60.9-60.9Mb；chr13：43.2-51.9Mb；chr14：34.5-34.5Mb；chr15：102.3-102.3Mb；chr16：20.9-20.9Mb；chr17：0.6-0.6Mb；chr18：70.2-70.2Mb；chr20：17.3-31.8Mb；chr20：43.6-46.6Mb；chr20：49.6-49.6Mb；chr22：26.0-33.2Mb；chr22：36.8-40.4Mb；chrX：41.1-41.1Mb
精神分裂症	chr1：7.6-17.8Mb；chr1：8.1-8.1Mb；chr1：30.3-30.3Mb；chr1：46.9-46.9Mb；chr1：57.3-84.6Mb；chr1：82.0-82.0Mb；chr1：82.9-82.9Mb；chr1：102.3-112.2Mb；chr1：105.7-105.7Mb；chr1：107.7-107.7Mb；chr1：114.6-162.1Mb；chr1：119.7-119.7Mb；chr1：157.9-157.9Mb；chr1：162.4-162.4Mb；chr1：163.6-163.6Mb；chr1：167.6-167.6Mb；chr1：187.6-187.6Mb；chr2：59.5-59.5Mb；chr2：60.6-60.6Mb；chr2：68.2-68.2Mb；chr2：70.5-70.5Mb；chr2：75.3-75.3Mb；chr2：75.8-75.8Mb；chr2：79.8-79.8Mb；chr2：87.0-87.0Mb；chr2：88.4-88.4Mb；chr2：102.4-102.4Mb；chr2：103.1-103.1Mb；chr2：103.3-134.0Mb；chr2：105.5-105.5Mb；chr2：106.3-106.3Mb；chr2：107.3-107.3Mb；chr2：109.9-109.9Mb；chr2：113.0-113.0Mb；chr2：116.2-116.2Mb；chr2：134.0-169.9Mb；chr2：134.3-134.3Mb；chr2：156.3-156.3Mb；chr2：206.3-228.3Mb；chr2：211.0-211.0Mb；chr2：232.2-232.2Mb；chr2：237.8-237.8Mb；chr3：1.0-21.9Mb；chr3：54.5-54.5Mb；chr3：71.6-120.2Mb；chr3：74.1-74.1Mb；chr3：85.3-85.3Mb；chr3：85.9-85.9Mb；chr3：107.0-107.0Mb；chr3：173.5-173.5Mb；chr3：186.0-186.0Mb；chr3：188.5-188.5Mb；chr3：197.0-197.0Mb；chr4：7.0-7.0Mb；chr4：27.3-27.3Mb；chr4：40.4-40.4Mb；chr4：52.8-52.8Mb；chr4：83.0-83.0Mb；chr4：85.0-85.0Mb；chr4：108.4-108.4Mb；chr4：124.4-124.4Mb；chr4：141.8-141.8Mb；chr4：178.7-178.7Mb；chr4：185.2-185.2Mb；chr5：32.5-32.5Mb；chr5：40.0-40.0Mb；chr5：135.3-169.0Mb；chr5：135.7-135.7Mb；chr5：141.8-167.7Mb；chr5：144.1-144.1Mb；chr5：156.1-156.1Mb；chr5：166.9-166.9Mb；chr5：167.7-180.4Mb；chr5：169.0-169.0Mb；chr6：15.4-20.0Mb；chr6：36.3-36.3Mb；chr6：39.3-39.3Mb；chr6：94.1-94.1Mb；chr6：136.3-136.3Mb；chr6：137.3-137.3Mb；chr6：162.1-166.7Mb；chr7：3.2-

续表

疾病	连锁分析定位的疾病连锁区域
精神分裂症	3.2Mb;chr7:39.2-39.2Mb;chr7:82.8-82.8Mb;chr7:96.1-96.1Mb;chr7:104.2-104.2Mb;chr7:132.3-132.3Mb;chr8:2.1-2.1Mb;chr8:6.8-6.8Mb;chr8:15.2-15.2Mb;chr8:15.7-32.7Mb;chr8:22.2-22.2Mb;chr8:25.4-25.4Mb;chr8:26.5-26.5Mb;chr8:32.1-32.1Mb;chr8:40.8-40.8Mb;chr8:58.3-58.3Mb;chr8:59.7-59.7Mb;chr8:61.8-61.8Mb;chr8:66.1-66.1Mb;chr9:4.0-4.0Mb;chr9:121.1-121.1Mb;chr9:125.0-125.0Mb;chr9:127.9-127.9Mb;chr9:135.7-135.7Mb;chr9:136.0-136.0Mb;chr9:137.1-137.1Mb;chr10:0.3-0.3Mb;chr10:6.7-6.7Mb;chr10:9.3-9.3Mb;chr10:10.6-10.6Mb;chr10:12.8-12.8Mb;chr10:16.5-23.7Mb;chr10:19.4-19.4Mb;chr10:24.5-24.5Mb;chr10:27.6-27.6Mb;chr10:30.5-30.5Mb;chr10:31.7-31.7Mb;chr10:44.8-44.8Mb;chr10:52.7-52.7Mb;chr10:64.8-64.8Mb;chr10:80.7-80.7Mb;chr10:85.6-85.6Mb;chr10:118.7-118.7Mb;chr10:123.1-135.1Mb;chr10:129.5-129.5Mb;chr10:130.8-130.8Mb;chr10:132.7-132.7Mb;chr11:73.5-73.5Mb;chr11:117.7-117.7Mb;chr11:123.6-123.6Mb;chr12:27.6-27.6Mb;chr12:70.1-70.1Mb;chr12:98.5-98.5Mb;chr12:103.3-103.3Mb;chr12:116.1-116.1Mb;chr12:126.6-126.6Mb;chr13:33.3-33.3Mb;chr13:103.0-103.0Mb;chr13:109.3-109.3Mb;chr13:112.8-112.8Mb;chr14:20.3-35.9Mb;chr14:20.8-20.8Mb;chr14:34.5-34.5Mb;chr14:38.3-38.3Mb;chr14:61.4-61.4Mb;chr14:70.2-70.2Mb;chr15:25.1-25.1Mb;chr15:29.9-29.9Mb;chr15:39.0-39.0Mb;chr16:20.9-20.9Mb;chr16:53.7-53.7Mb;chr16:55.7-55.7Mb;chr16:56.3-56.3Mb;chr16:61.9-61.9Mb;chr16:63.6-63.6Mb;chr16:66.9-66.9Mb;chr17:6.3-6.3Mb;chr18:0.6-0.6Mb;chr18:8.6-8.6Mb;chr18:26.7-26.7Mb;chr19:3.3-3.3Mb;chr19:9.8-9.8Mb;chr19:15.7-15.7Mb;chr19:30.4-30.4Mb;chr20:16.0-33.8Mb;chr20:17.4-17.4Mb;chr20:39.6-39.6Mb;chr20:57.8-57.8Mb;chr21:25.6-25.6Mb;chr22:17.5-17.5Mb;chr22:17.9-17.9Mb;chr22:33.2-33.2Mb;chr22:35.4-35.4Mb;chr22:36.4-36.4Mb;chr22:36.8-36.8Mb;chr22:37.6-37.6Mb;chrX:5.4-5.4Mb;chrX:133.6-133.6Mb

8　连锁不平衡分析

连锁不平衡分析也称作关联分析,或等位基因关联分析,指的是在有/无特别的临床性状的个体之间,考察某一特定的表型与等位基因变量之间关联程度的分析方法。

9　"常见疾病常见突变"(common-disease common-variant,CDCV)模型

是目前对于复杂疾病遗传研究最重要的假说。这个模型的关键特点是认为几个基因影响了疾病的易感性,每个基因都有一个主要的致病等位基因,每

个等位基因可能外显率较低,但如果有足够数据,关联还是可以检测到的。这个模型暗示了一个假设:疾病的易感等位基因在群体中的频率较高。这个假说背后的生物学基础并不清楚,但它们对于成功地运用连锁不平衡分析至关重要。

假设同一染色体上有两个位点 A 和 B,设 A 位点上的等位基因为 A_1, A_2, ……, A_m,频率分别为 $p_1, p_2, \cdots, p_m$;B 位点上的等位基因为 B_1, B_2, ……, B_n,频率分别为 $q_1, q_2, \cdots, q_n$。假定这两个位点之间的重组率为 θ。如果单倍型 A_iB_j 在当前一代的频率是 h_{ij0},那么在群体内自由交配的情况下,此单倍型在下一代中的频率为:

$$h_{ij1} = (1-\theta)h_{ij0} + \theta p_i q_j \tag{3-3}$$

单倍型频率从第 0 代到第 1 代的改变是:

$$h_{ij1} + h_{ij0} = \theta(p_i q_j - h_{ij0}) \tag{3-4}$$

由此我们可以推测,如果 $h_{ij0} = p_i q_j$,单倍型频率不会改变,即不存在等位基因关联;如果 $h_{ij0} \neq p_i q_j$,对于两者之间任何一个差值,两代之间单倍型频率之间的改变与 θ 成正比。

对于两个位点上的任意 i 和 j,如果 $h_{ij0} = p_i q_j$,任意两代之间的单倍型频率将不会改变,我们认为这两个位点之间处于连锁平衡(linkage equilibrium)。如果 $h_{ij0} \neq p_i q_j$,则两个位点处于连锁不平衡(linkage disequilibrium,LD)。一个自由交配的群体中两个位点达到连锁平衡的速率主要由它们之间的重组率决定。我们可以将公式(3-4)改写为

$$h_{ij1} - p_i q_j = (1-\theta)(h_{ij0} - p_i q_j) \tag{3-5}$$

因此,如果 $h_{ij0} \neq p_i q_j$,下一代的单倍型频率 h_{ij1} 与连锁平衡时的单倍型频率 $p_i q_j$ 之间的差值以系数 $(1-\theta)$ 降低。因此,当 k 世代之后,我们可以得到

$$h_{ijk} - p_i q_j = (1-\theta)^k(h_{ij0} - p_i q_j) \tag{3-6}$$

我们常常把 $h_{ij} - p_i q_j$ 看作是两个位点间连锁不平衡的度量。所以,上面的式子还表述了两个位点之间的连锁不平衡程度随着重组事件的发生在代代相传中不断衰减。

根据研究的遗传变异是否是致病的,可以把关联分析分为直接关联分析(direct association analysis)和间接关联分析(indirect association analysis)。

直接关联分析研究的遗传变异本身是疾病产生的必要因素,是具有功能性的,即这些变异的功能性改变将引起临床症状。这种分析方法检测效力很高,分析也很简单,但是最大的困难是确定候选的遗传变异。导致氨基酸的改变的编码区突变,可以作为候选的多态性位点。但是,遗传性复杂疾病很可能是由一些非编码的遗传变异引起的,比如影响基因调节和表达的多态性位点。目前对何种遗传变异是具有功能性的,尚缺乏足够的了解,因此限制了直接关

联分析的运用。复杂疾病的遗传研究中运用较多的是间接关联分析，该方法研究的遗传变异本身（假设为 A）是不具有功能的，然而这些变异却与附近的功能性位点（假设为 B）相关联，通过对 A 的研究将 B 定位。由于是间接的方法，所以这种分析方法与直接关联分析相比，检测效力低，而且较难分析，通常需要在一个候选区域中研究很多位点，以期增大挑中所寻找的致病位点的概率，但这也同时提高了假阳性的可能。实验设计中应当尽量减小环境因素和其他随机因素的影响，而使当前分析的多态性位点与疾病或性状表型的相关性最大。例如，选用遗传和文化同质性较强的隔离群体进行研究，弱化环境与其他因素的影响。此外采用间接关联分析时值得注意的是，在对候选区域中所有遗传变异均仔细研究之前，不能对得到的阴性结果下最后的定论，因为很可能这个区域的确存在有致病位点，只是未被选中作为遗传标记来研究而已。

9.1　病例 - 对照研究

最常见的连锁不平衡分析的实验设计是基于群体的病例 - 对照研究，即选择人群、性别及年龄等流行病学指标匹配的病例组与健康的对照组，检测特定遗传多态性的等位基因、基因型或单倍型是否相比健康对照更富集于患病群体中，如果存在富集，则提示致病位点与该遗传多态性处于连锁不平衡，或者该遗传多态性直接参与了疾病的发生。

其 H_0 无效假设是：如果该遗传多态性的等位基因与疾病并无关联，那么，个体的两种等位基因型频率应该与该个体是否患病无关，即相对患病与否是独立的。这样，就可以应用 χ^2 独立性检验来判断一个二等位基因型位点是否与致病位点相关联。多等位基因型的分析以此类推。

表 3-3-2　病例对照分析的 2×2 联列表

	Allele1	Allele2	
Case	a_{11}	a_{12}	$R_1=a_{11}+a_{12}$
Control	a_{21}	a_{22}	$R_2=a_{21}+a_{22}$
	$C_1=a_{11}+a_{21}$	$C_2=a_{12}+a_{22}$	$N=a_{11}+a_{12}+a_{21}+a_{22}$

在大多数情况下的针对二等位基因多态位点的病例 - 对照（Case-Control）关联分析就如表 3-3-2 所示，所得到的数据是 2×2 的表格形式。检验 Allele 型是否与疾病相关联即检验此表数据是否符合独立性假设。此时，自由度

$$df=1，通过\ \chi^2=\frac{(|a_{11}a_{22}-a_{12}a_{21}|-N/2)^2N}{R_1R_2C_1C_2} \quad (3-7)$$

即可计算出 χ^2 值，在一次独立的分析中，如果其大于 3.841 即 $P<0.05$，可否定独立性假设，即认为 Allele 型与疾病有显著的关联。

另外，2×2 的分析表还能够提供另一层的意义，OR 值（odds ratio）。$OR=$
$$\frac{p(\text{Allele1|Case})/p(\text{Allele1|Control})}{p(\text{Allele2|Case})/p(\text{Allele2|Control})} = \frac{p(\text{Case|Allele1})/p(\text{Control|Allele1})}{p(\text{Case|Allele2})/p(\text{Control|Allele2})} = \frac{a11 \times a22}{a12 \times a21}$$
(3-8)，即2个等位基因型/基因型（当把 Allele 换成 Genotype 的时候）致病风险之比。当 $OR=1$ 的时候，2个等位基因型/基因型对疾病的贡献无差别，则此突变位点对疾病没有主效应（main effect）上的贡献。事实上，当表 1-2 中，遗传多态性的等位基因的频率（C1，C2）以及 Case/Control 的人数（R1，R2）定了的时候，OR 值和 χ^2 值是一一对应的关系。

9.2 置信区间

或可信区间（confidence interval，CI）是表示以一定程度的信心（一般为95%）估计参数值所在的范围。如果置信区间包括了无效值（$OR=1$），说明关联无显著性；置信区间的宽度又反映点估计值（OR）的稳定性，范围宽说明估计值不稳定，也就是随机变异程度大。所以在计算出点估计值时，应同时计算其置信区间。

9.3 统计效力（power）

指的是在空假设（H_0）为假时拒绝空假设的概率，即 H_0 为假时得到正确结论的概率。α 是显著性水平（significance level），也称为假阳性率（false positive rate）或 I 型错误率，一般定为 0.05；β 是假阴性率（False Negative Rate）或 II 型错误率，$1-\beta$ 即为统计效力，表示检测的结果是真阳性的概率。一般统计效力设为 0.8~0.9 是可以接受的，以避免假阴性的结果。对于一般的统计学研究，可以将 α 设为 0.05，β 设为 0.2，称为"0.05 和 0.2 规则"，也就是说统计效力为 0.8，II 型错误率是 I 型错误率的 4 倍。

影响统计效力的因素有 α、样本量（sample size）和影响尺度（effect size）。α 有单双尾之分，α 规定得越小，所需要的样本量越大，样本量一定的情况下，得到的统计效力越小。样本量与统计效力之间的关系很明显，样本量越高，统计效力越高。影响尺度是衡量 H_0 和 H_1 之间差异的概念，数值为 0.1 时表示弱效应，0.3 表示中度效应，0.5 表示强效应，而 0.2 则一般认为是弱效到中效的过渡。因此，在实验设计时，首先要根据期望达到的统计效力，估计需要的样本量，这种分析叫事先分析（priori analysis）；当一个实验完成之后，以现有的样本量来估计有多大的可能检测到阳性的结果，这种分析叫事后分析（post-hoc analysis）。

9.4 荟萃分析

在科学研究中，即使是研究目的相同的试验或实证性研究也多到几十个、几百个、甚至几千个。尽管研究人员在研究中采用尽可能统一的标准，并进行质量控制，但是研究结果往往有很大差异，甚至完全相反。如此一来，人们就很难对某个研究主题得出一个明确的一般性结论。这时,就需要运用一种方法来综合这些局部、片面、分散的研究结果,以求对所研究的主题有个较全面或者普遍性的认识。Meta 分析正是基于这样的目的而产生和发展起来的。

9.5　Z- 检验

Z- 检验是衡量合并研究(combined/pooled studies)的显著性的指标,它是一种合并统计量的假设检验,荟萃分析需要将多个独立研究的结果合并成某个单一的效应值(effect),即用最后的合并统计量反映多个独立研究的综合效应。常用的合并统计量包括比值比(odds ratio,OR)、相对危险度(relative risk,RR)和率差(rate difference,RD)。

9.6　Q- 检验

Q- 检验是衡量异质性(heterogeneity)的显著性的指标。异质性检验(heterogeneity test)又称同质行检验(homogeneity test),它是评估多个研究结果相互间差异性大小的检验。

9.7　固定效应模型

对于计数资料而言,适应于固定效应模型的 Meta 分析方法有 Mantel-Haenszel 法(简称 M-H 法)、Peto 法、Fleiss 法,以及 General variance-based 法。Mantel-Haenszel 法是利用分层分析的原理,将每一层作为一个独立研究,计算综合的 OR 值并检验。在此结合实例介绍改良的 M-H 法即 Peto 法并介绍 Fleiss 法和总方差分析法和总方差分析法(general variance-based 法)的分析步骤。Peto 法适用对以比数比 OR(odds radio)为效应指标的多个研究进行合并,是固定效应模型的经典方法。此方法的分析过程如下:

(1)计算每个研究的 OR_i: $OR_i = a_i d_i / b_i c_i$(3-9)。

(2)计算每个研究中某事件发生数的期望值 E_i: $E_i = m_{1i} n_{1i} / N_i$(3-10)。

(3)计算每个研究中某事件发生数的方差 V_i: $V_i = m_{1i} n_{1i} m_{2i} n_{2i} / N_i^2 (N_i - 1)$(3-11);

(4)异质性检验的统计量: $Q = \sum [(O_i - E_i)^2 / V_i] - (\sum (O_i - E_i))^2 / \sum V_i$, $\upsilon = k-1$(3-12)

其中 O_i 为第 i 个研究处理组阳性结果的实际值。此检验的零假设为各研究的总体效应相同。统计量服从自由度为 $\upsilon = k-1$ 的 χ^2 分布。按一定的显著性水平 α 做出统计推断,若 $P > α$,表明可进行合并分析。

(5)计算合并的 OR 值: $OR_p = \exp(\sum (O_i - E_i) / \sum V_i)$(3-13);

(6)计算 OR_p 的 95%CI: $\exp[(\sum (O_i - E_i) \pm 1.96 (\sum V_i)^{1/2}) / \sum V_i]$(3-14);

(7)OR_p 假设检验的统计量: $\chi^2 = (\sum (O_i - E_i))^2 / \sum V_i$, $\upsilon = 1$(3-15)。

9.8　随机效应模型

计数资料在进行 Meta 分析时,若异质性检验拒绝零假设,应采用随机效应模型。该模型由 DerSimonian 和 Laird 于 1986 年提出,是基于随机效应模型的经典方法。

（1）计算每个研究的 OR_i：$OR_i=a_id_i/b_ic_i$（3-16）；

（2）用 M-H 法估计 OR_{MH} 值：$OR_{MH}=(OR_{i*}\sum(b_ic_i/N_i))/(\sum b_ic_i/N_i)$（3-17）；

（3）计算异质性检验的 Q 值：$Q=(\sum b_ic_i/N_i)[\ln(OR_i)-\ln(OR_{MH})]^2$，$\upsilon=k-1$（3-18），查 χ^2 界值表，若 $P<0.05$，k 个研究间异质性检验拒绝零假设，不能应用固定效应模型，而要用随机效应模型的计算过程。

（4）计算校正因子 D：若 $Q<k-1$，则 D=0；若 $Q\geq k-1$，则按下式计算 D：$D=([Q-(k-1)]\sum b_ic_i/N_i)/[(\sum b_ic_i/N_i)^2-\sum(b_ic_i/N_i)^2]$（3-19）；

（5）用 DerSimonian-Laird 法计算权重：$W_i=1/[D+(1/b_ic_i/N_i)]$（3-20）；

（6）用 DerSimonian-Laird 法计算合并的 OR 值：$OR_{DL}=\exp(\sum W_i\ln(OR_i)/\sum W_i)$（3-21）；

（7）计算 $95\%CI$：$\exp(\ln(OR_{DL})\pm1.96/(\sum Wi)^{1/2})$（3-22）。

9.9　全基因组关联分析（genome-wide association study，GWAS）

即全基因组关联分析，是指在人类全基因组范围内找出存在的序列变异，即单核苷酸多态性（SNP），从中筛选出与疾病相关的 SNP。全基因组关联研究已成为揭示复杂遗传性疾病易感基因的一种行之有效的方法，其中涉及多方面的统计方法，实用有效的算法是 GWAS 成功的关键，以下对几个关键的相关算法/统计方法逐个介绍。

9.10　人群分层（population stratification）

对于复杂疾病的关联研究由来已久，是遗传关联研究中主要的混杂因素，可以导致虚假相关性。群体分层现象，是指在病例对照研究的实验设计中，如果某遗传标记（如人群特异标记）并不与疾病表型相关，但是等位基因频率在病例和对照组间存在显著差异，即表现为假阳性。人群分层发生的原因主要和种族差异及地区差异有关。随大样本全基因组关联分析在人类复杂性疾病的遗传研究广泛应用，人群分层的问题引起广泛的重视。多维尺度分析（multidimensional scaling，MDS）和主成分分析（principal component analysis）是利用全基因分型数据分析人群层化情况、匹配研究样本的方法，以减低人群层化对全基因组关联分析结果的影响，尽量避免假阳性或假阴性。

9.11　多维尺度分析

利用降低维数的方法使得样本在此空间的距离和在高维空间中的样本间的相似性尽可能的保持一致。基本原理为：把研究中的个体当作一个节点，利用节点之间的相异性（相似性）信息，即成对样本间的状态同一性（IBS），由 MDS 技术作为一种可视化技术建立优化目标函数，把这些目标节点之间的相异性（相似性）信息，定量地以低维坐标的方式呈现。

假设某个全基因组关联分析研究中纳入了 n 个体（M维空间），先对它们进行两两之间的状态同一性测算为 P_{ij},i,j=1,2,$\cdots$,n。在 K 维空间中,任意个体 i 和 j 之间的欧式距离可以表示为 D_{ij},i,j=1,2,$\cdots$,n。如果以上所得的距离相异性信息和原网络中的拓扑结构相关,则可以得到 M 维空间节点距离 P_{ij} 和 K 维空间节点距离 D_{ij} 之间的转换公式:$D_{ij}=f(P_{ij})+e_{ij}$,扩展成矩阵形式即为:$f(\mathrm{T})=$ D+E,其中 T 是节点在 M 维空间中的距离矩阵,D 是节点在 K 维空间中的距离矩阵,E 是误差矩阵。MDS 算法的思想就是要使 D 尽可能低接近 T,最小二乘法是一种普遍使用的方法,在保证 E 的平方和尽可能小的情况下,计算出节点在 K 维空间的坐标 $X_{ij}=(x_{i1},x_{i2},\cdots x_{ik})$,$i$=1,2,$\cdots$,$n$。通过将相异性矩阵 T^2 的双重中心化矩阵 B 奇异值分解,最后计算出节点的坐标矩阵 Y。

通过多维尺度分析后可以得到研究样品间的遗传背景距离(图 3-3-1),从图中尽量选取位置相近的样本纳入到最终的全基因组关联分析,以减少人群层化因素对结果的影响。

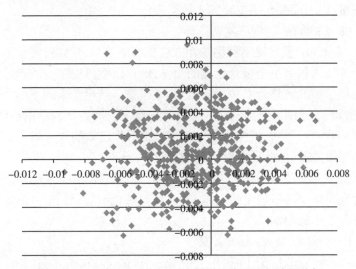

图 3-3-1 多维尺度分析法对中国汉族人群进行分层分析

9.12 主成分分析

主成分分析也是一种降维方法。它不仅对高维数据进行降维,更重要的是经过降维去除了噪声,发现了数据中的模式。通常情况下,这种运算可以被看作是揭露数据的内部结构,从而更好的解释数据的变量的方法。类似于多维尺度分析,主成分分析把原先的 K 个特征用数目更少的 M 个特征取代,新特征是旧特征的线性组合。用离差平方和或方差来衡量信息的大小。保留低阶主成分,忽略高阶主成分,这样低阶成分往往能够保留住数据的最重要方面。其方法主要是通过对协方差矩阵进行特征分解,以得出数据的主成分(即特征向量)与它们的权值(即特征值)。主成分分析中得到的各个样本在各个主成分的分值可以作为协变量直接用关联分析,以矫正人群层化因素对最终结果的影响。

单倍型信息是分子遗传学研究中研究致病基因、进行连锁分析和关联分析的一个重要数据基础。同时单倍型信息也是未测位点基因型填补过程(imputation)的重要基础。分子技术方法虽然能够直接测量个体的单倍型信息,但是因其耗费时间且花费太高而不被广泛应用。实践中更多的是利用统计方法从未含连锁相信息的基因型数据中推断单倍型信息。

9.13 单倍型推断(phasing)

是通过统计学方法利用基因型数据推断出单倍型信息。单倍型推断是现代遗传流行病研究中一个非常重要的问题。许多研究者致力于单倍型推断方法的研究,并且提出了大量行之有效的方法。

经过近十几年的发现,利用个体的基因型数据来推断其单倍型的统计方法已有很多,以下简要介绍主要的 4 种算法。

(1)Clark's 算法

1990 年,Clark 最早提出利用统计方法推断单倍型,具体过程如下:首先处理纯合个体以及仅有一个杂合位点的个体,即单倍型可以唯一的确定的个体,被得到的单倍型放入集合 C 中,作为已知单倍型。然后考察剩下的个体,从集合 C 中选择与之相匹配的某个单倍型,此过程中若得到新的单倍型则放入集合 C 中。依次进行下去,产生的新的单倍型都看作已知的放入集合 C 中,知道所有个体都被处理,由此完成单倍型推断。

该算法相对简单,也具有一定的合理性。但是它需要一个起始条件,数据中必须存在单倍型唯一确定的个体。而且该算法也不能得到唯一确定的结果,受个体处理顺序的影响。

(2)Expectation-Maximization 算法

Excoffier 和 Slatkin 于 1995 年利用 Expectation-Maximization(EM)算法,在假设 HWE 的前提下,对总体中 n 个独立个体进行单倍型推断,该方法是一个迭代的过程:$\theta_x^{(t+1)} = E\theta^{(t)}(n_x|G)/2n$,其中 $\theta^{(t)}$ 是当前估计的单倍型频率,n_x 是 G 中存在单倍型 x 的个数,可以选择等为基因频率的乘积作为初始值 θ_0。该方法是建立在坚实的统计理论基础上,其结果比较稳定,而且尽管它需要 HWE 的假设,但是对此假设并不敏感。

(3)Bayesian 推断

Niu 等于 2002 年提出了 Bayesian 推断方法,假设参数的先验 $\theta \sim Dirichlet(\beta)$,于是有

$$P_r(G,H,\theta) = P_r(H|\theta)P_r(\theta) \propto \prod \theta_{di1}\theta_{di2} \prod \theta_g^{\beta_g-1} \tag{3-23}$$

其中 H 是与基因型 G 相匹配的双倍型向量,否则 $P_r(G,H,\theta)=0$。利用

Gibbs 抽样，则有满足条件分布：

$$P_r(d_i=(g,b)|\theta,g_i)=P_r(d_i=(g,b),\theta,g_i)/P_r(\theta,g_i) \quad (3\text{-}24)$$
$$=\theta_g\theta_b/\sum\nolimits_{g'\oplus b'=d_i}\theta_{g'}\theta_{b'}\text{公式}$$

由此得到参数 θ 的后验分布 $P_r(\theta|G,H)=\text{Dirichlet}(\beta+N(H))(3\text{-}25)$，其中 $N(H)$ 是 H 中所有的单倍型总数。

（4）Pseudo-Gibbs Sampler 算法

Stephens 等 2001 年提出 Markov Chain Monte Carlo（MCMC）方法：Pseudo-Gibbs Sampler（PGS）算法，利用 Gibbs 抽样得到一个近似的后验分布 $P_r(H|G)$。在循环抽样算法的第 $k+1$ 步，从 $P_r(d_i|G,H^k_{-i})$ 中抽样得到 $d_i^{(k+1)}$。不同于 Dirichlet 先验，这里选择了一个动态的 Markov Chain 先验。该算法中引入了 Coalescence 理论，虽然诱导的 Markov Chain 的动态分布依赖于个体选择的顺序，但是它对于 Coalescence 模型非常有效。它不是一个完全的 Bayesian 模型，因此在单倍型推断中缺少一个全局优化的尺度。此外，由于每一次迭代都是局部移动，所以收敛速度较慢。

EM 算法及其衍生算法是最为常用的单倍型推断算法之一，例如 MACH、IMPUTE2、BEAGLE 和 fastPHASE 都使用随机近似 EM 算法。另外，隐马尔可夫模型及其衍生模型也是常用的单倍型推断算法之一，如 SHAPEIT。以下对标准 EM 算法进行介绍。

9.14　标准 EM 算法

是求参数极大似然估计的一种方法，它可以从非完整数据集中对参数进行 Maximum Likelihood Estimate（MLE）。广泛应用于处理缺损数据，截尾数据等不完全数据（incomplete data）。既然对于含有多个杂合位点（≥2 个）的个体的单倍型的确定可以作为不完全数据来考虑，Excoffier 和 Slatkin 于 1995 年首先提出在假设 HWE 的前提下利用 EM 算法推断单倍型。

9.15　极大似然

一组含有 N 个独立个体的样本，假设 Y_i 表示第 i 个个体的基因型，G_i 表示与其基因型相匹配的单倍型组合向量。那么 G_i 所包含的单倍型组合的数目（c_i）是该基因型中杂合位点个数（s_i）的函数，

$$c_i=\begin{cases} 2^{s_i-1}, & s_i>1. \\ 1, & s_i\leqslant 1. \end{cases} \quad (3\text{-}26)$$

假设在群体内自由无特定选择规律交配的情况下，那么 Y_i 的概率 P_i 为，

$$P_i=P(G_i)=\sum_{j=1}^{c_i}P(genotype\,j) \quad (3\text{-}27)$$

这里 $P(genotype\,j)$ 表示第 j 种单倍型组合的概率。

假设 HWE，则 $P(genotype\,j)$ 可以表示为，

$$P(genotype\ j)=P(h_k h_l)=\begin{cases}f(h_k)^2, & h_k=h_l.\\ 2f(h_k)f(h_l), & h_k\neq h_l.\end{cases} \tag{3-28}$$

这里 genotype j 由 k 和 l 这一单倍型组合构成，$f(h_i)$ 表示人群中单倍型 hi 的频率。

那么，该样本对于所有基因型频率 $P_1, P_2, \cdots, P_m$ 的条件概率为

$$P(sample|P_1,P_2,\cdots,P_m)=\frac{N!}{n_1!n_2!\cdots n_m!}\times P_1^{n_1}\times P_2^{n_2}\times\cdots P_m^{n_m} \tag{3-29}$$

这里 m 表示人群中 m 种不同的基因型，其个数分别 $n_1, n_2, \cdots\cdots, n_m$。

把等式（3-28）和（3-29）代入等式（3-30）得到，用未知单倍型频率表示的样本概率。因而，似然函数为，

$$L(f(h))=L(f(h_1),f(h_2),\cdots f(h_t))=a\prod_{i=1}^{m}\left(\sum_{j=1}^{c_i}P(h_{jk}h_{jl})\right)^{n_i} \tag{3-30}$$

这里 a 为常数，t 表示人群中共有 t 种不同的单倍型，因而，$f(h_1)+f(h_2)+\cdots+f(h_t)=1$。

最大似然法是求参数 $f(h)$ 来最大化 L 值。由于最大化 $log(L)$ 值更容易，所以通常用 $log(L)$ 由于来代替 L。也就是求出 $f^*(h)$ 使得，

$$f^*(h)=\arg\max_{f(h)}\ \log(L(f(h))) \tag{3-31}$$

9.16　EM 步骤

EM算法是通过迭代的方法来计算连续的单倍型频率集合，$f(h_1), f(h_2), \cdots, f(h_t)$。这里，$f^{(g)}(h)$ 表示第 g 步迭代估算出的单倍型频率向量，$f^{(0)}(h)$ 表示初始值，迭代开始前必须对其进行初始化。可以有多种方法设置初始值，如假设对于每一基因型，所有可能的单倍型组合频率相等，或者所以单倍型的频率相等，即

$$f^{(0)}(h_i)=t^{-1}, \qquad i=1,2,\cdots,t. \tag{3-32}$$

这里，我们采用等式（3-32）作为初始值。根据 $f^{(g)}(h)$，由以下两步可求出第（g+1）步的单倍型频率：

（1）Expectation 步骤

把 $f^{(g)}(h_i)$ 代入等式（3-33）求出单倍型组合的频率的期望值 $P(h_k h_l)^{(g)}$。

（2）Maximization 步骤

反过来，再用这些单倍型组合的频率的期望值 $P(h_k h_l)^{(g)}$ 估算人群中各单倍型的频率 $f^{(g+1)}(h)$

$$f^{(g+1)}(h_x)=\frac{1}{2}\sum_{i=1}^{m}\sum_{j=1}^{c_i}\delta_{jx}P_j(h_k h_l)^{(g)} \tag{3-33}$$

这里，δ_{jx} 用来指示某一种单倍型 x 在当前单倍型组合中出现的次数，用 0、1 和 2 表示 3 种情况。

重复以上 EM 步骤，直到相邻两次求出的单倍型频率向量的模小于某一

阈值,即可看作收敛到某一极值,迭代终止。

9.17　基因型填补过程(imputation)

需要利用密度更高的参照数据(如来自于 HapMap 计划或 1000 Genome 计划)获得单体型信息,再根据样本观察到的基因型推测该样本最有可能携带的单体型,并据此将该单体型上相应位点的等位基因作为最有可能的填补值。利用的原理是 SNP 间存在着连锁不平衡,也就是单体型之内的位点的等位基因间存在着相关性,意味着在同一单体型内,某 SNP 为某个等位基因时,或某些 SNP 具有某种组合时,另一个 SNP 将有较大可能出现某一等位基因。

10　全基因组关联研究在寻找精神疾病易感基因实践中的应用

前文已阐明了遗传因素在诸多精神疾病发病中的重要作用,全世界的科研人员都致力于寻找精神疾病相关的基因。全基因组关联分析作为一个重要的研究手段让我们找到了许多从前未曾发现的精神疾病相关的基因以及染色体区域,为研究精神疾病的发病机制提供了更多的线索。如表 3-3-3 所示,GWAS 研究中发现的与精神疾病关联的一系列的易感基因/区域。

11　数量性状遗传学

数量性状遗传学是采用数理统计和数学分析方法研究数量性状(quantitative character)遗传的遗传学分支学科。

对数量性状的研究,一般是采用一定的度量单位进行测量,然后进行统计学的分析。先介绍最常用的统计参数有:平均数(mean)、方差(variance)、标准差(standard deviation)。

(1)**平均数**。表示一组资料的集中性,是某一性状全部观察值的平均值。通常应用的平均数是算术平均数。

$$x = (x_1 + x_2 + x_3 + \cdots + xn)/n = \sum x/n \tag{3-34}$$

其中,x 代表平均数;$x_1, x_2, x_3, \ldots x_n$ 表示每个实际观察值;$\sum$ 表示累加;n 表示观察的总个体数。

(2)**方差和标准差**。表示一组资料的分散程度或离中性。方差的平方根值就是标准差。方差和标准差是全部观察值偏离平均数的重要度量参数。方差愈大,也说明平均数的代表性愈小。

计算方差的方法是先求出全部资料中每一个观察值与平均数的离差的平方的总和,再除以观察值个数。

$$V = \sum (x_i - x)^2/n \text{ 或者 } V = \sum (x_i - x)^2/(n-1) \tag{3-35}$$

观察值个数又称为样本容量。当样本容量 $n > 30$ 时,称为大样本,当 $n < 30$ 时,称为小样本。小样本时,用 $n-1$ 代替 n。标准差 $S = V^{1/2}$

表 3-3-3　GWAS 研究中发现的与精神疾病关联的易感基因／区域

疾病	易感区域	报道基因
精神分裂症	1p21.3;1p31.1;1q24.2;1q32.2;1q43;2p22.2;2q22.3;2q33.1;2q37.1;3p21.1;4q26;5q12.1;5q21.1;5q33.1;6p21.32;6p22.1;7p22.3;8p11.23;8p23.2;8q21.3;8q24.3;10p12.31;10q24.32;10q24.33;11p11.2;11q24.2;11q25;12p13.33;12q24.31;18q21.2;19p13.11;Xq28	ABCB9;AKT3;ALAS1;ALDOAP1;ARHGAP4;ARL6IP4;AS3MT;BAP1;BRP44;BTN2A2;BTN3A1;BTN3A2;C10orf32;C12orf65;C2orf47;C2orf56;C2orf69;C2orf82;C3orf78;C5orf43;CACNA1C;CACNB2;CALHM1;CALHM2;CALHM3;CCDC68;CDK2AP1;CEBPZ;CEP170;CILP2;CNNM2;CSMD1;CYP17A1;DCAF6;DNAH1;DPYD;FONG;FTSJ2;GATAD2A;GIGYF2;GLT8D1;GLYCTK;GMIP;GNL3;GRIA1;HAPLN4;HHAT;HIST1H2AG;HIST1H2BJ;HLA-DRB9;INA;ITIH1;ITIH3;ITIH4;KCNJ13;LPAR2;LSM1;MAD1L1;MAU2;MECP2;MHC;MIR1307;MIR135A1;MIR137;MIR4304;MIR640;MIRLET7G;MMP16;MPHOSPH9;MUSTN1;NCAN;NDST3;NDUFA13;NEK4;NGEF;NISCH;NKAPL;NOTCH4;NRGN;NSUN6;NT5C2;NT5DC2;NUDT1;OGFOD2;PBRM1;PBX4;PCGF6;PDCD11;PHF7;PITPNM2;POM121L2;PPM1M;PRKD3;PRSS16;QPCT;RENBP;RFT1;RILPL2;SBNO1;SDCCAG8;SEMA3G;SETD8;SFMBT1;SFXN2;SLC17A1;SLC17A3;SLCO6A1;SNX19;SNX8;SPATS2L;SPCS1;ST13P13;STAB1;SUGP1;SULT6B1;TAF5;TCF4;TLR9;TM6SF2;TMEM110;TNNC1;TRIM26;TSNARE1;TSPAN18;TSSK6;TWF2;TYW5;USMG5;WBP1L;WDR82;WHSC1L1;YJEFN3;ZEB2;ZNF184;ZSWIM6
精神分裂症或双相情感障碍	1p31.1;3p22.2;6p22.1;7p22.3;11p15.1;12p13.33	CACNA1C;MHC;TRANK1;MAD1L1;PIK3C2A;IFI44L
酒精和尼古丁依赖症	5q12.1;2p11.2	HTR1A;IPO11;RGPD2
酒精依赖症	1p35.2;2q35;4q23	ADH4;ADH6;ADH1A;ADH7;ADH1B;ADH1C;NKAIN1;SNRNP40;ZCCHC17;ADH5;FABP3;SERINC2;PECR

续表

疾病	易感区域	报道基因
可卡因依赖	10q26.13	FAM53B
尼古丁依赖症	8p11.21;15q25.1	CHRNB3;CHRNA3;CHRNA5;CHRNB4
双相情感障碍	1p31.1;2q11.2;3p21.2;3p22.2;3p26.3;5p15.31;6p21.33;6q16.1;6q27;10q21.2;11q14.1;12p13.33;13q14.11;16p12.2;19p13.11	ANK3;ODZ4;ADCY2;MIR2113;POU3F2;TRANK1;RP11-252P19.1;PTGFR;LMAN2L;CANCNA1C;NCAN;DGKH
双相情感障碍和精神分裂症	6q15;9q33.1	ASTN2;GABRR1
双相情感障碍和重度抑郁障碍（结合）	12p13.33	CACNA1C
重度忧郁症	5p15.1;5p14.1;12q21.31	MYO10;SLC6A15
注意力缺陷多动障碍	2q37.1;3p22.1;13q31.3	NCL;MOBP;GPC6
孤独症	1p13.2;5p14.1;20p12.1	TRIM33;BCAS2;DENND2C;CSDE1;MACROD2;CDH10;CDH9

12 数量性状的遗传率

某性状的表现型数值,称为表现型值,以 P 表示。其中有基因型所决定的部分,称为基因型值,以 G 表示。表现型值与基因型值之差就是环境条件引起的变异,以 E 表示。P=G+E(3-36)。

现以 P、G、E 表示三者的平均数,则各项的方差可以推算如下

$$\sum (P_i-P)^2= \sum ((G_i+E_i)-(G+E))^2 \qquad (3-37)$$
$$= \sum (G_i-G)^2+ \sum (E_i-E)^2+2 \sum (G_i-G)(E_i-E) \qquad (3-38)$$

$\sum (P_i-P)^2$ 是表现型的离均差平方和,$\sum (G_i-G)^2$ 是基因型造成的离均差方和,是环境影响产生的离均差平方和,$\sum (G_i-G)(E_i-E)$ 表示基因型与环境条件的互作效应。

若基因型与环境之间没有互作,即

$$\sum (G_i-G)(E_i-E)=0 \qquad (3-39)$$

则
$$\sum (P_i-P)^2= \sum (G_i-G)^2+ \sum (E_i-E)^2 \qquad (3-40)$$

各项都除以 n,得

$$\sum (P_i-P)^2/n= \sum (G_i-G)^2/n+ \sum (E_i-E)^2/n \qquad (3-41)$$

也就是

$$V_P=V_G+V_E \qquad (3-42)$$

V_P、V_G、V_E 分别表示表现型方差(总方差)、基因型方差(遗传方差)和环境方差。上式表明,表现型方差包括由遗传作用引起的方差和由环境影响引起的方差。其中遗传方差占总方差的比值,定义为广义遗传率。

$$H2= 遗传方差 / 总方差 \times 100\% \qquad (3-43)$$
$$=V_G/(V_G+V_E) \times 100\% \qquad (3-44)$$

遗传率又称为遗传决定度(degree of genetic determination),是衡量遗传因素和环境条件对所研究的性状的表型总变异所起作用的相对重要性的数值。假如某性状的遗传率为80%,表示在后代的总变异(总方差)中,80% 是由基因型的差异造成的,另外 20% 是由环境条件的影响所造成的。若 H2=10%,则说明,环境条件对该性状的影响占 90%,而遗传因素所起的作用很小。遗传率是一个统计学概念,是针对群体的而不适用于个体。

13 基因相互作用

基于单位点分析的全基因组关联分析目前最为流行的研究手段。科学家总是试图在寻找单个基因与精神分裂症之间的相关性,其中一项研究发现某个基因与精神分裂症相关,而其他人却难以复制这一结果。问题在于,这些基因并非独立行使功能,它们的"团结协作"破坏了脑结构及功能,进而导致

发病。现已得到的易感基因的研究结果远远不够用来解释其遗传机制。目前普遍认为像精神分裂症这类的复杂疾病是分子网络疾病,其发生发展以及治疗转归,都是多个基因相互作用的结果,任何一个基因都不是独立执行功能,它们必须与其他基因相互协调。因此,复杂疾病遗传机制研究模式从着重考察单个致病 / 保护性基因转向研究多个基因之间的相互作用将成为必然趋势。

GWAS 解析的只是单个 SNP 位点对疾病易感性的贡献,而在大部分情况下,复杂疾病的致病位点不止一个。大量证据及经验说明,复杂疾病的性状受到多个位点之间的相互作用的共同影响。单纯依靠关联研究一种策略并不能在寻找复杂疾病的病因上得到根本性的突破。上位效应(指基因 - 基因相互作用,epistasis)是常见疾病发病的普遍原因。这种基因 - 基因相互作用可以分为以下 6 类。

(1)显性上位作用(dominant epistasis):两对基因控制同一性状,其中一对基因的显性效应对另一对基因的表现有遮盖作用。

(2)隐性上位作用(recessive epistasis):两对基因控制同一性状,当其中一对基因是隐性时,对另一对基因起遮盖作用。

(3)双基因累加效应(duplicate genes with cumulative effect):控制同一性状的两对非等位基因的显性表现型效应相同,双显同时存在时呈现比各自单独存在时更突出的新表现型,两者的效应可以累加。

(4)双显性基因(duplicate dominant genes):控制同一性状的两对非等位基因,只要其中一个基因是显性,那么表现型将都相同。只有两对基因都是隐性纯和时,才会有不同的表现型。

(5)双隐性基因(duplicate recessive genes):控制同一性状的两对非等位基因,只有当两个基因中都存在显性时,才有一种表现型。反之,若两个基因其中一个存在隐性纯和时,表现型将相同。

(6)显性隐性相互作用(dominant&recessive interaction):控制同一性状的等位基因当其中一个存在显性,或者存在 2 个都是隐性纯和时,表现型相同。

表 3-3-4 给出了以上 6 种不同的基因相互作用的基因型与表现型的关系。

表 3-3-4 不同相互作用类型的基因型与表现型

相互作用类型	A-B-	A-bb	aaB-	Aabb
孟德尔比率	9	3	3	1
显性上位作用	12		3	1
隐性上位作用	9	3	4	

续表

相互作用类型	A-B-	A-bb	aaB-	Aabb
双基因累加效应	6	6		1
双显性基因	15			1
双隐性基因	9		7	
显性隐性相互作用	13		3	

14　基因相互作用统计学算法

14.1　多因子降维法

多因子降维法（multifactor-dimensionality reduction，MDR）能够减少多位点信息的维数，并以相对小的计算复杂度计算与某一种疾病相关的基因的相互作用。该方法是非参数的、无模型的，并且对于病例 - 对照研究是可以直接应用的。

多因子降维法中的"因子"是所关注的交互作用的变量，可以是环境因素或者是基因型等等；"维"是指这些多因子组合中因子的数目。根据疾病易感性将这些多因子组合分类，分成低危或者高危。然后把这些相互作用的变量看作一个多因子组合。

MDR 算法的基本步骤如图 3-3-3 所示：①将样本平均分割成 10 份，将其中的 9 份作为训练样本，另外一份作为检验样本，以便之后做交叉验证。②选择 n 个变量作为研究对象，可以是环境因素或者是 SNP 位点等。③计算病例 / 对照样本中的基因型频率。如图 3-3-3 所示，每个单元格中左边的条带表示病例，右边条带表示对照。④计算每个变量组合的病例 / 对照的比值，并将低于阈值的基因型组合标记为低危，而高于阈值的基因型组合标记为高危。⑤将剩下的 1/10 样本作为检验样本，来评估每个位点组合的预测误差。并在所有的两因子组合中选择错分最小的 MDR 模型，这两个位点模型在所有可能的模型中将具有最小的预测误差。⑥进行 10 重交叉检验。取 10 次检验的预测误差的平均值，并将这个平均值作为模型相关预测误差的无偏估计，以此来评估单元格分配时的相关误差以及该模型的预测误差。

MDR 方法选取合适的基因型组合，检验所有可能的多位点基因型的组合，并且报告最佳的分类组合。由于 MDR 方法采用了 10 重交叉检验，在样本量较小的时候，依然可以达到比较高的准确度。然而，MDR 算法也存在一些不足。首先，随着阶数的增加，可能会导致数据的过度拟合。并且随着模型大小增加，预测误差也会随之增加。其次，当主效应或已知的协同作用存在时，

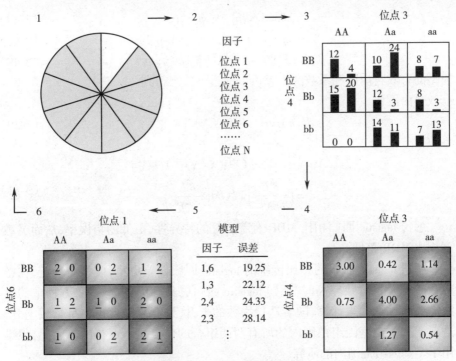

图 3-3-3　MDR 算法示意图

MDR 方法灵敏度并不高。而且，当交互作用存在且是低维度的时候，MDR 算法往往很难发现其中的相互作用。

14.2　惩罚 logistic 回归

传统的 logistic 回归不能分析高阶相互作用，惩罚 logistic 回归（199）通过对经典的 logistic 回归模型做了一些修正，将修正系数 λ 和经典的 logistic 回归模型相结合，有效解决了这一问题。

惩罚 logistic 回归模型的目标函数则表示为：

$$L(\beta)=-\log(y|\beta)+\frac{1}{2}\beta^T\Lambda\beta=-\sum_{i=1}^{n}(y_i\log p_i+(1-y)\log(1-p_i))+\frac{1}{2}\beta^T\Lambda\beta \quad (3\text{-}45)$$

其中，L 表示二项式分布的对数似然函数，$\frac{1}{2}\beta^T\Lambda\beta$ 为二次方惩罚项。

Λ 表示对角元素 $\{0,k\cdots k\}$ 的已知对角矩阵。

Newton-Raphson 迭代表示为：

$$\beta_{new}=\beta-\left(\frac{\partial^2 L}{\partial\beta\partial\beta^T}\right)^{-1}\frac{\partial L}{\partial\beta};\frac{\partial L}{\partial\beta}=X^T(p-y)+\Lambda\beta;\frac{\partial^2 L}{\partial\beta\partial\beta^T}=X^tWX+\Lambda \quad (3\text{-}46)$$

其中，X 是预测因子的 $(p+1)\times n$ 阶矩阵（p 和 n 分别表示样本量和预测因子数），y 为二分类（0/1）反应变量的向量。

$$p = (p_1, p_2, \cdots, p_n)^T; \qquad (3\text{-}47)$$

$$W = diag(p_1(1-p_1), \cdots, p_n(1-p_n)); \qquad (3\text{-}48)$$

$$\beta_{new} = (X^T W X + \Lambda)^{-1} X^T (W X \beta + (y - p)) \qquad (3\text{-}49)$$

模型的有效自由度和系数的方差可以通过下式来得到。

有效自由度：

$$df(k) = tr[(X^T W X + \Lambda)^{-1} X^T W X] \qquad (3\text{-}50)$$

系数方差：

$$Var(\hat{\beta}) = Var[(X^T W X + \Lambda)^{-1} X^T W X]$$
$$= \left(\frac{\partial^2 L}{\partial \beta \partial \beta^T}\right)^{-1} I(\beta) \left(\frac{\partial^2 L}{\partial \beta \partial \beta^T}\right)^{-1} \qquad (3\text{-}51)$$

　　惩罚 logistic 回归相比 MDR 有着更好的特异性，更低的错误率，然而灵敏度相比 MDR 稍低。

　　惩罚 logistic 回归的相比传统的 logistic 回归偏差更小，模型更稳定，在样本量较低并且阶数较高时，惩罚 logistic 回归更具有优势。然而，方程中的参数需要通过迭代来计算，随着迭代次数的上升，计算复杂度也将呈指数上升，这对于扫描全基因组范围内的所有两两组合的位点是不可行的。因此，很难用于全基因组范围内的研究。

14.3　贝叶斯网络（Bayesian networks）法

　　贝叶斯网络（Bayesian network），又称信念网络（belief network）或是有向无环图模型（directed acyclic graphical model），是一种概率图型模型，借由有向无环图（directed acyclic graphs，DAGs）中得知一组随机变量及其 n 组条件概率分配（conditional probability distributions，CPDs）的性质。贝叶斯网络是一种概率网络，它是基于概率推理的图形化网络，而贝叶斯公式则是这个概率网络的基础。贝叶斯网络是基于概率推理的数学模型，所谓概率推理就是通过一些变量的信息来获取其他的概率信息的过程。

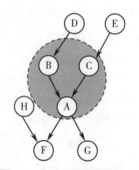

图 3-3-4　贝叶斯网络法检测基因基因相互作用示意图

　　贝叶斯网络用有向无环图的形式描述一组随机变量之间的联合概率分布。图 3-3-4 中的一个节点表示一个离散或连续变量（可以是基因或者是 SNP 位点），节点之间的连线表示变量之间的关联性。节点之间有连线的表明这些节点之间存在相互作用，而没有直接连线的 2 个节点相互条件独立，即在其他变量存在的情况下相互独立。连线的方向用来区分"父节点"和"子节点"，连线指向的节点为子节点，反之，是父节点。

如图 3-3-4 所示,节点表示的 SNP 位点。图中,A 的父节点是 B 和 C,A 和 B、C 之间存在相关性,而与 D、E 相互独立。

节点和节点之间的关系可以用一个联合概率分布 $P(X_1,\cdots,X_n)$ 来表示:

$$P(X_1,\cdots,X_n)=\prod_{i=1}^{N} P(X_i=x_i|X_j=x_j,\cdots,X_{j+p}=x_{j+p}) \tag{3-52}$$

条件中的 $p+1$ 个基因 $(x_i,\cdots,x_{j+p})$ 是基因 i 的父节点。联合概率密度可以应用概率和独立性的链式法则,用条件概率的乘积来表示。这个法则是基于贝叶斯理论的:

$$P(A,B)=P(B|A)\times P(A)=P(A|B)\times P(B) \tag{3-53}$$

为了建立这样一个基因的贝叶斯网络模型,需要找到一个能够最贴切地描述基因表型的有向无环图。可以选择一个评分方程来评估每个对应不同的基因表型的有向无环图 G,然后寻找能够使得这个评分最大化的图 G。最著名的评分方程是 Bayesian Information Criteria 或 Bayesian Dirichlet equivalence。

一个基于贝叶斯网络的方法是 BEAM(Bayesian epistasis association mapping),该算法结合贝叶斯模型和 Metropolis-Hasting 算法把 SNP 分成 3 组:第一组的 SNP 与疾病无关;第二组的 SNP 对疾病有独立的影响;第三组的 SNP 相互作用对疾病产生作用。然后利用 B statistic 对候选 SNP 进行进一步的分析。对 AMD(Age-related Macular Degeneration)数据的分析表明,该方法相比 MDR 和传统 logistic 回归有更好的表现。

贝叶斯网络方法具有一系列良好的性质,比如可以加入先验知识、避免数据的过度拟合等。然而也存在一定的不足,比如时间复杂度和空间复杂度都很高:每个节点需要计算的条件概率的次数与该节点的父节点数目是呈指数关系的,需要很大的空间和时间来计算和存储这些数据。且找出所有可能的有向图 G 是 NP 完全问题,为了提高效率,需要一些启发式算法来减少某些可能不合适的有向图 G 的组合,从而减少计算分支。但是这样可能会丢失一些组合,并不能进行位点的完全扫描。

14.4 集合关联法(set-association approach)

集合关联法同时使用了 SNP 的两个信息:等位基因关联性(allelic association,AA)和 Hardy-Weinberg disequilibrium(HWD)。这两个值都用 χ^2 检验值来表示。这个方法的主要步骤如下:

(1)删减位点:由于在病例样本中呈现较高的 HWD 的可能是疾病的易感位点,但是过高的 HWD 值可能源于错误的基因分型。因此,在这一步中使用控制样本的 HWD 值作为筛选的依据。例如,99% 的 SNP 的 χ^2 值都小于 6.6,那么可以将 6.6 作为一个筛选的阈值,并记录下所有卡方值大于 6.6 的位点数,设为 d。

（2）计算 HWD 值：分别计算每个 SNP 在病例和对照样本中的卡方值，并将这两个值相加。将其中 d 个有最大的值的 SNP 位点的这个和设为 0。

（3）加权：合并 AA 和 HWD 的效益，计算 $t_i \times u_i$，t_i 是 AA 第 i 个 SNP 的统计值，u_i 是第 i 个 SNP 的 HWD 的统计值。为了能够将多个 SNP 位点的关联性联合起来考虑，计算 $S = \sum_i (t_i \times u_i)$（3-54）。

（4）分组：这一步要解决的问题是，判断将哪些 SNP 的信息包括在统计和中。首先，将每个位点的 AA 和 HWD 的和，s_i，按照大小降序排列，得到 $s_{(1)} \geq s_{(2)} \geq s_{(3)} \geq \cdots\cdots$。然后计算如下的项的和：

$$S(n=1) = s_{(1)}, S(n=2) = s_{(1)} + s_{(2)}, \cdots\cdots$$

（5）Permutation test：对所有数据重复上述步骤进行 permutation test，得到 P 值。当 S 中所包含的位点数目 n 增加时，P 值也会随之变动，所要找的是第一次出现 P 极小值时所对应的 n 值。这 n 个 SNP 将是所关注的可能存在相互作用的 SNP 集合。

此方法不仅有效地控制 I 类错误，而且能有效地识别出相互作用的 SNP。其缺点并不是一个全基因组范围内的扫描。另外，作为这个方法的输入，需要选出一些候选的位点，这一步是基于假设驱动的。

14.5 随机森林法

随机森林是一个包含多个决策树的分类器。森林中的每棵树使用 bootstrap 取样法从数据中选取样本，并从所有的属性中随机选取一个子集。随机森林法通过这些选取的样本根据这个属性的子集来分类，找出最合适的分类。

随机森林法步骤示意图见图 3-3-5，对于一个有 n 个样本 M 个属性的数据集，个体树可以通过如下步骤建立起来：

（1）从 N 个样本中可重复地选取 N 个样本；

（2）对于树中的每个节点，随机地从所有 M 个属性中选取 m 个属性（m 的大小在树林建立的整个过程中保持恒定）；

（3）找出基于这 m 个属性的最好的样本的分割方式；

（4）重复第二步和第三步直到这个树完全成长（没有剪枝）。

随机森林法的效能可以通过模拟验证得到。假定有 3 种疾病模型，在模型一中，2 个位点独立地对疾病产生作用；模型二与模型一相似，不同的是，只有当 2 个位点至少有一个疾病等位基因时，疾病的症状才会表现出来；对于模型三，多余的疾病等位基因不会增加疾病的风险。假设在三个模型中，疾病的患病率是 0.1%。与其他算法（BEAM、logistic 回归 χ^2 检验）比较的结果表明，在模型一中，这些算法的效能相当。而在模型二和三中，在 MAF 较小的时，随机森林法的效能不如其他的算法，在 MAF 较大时，随机森林法与其他算法效

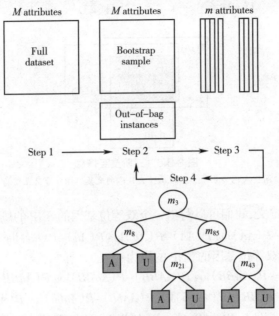

图 3-3-5　随机森林法步骤示意图

能相当。而当 MAF 在 0.1~0.2 时,随机森林法相比其他算法效能更高。

使用随机森林法生成的决策树揭示了这些属性之间的相互作用。这可以被应用于研究基因 - 基因和基因 - 环境相互作用。这个方法能够揭示那些没有明显边际效应的基因之间或者基因环境之间的相互作用。随机森林法在计算基因 - 基因相互作用和基因环境相互作用时不需要先验假设。然而,随机森林法会导致过度拟合,而且当被研究的属性在很大程度上不相关时,随机森林法并不能很好地工作。

14.6 熵法

在信息论中,熵是接受的每条消息中包含的信息的平均量。一条信息的信息量大小和它的不确定性有直接的关系。因此,熵是对于事物的不确定性的一种度量。熵越大,不确定也越大。熵被定义为:

$$H(A) \triangleq -\sum_{a \in R_A} P(a) log_2 P(a) \tag{3-55}$$

其中,P 是属性 a 的概率密度函数。根据定义,$0log_2 0=0$。

对于二阶相互作用,我们可以用互信息(Mutual information)来表示:

$$I(A;B) \triangleq H(A)+H(B)-H(AB) \tag{3-56}$$

三阶相互作用可以表示为三个属性的交集,也就是交互信息:

$$I(A;B;C) \triangleq H(AB)+H(BC)+H(AC)-H(A)-H(B)-H(C)-H(ABC) \tag{3-57}$$

一般地,我们定义 n 阶相互作用为:

$$I(\vec{v}) \triangleq -\sum_{\vec{\xi} \subseteq \vec{v}} (-1)^{|\vec{v}| - |\vec{\xi}|} H(\vec{\xi}), \qquad |\vec{v}| = k \tag{3-58}$$

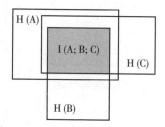

图 3-3-6　三阶交互信息

图中灰色部分面积即为属性 A、B、C 的交集。即三阶交互信息

根据熵的定义，我们可以写出一个双等位基因的 SNP 的熵：

$$H(SNP) = -P(AA)\log P(AA) - P(Aa)\log P(Aa) - P(aa)\log P(aa) \tag{3-59}$$

同理，2 个双等位基因的 SNP 的熵为：

$$\begin{aligned}
H(SNP_1 SNP_2) =\ & -P(AABB)\log P(AABB) - P(AaBB)\log P(AaBB) - \\
& P(aaBB)\log P(aaBB) - P(AAbb)\log P(AAbb) - P(Aabb)\log P(Aabb) - \\
& P(aabb)\log P(aabb) - P(AABb)\log P(AABb) - P(AaBb)\log P(AaBb) - \\
& P(aaBb)\log P(aaBb)
\end{aligned} \tag{3-60}$$

假设我们要计算 k 个 SNP，$\vec{v} = (SNP_1, SNP_2, SNP_3, \cdots, SNP_k)$，之间的相互作用。我们可以分别得到数据集中病例和对照的交互信息：

$$I(\vec{v} \,|case) \triangleq -\sum_{\vec{\xi} \subseteq \vec{v}} (-1)^{|\vec{v}| - |\vec{\xi}|} H(\vec{\xi} \,|case) \tag{3-61}$$

$$I(\vec{v} \,|control) \triangleq -\sum_{\vec{\xi} \subseteq \vec{v}} (-1)^{|\vec{v}| - |\vec{\xi}|} H(\vec{\xi} \,|control) \tag{3-62}$$

病例和对照之间交互信息的差异可以表示为：

$$Diff = I(\vec{v} \,|case) - I(\vec{v} \,|control) \tag{3-63}$$

将病例和对照之间的差异作为统计量，通过置换检验（permutation test），我们就能得到统计 P 值。

熵法相对于罗吉斯特回归有着更高的统计效力，尤其是当单个位点主效应不显著的情况下。除此以外，它也能够计算高维相互作用。但是，其统计 P 值需要通过置换检验得到，导致其计算复杂度很高，效率不高，因此不能用在全基因组范围内计算基因相互作用。

14.7　SHEsisEpi

SHEsisEpi 所使用的算法是相对危险对测试（odds ratio test）的一个衍生。具体描述如下。

假设 A，B 是两个位点，A_i 表示 A 位点上的某个基因型（如 AT），而 A_i^c 表示非该基因型的集合（AA/TT）。同理，B_i 表示 B 位点上的某个基因型，B_i^c 表示非该基因型的集合。令样本的外显性 U_{ij}，U_{ij}^c，U_{ij}^c，U_{ij}^{cc} 与样本的基因型组合相关

$A_iB_j, A_i^cB_j, A_iB_j^c, A_i^cB_j^c$ 相关, 那么在 2×2 的列联表中, 每行关联到 A 位点的两组基因型 (A_i/A_i^c), 每列关联到 B 位点的两组基因型 (B_i/B_i^c), 该列联表的 OR 值可由下式计算得:

$$EOR_{ij} = \frac{U_{ij}U_{i\,j}^{cc}}{U_{ij}^cU_{i\,j}^c} \tag{3-64}$$

当(1)A_i 与 B_j 在病例或者对照数据中有相互作用, 并且(2)这种相互作用对外显性有影响, 那么 $A_iB_j, A_i^cB_j, A_iB_j^c, A_i^cB_j$ 就与外显性 $U_{ij}, U_i^c, U_{ij}^c, U_{i\,j}^{cc}$ 不独立, 且 $EOR_{ij} \neq 1$。所以易感性的一个等价数学表述是: 至少有一个基因型组合不满足 $EOR_{ij}=1$。

$$EOR_{ij} = \frac{U_{ij}U_{i^cj^c}}{U_{ij^c}U_{i^cj}} = \frac{P(Disease|A_iB_j) \cdot P(Disease|A_i^cB_j^c)}{P(Disease|A_iB_j^c) \cdot P(Disease|A_i^cB_j^c)} \tag{3-65}$$

$$= \frac{P(A_iB_j|Disease) \cdot P(A_i^cB_j^c|Disease)}{P(A_iB_j^c|Disease) \cdot P(A_i^cB_j|Disease)} \times \frac{P(A_iB_j^c|Normal) \cdot P(A_i^cB_j|Normal)}{P(A_iB_j|Normal) \cdot P(A_i^cB_j^c|Normal)} \tag{3-66}$$

其中,

$$OR_{Disease:A_i/B_j} = \frac{P(A_iB_j|Disease) \cdot P(A_i^cB_j^c|Disease)}{P(A_iB_j^c|Disease) \cdot P(A_i^cB_j|Disease)} = \frac{D_{ij}D_{i\,j}^{cc}}{D_{ij}^cD_{i\,j}^c} \tag{3-67}$$

$$OR_{Normal:A_i/B_j} = \frac{P(A_iB_j|Normal) \cdot P(A_i^cB_j^c|Normal)}{P(A_iB_j^c|Normal) \cdot P(A_i^cB_j|Normal)} = \frac{N_{ij}N_{i\,j}^{cc}}{N_{ij}^cN_{i\,j}^c} \tag{3-68}$$

$D_{ij}, D_{i\,j}^{cc}, D_{ij}^c, D_{i\,j}^c, N_{ij}, N_{i\,j}^{cc}, N_{ij}^c, N_{i\,j}^c$ 分别表示病例组和对照组中基因组合 $A_iB_j, A_i^cB_j, A_iB_j^c, A_i^cB_j^c$ 的观察计数。那么,

$$EOR_{ij} = \frac{OR_{Disease:A_i/B_j}}{OR_{Normal:A_i/B_j}} \tag{3-69}$$

$$EOR_{ij}=1 \Leftrightarrow OR_{Disease:A_i/B_j} = OR_{Normal:A_i/B_j} \tag{3-70}$$

在该假设检验的统计量上, 理论上应符合 $(0,1)$ 正态分布:

$$Z_{ij} = \frac{\ln(EOR_{ij})}{\sigma_{ij}} = \frac{\ln(D_{ij}D_{i\,j}^{cc}N_{i\,j}^cN_{ij}^c) - \ln(D_{ij}^cD_{i\,j}^cN_{ij}N_{i\,j}^{cc})}{\sigma_{ij}} \tag{3-71}$$

对于每一个病例/对照组, 我们都计算 EOR 的值, 若 EOR 接近 1, 就认为这个基因组合在病例和对照组中没有表现出显著的相互作用, 否则, 将使用上式计算 χ^2 和 P 的值。

15　现有的分析基因 - 基因相互作用的算法的比较

在样本量较小的情况下, MDR 算法依然有着较高的正确性, 但对于高阶模型, 其预测能力变差, 且在交互维度较小时, MDR 算法几乎无能为力; 惩罚 logistic 回归在样本量低且阶数高时, 具有一定的优势, 但是随着迭代次数的上升, 其计算复杂度指数上升, 很难应用到全基因组范围内的扫描上; 贝叶斯网

络法可以加入先验知识,能够避免数据过度拟合,但是它的时间和空间复杂度都很高,并且需要一些启发式算法来减少分支,这样会丢失一些位点的组合,同样也不能应用到全基因组范围内;集合关联法能够有效控制 I 类错误,但这个方法是假设驱动的,在应用前,需要选出一些候选位点作为这个方法的输入数据。随机森林法虽然不需要任何假设,但是会导致数据的过度拟合。熵法相对于罗吉斯特回归有着更高的统计效力,尤其是在单个位点主效应不显著的情况下,且能够计算高维相互作用。然而,其统计 P 值需要通过置换检验得到,导致其计算复杂度很高,效率不高,因此也不能用在全基因组范围内计算基因相互作用;SHEsisEpi 基于 GPU 架构,效率高,能应用于全基因组。但目前它只能处理两两位点的相互作用分析。

16　基因相互作用在精神疾病研究中的应用

Hu 等对 WTCCC 的双向情感障碍的 GWAS 数据用 SHEsisEpi 进行了全基因组范围内的扫描。发现位于 *ASTN2* 的 rs10124883 与位于 *PIK4CA* 的 rs178069 之间有较强的相互作用($P=5.37 \times 10^{-12}$)。而该结果也在重复实验中得到了验证。*PIK4CA* 位于 22q11.2,研究表明该区域与精神分裂症有关,而 *ASTN2* 与神经细胞表面抗体有关。

杜克大学医学中心的研究人员使用多因子降维方法,首次发现复杂的基因相互作用能够增加自闭症风险。他们发现通常中止或减缓神经冲动的大脑机制有助于这种疾病的发生。研究人员分析了 470 个白人家庭中的 14 个编码 GABA 受体蛋白的基因。在这些家庭中,有 266 个家庭中有 1 例以上的自闭症患者,而另外 204 个家庭有 1 例自闭症患者成员。研究人员发现 GABA 受体基因中的其中一个——*GABRA4* 与自闭症的起源有关,而且 *GABRA4* 还能通过与另外一种 GABA 基因——*GABRB1* 相互作用来增加自闭症风险。GABA 是一种神经递质,而 GABA 受体是固定在神经细胞膜上的蛋白质开关,它能够被 GABA 触发从而造成抑制性作用。这些新的发现提供了有关受自闭症影响的家族的重要的新信息,并且一些现有的药物能够靶向 GABA 系统,因此可能为治疗这种疾病带来新的希望。

Kristin 等使用随机森林法以及罗吉斯特回归,对精神分裂症展开了基因相互作用的研究。研究表明,在精神分裂症患者中,*DISC1*、*CIT* 以及 *NDEL1* 基因之间存在显著的相互作用。而这一结果也在功能磁共振(fMRI)的结果中得到了验证。DISC1 蛋白在大脑皮质发育的两个关键环节中扮演着重要角色,其磷酸化过程起着分子开关的作用。小鼠实验表明,DISC1 蛋白一方面会维持有丝分裂祖细胞的增殖,另一方面则会刺激有丝分裂期后的神经细胞迁移,从而保证脑功能的正常发挥。一旦 DISC1 蛋白出现问题,细胞增殖和迁移都会受到影响,新的神经元就会无法融入神经系统,导致神经细胞出现病理性混乱。*NDEL1* 是精神分裂症已知的易感基因。CIT 则与双向情感障碍有关,且有研究称,双向情感障碍与精神分裂症有着相似的分子致病机制。

16.1 基因表达分析

目前,开展研究与精神疾病相关的分子机制研究是揭示该疾病发病通路的重要途径。多数研究集中在 DNA 水平上进行连锁、关联研究寻找疾病的易感基因区域,但是特异性基因表达的研究相对较少。有报道称,抑郁症中和单胺类神经递质相关基因是差异表达的,例如色氨酸羟化酶(*TPH*)基因和儿茶酚氧位甲基转移酶(*COMT*)基因等。另外,研究还发现糖原合成酶激酶 GSK-3β 活性异常引起其下游的信号蛋白及基因表达异常,导致与其底物相关的如双极紊乱、精神分裂症、阿尔茨海默病及疼痛等多种神经精神疾病的发生。因此,进一步探究不同组织基因表达特异性对于研究精神疾病致病机理有重要意义。

转录组学是研究细胞表型和功能的一个重要手段,是研究基因表达、结构和功能的一个新型的研究方向。转录组研究能从整体水平研究基因功能以及基因结构,揭示定生物学过程及疾病发生过程中的分子机理。广义上的转录组指的是生物体细胞或组织在特定状态下转录出来的所有 RNA 的总和,包括编码蛋白质的 RNA(mRNA)和非编码蛋白质的 RNA(ncRNA)。狭义上的转录组一般指所有 mRNA 的综合。研究转录组学最开始采用的是基因芯片,利用固定探针和样品进行分子杂交,根据杂交图谱荧光信息的强弱测定基因的表达丰度。该技术在过去几年里以其操作简便、快速和低廉的特点成为分析转录组分析的主导技术。但是,芯片技术只限于用于已知基因序列,无法检测新的 RNA,而且杂交技术灵敏度有限,不能很好的能很好地分辨基因序列同源性较高的基因家族,难以检测低丰度的目标及重复序列,更不能发现异常转录的基因。所以,新一代的 RNA-seq 是近些年发展起来的利用新一代测序技术进行转录组分析的技术,可以全面快速的获得特定细胞或组织在某一特定状态下的转录序列信息和表达量,这两种方法的比较见表 3-3-5。本章将对基因芯片技术和 RNA-seq 技术从原理、测序平台和数据分析等方面进行详细介绍。

表 3-3-5　研究基因表达的主要方法

方法	原理	识别信号	分辨率	通量	起始 RNA 样品用量	成本
芯片	杂交	荧光模拟信号	5~100bp	0.1~1Gb	多	高
RNA-seq	高通量测序	高通量数字化信号	单碱基	1~15Gb	少	相对较低

微阵列技术（microarray）是近年来发展起来的可用于大规模快速检测基因差别表达、基因组表达谱、DNA 序列多态性、致病基因或疾病相关基因的一项新的基因功能研究技术，它对于人类探索生命的奥秘、揭示疾病的本质和人类基因组计划的实现有着重要的意义。在微阵列技术出现之前，对基因的检测是一个一个的进行的，效率低且成本居高不下。在微阵列技术的帮助之下，研究人员实现了对成千上万个基因的并行检测，极大地提高了基因检测效率。受计算机芯片技术的启迪，研究人员将微电子学、分子生物学、计算机科学和光电化学融为了一体，在核酸杂交的基础上开发出了微阵列这种生物芯片。

基因芯片技术原理是利用光导化学合成、照相平板印刷以及固相表面化学合成等技术，在固相表面合成出大量的寡核苷酸"探针"（cDNA、ESTs 或基因特异的寡核苷酸），并与被放射性同位素或荧光物标记的来自于不同细胞、组织或器官的 DNA 或 mRNA 反转录生成的第一链 cDNA 进行杂交，之后清洗掉未被杂交上 DNA 或 cDNA 片段，那些成功杂交的"探针"受激发会发出荧光。

目前，微阵列技术所使用的固相表面可以是玻璃片、尼龙薄膜或者是硅片。使用接触直接点样法、照相平板术、喷墨法等方法，可以在每平方厘米的薄膜表面上，集成超过一万个不同的检测点，每个点都是有相应顺序的探针。通过与特定的样品进行杂交，洗去未杂交上的被测 DNA/cDNA 并进行激发后，微阵列上的每个点会显示出不同强度的荧光。通过相关的光电检测装置进行扫描，便可得到微阵列上每个被测点的荧光强度分布，这样就能够快速并准确的检测样品的基因表达模式。

微阵列最常用的固相表面是玻璃与尼龙薄膜，两种微阵列有一定差异（表3-3-6）。使用尼龙薄膜的微阵列可以重复杂交，因而总体研究费用要低于使用玻璃片为载体的微阵列。然而以玻璃为载体的微阵列有着更高的点阵密度以及更高的灵敏度，因而一般可以使用 Cy3（绿色）与 Cy5（红色）两种不同颜色的青色素分别对两份样品进行标记，然后将一张微阵列芯片与两份混合样品进行杂交。洗去未杂交上的样品并激发荧光显色后，使用荧光扫描仪对整张芯片进行扫描。由于每个点都杂交上了两种荧光色素，因而每个点显示出的颜色以及强度可以表示出每个探针簇对应的被测基因在两份样品中的表达情况。通常某个点显示出黄色，表示这个被测基因在两份样本中差异不大，红色以及绿色表示在两份被测样品中的表达丰度差异较大。

表 3-3-6 基因芯片常用的固相表面特征比较

固相表面	玻璃	尼龙薄膜
成本	较高	较低

固相表面	玻璃	尼龙薄膜
点阵密度	较高	较低
使用方法	单次使用	重复使用
单双色	双色荧光	单色荧光
相关设备	较复杂	较简单

不同类型的微阵列芯片使用的探针长度也有所不同。通常普通的寡核苷酸芯片探针长度多数为 25~70nt,也有一些使用 100~150nt 长度的探针。一般来说,较长的探针能获得更加精准的杂交信号,故使用较长的探针的微阵列芯片的效果要好于使用短探针的芯片。实际研究中,探针长度的选取一般要根据实际需求来确定,因为使用较长的探针会使试验成本大大提高。如果探针序列与非靶序列发生杂交,就会使得芯片相应检测点上出现噪声信号。出现噪声信号的主要原因是由于探针序列与非靶序列相似度较高,或者是因为某种碱基含量较高。因而在设计微阵列芯片时,需要选取长度合适且特异性较好的探针,以尽可能做到实验精度与成本之间的平衡。

16.2 基因芯片的数据分析

对微阵列芯片数据的分析,本质上讲就是对微阵列芯片每个杂交点中,每个杂交点的荧光强度信号的定量分析。通过筛选出有效数据并将相关基因表达谱进行聚类,便可以发现基因的表达谱与功能间可能存在的关系。

数据预处理。数据过滤,顾名思义就是使用某一标准过滤掉一些不可靠数据,这些不可靠数据一般属于非特异性的背景噪声部分。一般以图像处理软件对芯片划格后,每个杂交点周围区域各像素吸光度的平均值作为背景,但此法存在芯片不同区域背景扣减不均匀的缺点。也可利用芯片最低信号强度的点(代表非特异性的样本与探针结合值)或综合整个芯片非杂交点背景所得的平均吸光值做为背景。

背景处理之后,可以将芯片数据放入一个矩阵中:

$$M=\begin{Bmatrix} m_{11} & m_{12} & \cdots & m_{1N} \\ m_{21} & m_{12} & \cdots & m_{2N} \\ \vdots & \vdots & & \vdots \\ m_{G1} & m_{G2} & \cdots & m_{GN} \end{Bmatrix} \tag{3-72}$$

其中,N 表示条件数,G 为基因数目,一般情况下,$G>N$。

行向量 $m_i=(m_{i1}, m_{i2}, \cdots, m_{iN})$ 表示基因 i 在 N 个条件下的表达水平,即荧光强度;列向量 $m_j=(m_{1j}, m_{2j}, \cdots, m_{Gj})^T$ 表示在第 j 个条件下各基因的表达水平,

即第 j 张微阵列芯片数据；元素 m_{ij} 表示第 i 个基因在第 j 个条件下的表达量。m 可以是 R（红色，Cy5，即样品组），也可以是 G（绿色，Cy3，即对照组）。

数据清洗。经过背景校正后的芯片数据中可能会产生负值，还有一些单个异常大（或小）的峰（谷）随机噪声信号。对于负值和噪声信号，通常的处理方法就是将其去除，常见数据经验型舍弃方法以下 5 种。①标准差或奇异值舍弃法：$S_{ij}<B_{ij}+x\sigma B_{ij}$（$S_{ij}$：杂交点信号强度的中位数，$B_{ij}$：背景信号强度的中位数，$x\sigma B_{ij}$：背景信号强度的标准差）；或者 $S_{ij}-B_{ij}>c$（c 为奇异值常数）。②变异系数法：对单张芯片重复点样的芯片可用变异系数的方法进行过滤，即 $CV=\bar{x}/\sigma$（CV：变异系数，$\bar{x}$：代数平均数，σ：标准差），如果变异系数接近或大于 10%，就认为该数据不可靠而应删除。③ $FG>200$（FG：前景值）。④ $FG-M/FG-M<80\%$（M：中位数）。⑤过滤坏形状点等标准。然而，数据的缺失对后续的统计分析（尤其是层式聚类和主成分分析）有致命的影响。Affymetrix 公司的芯片分析系统会直接将负值修正为一个固定值。

数据删除。对数据的删除，通常是删去所在的列向量或行向量。较常用的做法是，设定一个阈值 M，若行（列）向量中的缺失数据量达到阈值 M，则删去该向量。若未达到 M，有两种方法处理，一是以 0 或者用基因表达谱中的平均值或中值代替；另一方法是分析基因表达谱的模式，从中得到相邻数据点之间的关系，据此利用相邻数据点估算得到缺失值（类似于插值）。填补缺失值（k 临近法）：利用与待补缺基因距离最近的 k 个临近基因的表达值来预测待填补基因的表达值，根据邻居基因在样本中的加权平均估计缺失值。

提取表达值。由于芯片数据的小样本和大变量的特点，导致数据分布呈偏态、标准差大。对数转换能使上调、下调的基因连续分布在 0 的周围，更加符合正态分布，同时对数转换使荧光信号强度的标准差减少，利于进一步的数据分析。

对双通道数据使用 Cy5（红色）和 Cys3（绿色）两种荧光标记分别标记 case 和 control 样本的 cDNA 序列。扫描仪采用两种波长对基因芯片的图像进行扫描，根据每个点的光密度值计算相对应的绝对表达量（intensity）；然后图像分析软件通过芯片的背景噪音以及杂交点的光密度分析，对每个点的表达量进行校准，利用 Cy5/Cy3 的值获取 case 与 control 组不同基因的表达值 ratio（R/G ratio）。

数据转换通常使用以 2 为底数的对数转换，比如 $R/G=1$，则 $\log_2(R/G)$，即认为表达量未发生变化，当 $R/G=2$ 或者 $R/G=0.5$，则 $\log_2(R/G)=1$ 或 −2，即表达量都发生了 2 倍的变化。当然数据转换并不是必不可少的步骤，如果样本量足够大且数据呈正态分布，就没必要进行数据转换，因为数据转换对数据分析也有不利影响。

归一化。经过背景处理和数据清洗处理后的修正值反映了基因表达的水平。然而在芯片试验中,各个微阵列芯片的绝对光密度值是不一样的,在比较各个试验结果之前必需将其归一化(normalization,也称作标准化)。

数据的归一化目的是调整由于基因芯片技术引起的误差,而非生物样本的差异。当将同一样品进行自身杂交时(即以空白实验为对照),本不应该有真正的差异表达基因出现,但由于芯片实验中涉及的不确定因素很多,不可避免地产生一些偶然误差,例如玻片间的差异、杂交点的位置不同、起始 RNA 量的不等、反转录效率不等、不同的标记方法等等。这些因素导致最后得到的数据有较大的干扰。进行归一化的目的就是在数据分析中屏蔽这些系统误差,提高数据的精确性。在基因芯片数据归一化时,通常红色光强度用 R 表示,绿色光强度用 G 表示,经由对数值转换计算 M 值[$M=\log_2(R)-\log_2(G)$],归一化就是希望使 M 值的总和接近 0。

常用的归一化方法有平均数、中位数标准化,中位数标准化,线性回归,非线性回归(如 Lowess),方差模型(ANOVA)等。平均数中无数标准化:将各组实验的数据的对数值的中位数或平均数调整在同一水平。中位数标准化:将每个微阵列芯片上的数值减去各自芯片上对数值的中位数,使得所有芯片的对数值中位数就变为 0,从而不同芯片间对数值具有可比性。

16.3　差异基因表达分析(difference expression)

经过预处理,探针水平数据转变为基因表达数据。为了便于应用一些统计和数学术语,基因表达数据仍采用矩阵形式。对于使用参照实验设计进行的重复实验,可以对 2 样本的基因表达数据进行差异基因表达分析,具体方法包括倍数分析、t 检验、F 检验等。

倍数分析方法(fold change)主要应用于单纯的 case 与 control 组表达值相比较,即对没有重复实验样本的芯片数据或者双通道数据。该方法是通过对基因芯片的 ratio 值从大到小排序,即对于 case 与 control 组来说是 case/control 的比值,对于双通道数据来说是 Cy3/Cy5 的比值,又称 R/G 值。一般 0.5~2.0 范围内的基因不存在显著表达差异,该范围之外则认为基因的表达出现显著改变。该方法的优点是需要的芯片少,节约研究成本,缺点是结论过于简单,很难发现更高层次功能的线索。

t 检验(t-test)方法,即当 t 超过根据可信度选择的标准时,就认为被比较的两样本存在差异。这种方法根据相似的基因表达水平有着相似的变异这个经验,使用贝叶斯条件概率方法,通过检测同张芯片邻近的其他基因表达水平,可对任何基因的变异程度估计进行弥补。

F 检验也被称为变异系数分析或方差分析,其主要检验多个样本平均数的差异是否具有统计学意义。方差分析需要参照实验设计,参照样本通常为多种细胞的混合 mRNA,由于同时表达的基因很多,因而低表达基因在样本混合后由于被稀释而减少了参照样本的代表性,因此增加参照样本的细胞不会提高参照样本的代表性。方差分析能计算出哪些基因有统计差异,但它没有对那些组之间有统计差异进行区分。

非参数检验并不要求数据满足特殊的分布假设。目前主流使用的非参数分析方法有:非参数 t-test、Wilcoxon 秩和检验、经验贝叶斯方法、芯片显著性分析、混合模型法等。相比于参数法而言,非参数方法可以更好地应对。

常用的统计分析工具 R 下,有很多包可以进行筛选差异表达基因,如 limma 包使用 t-test 检验筛选差异表达基因,siggenes 包则使用 SAM 方法筛选差异表达基因。在微阵列芯片中,每一个探针的杂交实际上都是一个独立的实验。由于微阵列芯片数据通量非常高,因而无论怎样进行比较,总会存在一些基因在统计学上是显著性差异表达,而这很可能是随机产生的结果。可以通过计算 FDR 评估差异表达基因预测的有效性。

16.4　RNA-seq 技术

近年来,新一代高通量技术得到了突飞猛进的发展。RNA-seq 是近些年发展起来的利用新一代测序技术进行转录组分析的技术,可以全面快速的获得特定细胞或组织在某一特定状态下的转录序列信息和表达量。与基因芯片技术相比,RNA-seq 技术采用数字化信号,灵敏度高,能检测到低丰度表达的基因,检测到单个碱基的差异和对 RNA 表达的定量化研究,无需设计探针,适用于所有物种,能在全基因组范围内以单碱基分辨率检测和量化转录序列,信噪比高、分辨率高、应用广泛等优势,正成为研究基因表达和转录组的重要实验手段。

RNA-seq 平台及原理。目前,诸多公司开发了新一代测序技术,如 454 公司推出的 454 测序技术、Illumina 公司的 Solexa 技术和 ABI 公司的 SOLiD 技术。相对于传统的 Sanger 测序而言,新一代测序的优点是测序通量高,时间和成本显著下降。各平台测序原理决定了各种测序仪有不同的特点,各平台的比较信息如表 3-3-7 所示。由于这些平台基于不同的测序原理,所以在平均读长、数据量、错误类型、运行时间及测序费用上均有一定差异,可根据自己的研究需要进行选择。

Illumina/Solexa。Illumina 公司最具代表性的产品为 Genome Analyzer 以及后续的 HiSeq 系列平台。该平台利用单分子簇的边合成边测序技术(聚合酶测序)可以在短时间内获取大量数据。该项技术将基因组 DNA 或是 mRNA 反转录成的 cDNA 随机打断并附着在光学玻璃片上,通过桥式扩增,生成包含了上亿个 clusters 的 flow cell,其中每个簇都是包含了数千条相同短片段的单链核苷酸序列。使用带有 4 种荧光分子团的 ATCG 四种核苷酸在单分子模板链上合成互补链,并检测合成过程中的荧光信号,便可以得到该核苷酸链的序列信息。

　　Roche/454。454公司在2005年推出的基于焦磷酸测序技术的平台开启了第二代测序技术的先河。其最具代表性的产品为GS FLX系列平台。454公司的焦磷酸测序技术使用了一种称之为PTP(pico titer plate)的基板,板上含有几百万个由光纤组成的直径为29μm的小孔,每个小孔中,仅容纳一个直径约为20μm的测序用磁珠。每个磁珠表面上都密布着大量某一条待测DNA的完全相同的链。光纤孔中还含有反应所需的各种酶以及底物。测序仪中,ATCG四种碱基被分别存储在单独的试剂瓶中,并在每步合成反应时依次加入反应池,当碱基配对结合时,会释放出一个焦磷酸,这个焦磷酸会在酶的作用下,将荧光素氧化,并发出光信号,测序仪上的高灵敏度CCD捕获到光信号,从而得到该位置的碱基信息。

　　ABI/SOLiD。技术也被称为"连接酶测序",在PCR与富集阶段与454公司的焦磷酸测序相类似,也会在PCR过程中加入微珠并富集。不同之处在于反应的过程并不在小孔中,而是在反应板上。反应的底物是8碱基单链荧光探针混合物,在连接反应中,混合的探针按照碱基互补配对原则与被测单链模板配对。测序的过程中,2个碱基产生的荧光共同决定一个颜色,并且每个碱基会被测两遍,因而准确性得到了较大的提升,可达99.99%。

　　Helicos/HeliScope。Helicos Biosciences公司在2008年开发了第一台单分子测序仪,与之前测序仪不同的是,它通过在单一DNA分子组成的阵列上进行合成测序,跨越了文库制备总因为PCR扩增的信号放大问题,降低了引入错误率,扩大了读取单个荧光分析的能力。

表 3-3-7　不同 RNA-seq 测序平台的比较

测序仪	Illumina/ Solexa GA II x	454 GS FLX/ Roche	ABI/ SOLiD3	Hicos HeliScope
测序原理	聚合酶测序	焦磷酸合成测序	连续测序	单分子合成测序
平均读断长度	100	400bp	50bp	35bp
输出数据量(Gb/run)	54~60	0.7	100	31~35
费用($)/Mb	~2	~60	~2	~1
准确率(%)	≥98.9	≥99	≥99.4	≥97
运行时间(d)	4	0.35	7	9
主要错误类型	替换	插入,缺失	替换	缺失
优点	性价比高,应用最广	读段最长,运行速度快	准确率最高	文库制备简单,产量高,不需要DNA扩增

续表

测序仪	Illumina/ Solexa GA II x	454 GS FLX/ Roche	ABI/ SOLiD3	Hicos HeliScope
缺点	读段短	成本高,同源重复 序列出错率较高	读段短, 时间长	失误率高

16.5 数据分析

数据存储格式。RNA-seq 数据以 FASTQ 格式保存,FASTQ 用 4 行信息描述每一条读段:第一行以"@"开头,后跟读段的描述信息,一般由文件名,读段编号以及读段长度等组成;第二行是具体的测序所得碱基序列;第三行以"+"开头,有的文件还加上读段描述信息;第四行则为测序的质量得分,每个碱基都有相应的得分。

测序数据的质量控制和读段定位。RNA-seq 产生的海量数据并不是都是有效的,所以首先要进行测序质量的控制,去接头,去除测序质量低的读段。然后,再将读段定位到参考基因组上,主要采用的算法包括空位种子索引法和 Burrows-Wheeler 转换(BWT)等。采用空位种子片段索引法的代表软件是 Maq,采用 BWT 方法的代表是 Bowtie,后者在时间效率上高于前者。对于长读段和需要处理插入删除的定位算法,有研究人员开发了动态规划算法的比对工具,如 BFAST 等,缺点是运行时间较慢。

基因表达水平。RNA 测序基础上评估基因表达水平主要是统计读段定位到有注释的基因外显子上的数量,同时还需要考虑到测序深度以及本身基因的长度,因此,通常人们用 RPM(reads per million reads)和 RPKM(reads per kilo bases per million)来衡量某个基因表达水平,即每 10 000 00 读段中匹配到某个基因每 1000 个碱基长度的读段数,计算公式为:

$$\text{RPKM} = \frac{\text{所有基因上的读段}}{\text{基因长度} \times \text{测序深度}} \times 10^9 \tag{3-73}$$

RPKM 实际上是一种归一化的数据处理方式,测序深度和基因长度的归一化能更方便比较基因表达水平不同实验平台测序结果,DEGseq 和 Cufflinks 等软件都是按照这种思路进行基因表达水平的估算的。

可变剪切和剪接异构体。可变剪接使一个基因产生多个 mRNA 转录本,不同 mRNA 可能翻译成不同蛋白几种常用的剪切位点预测的软件有:ERANGE、TopHat、MapSplice、SOAPsplice 等。目前,在剪接异构体表达水平可辨识且读段覆盖度较高的基因上,BASIS 方法通过贝叶斯模型来推断差异表达的剪接异构体。

新基因检测。有数据库中对转录本的注释可能还不全面,通过 reads 的分布以及基因注释集合,在基因组上发现新基因。通过测序所得到的大量的 EST 序列,进行处理拼接后得到 Unigene,通过与多个公共数据库的比对和注释,运用 BLAST 等软件,可从中获得有参考注释功能的候选基因或进行新基因的发掘。

差异表达基因。比较不同样品间表达差异的基因,给出在每个样品中七调或下调基因。如果每一类样本都包含了若干生物重复,如病人和正常人对照研究,则可以沿用基因芯片数据分析中的很多方法比如,可以用检验结合倍数变化的方法来分析差异表达。

16.6 差异基因分析在精神疾病研究中的应用及展望

利用基因表达分析技术来检测抑郁症患者的基因差异表达情况,尤其是不同区域脑组织的基因差异表达情况,为精神疾病的发病机制的研究及临床治疗提供了新思路。例如,有关抑郁症脑内基因差异表达情况取得了一些进展,有一些阳性结果,然而由于基因芯片含有海量信息,难免出现一些假阳性或假阴性结果。同时,精神疾病的病因机制非常复杂,其生物学异常涉及体内多个系统,仅从某一方面进行研究往往不能得到对整体现象的圆满解释,也不能完整地阐明其发病机制。因此关于不同组织基因差异表达研究应该考虑系统生物学的观念,从整体出发,综合考虑各个系统的变化。

目前为止,尽管世界各国为第二代测序技术的研究投入了大量的人员、技术与资金,对 RNA-seq 数据的处理仍然面临的很多困难。①受限于现有的计算机性能、运算方式,在短时间内匹配极大量的读段依旧极为困难,这也在一定程度上限制了 RNA-seq 技术在大规模转录组研究、应用中的使用。目前为止,研究人员已经为测序流程的优化付出了诸多努力,以在检测的精确性与成本间寻找一个较好的平衡点。②目前的 RNA-seq 测序陈本依旧显得有些高昂,而这也限制了 RNA-seq 在实际的医疗、健康领域的应用。同时,目前的第二代测序技术产生的测序的最长读段无法覆盖绝大多数基因转录物的全长,这也使得我们很难识别人的很多基因中由可变剪切产生的转录物亚型(isoforms)。③由于现今的高通量测序技术大都需要较多的被测样品起始量,并且需要进行 PCR 扩增,而这种扩增是无法做到真正的无偏差(GC 富集区域与重复区域通常会被过分扩增),这使得我们很难对单细胞样品的转录组进行精准的定量分析。

尽管 RNA-seq 技术还面临着诸多的问题,但相较于先前的技术而言,其还是拥有着无可比拟的优势,既能提供单碱基分辨率的转录组注释,又能提供全基因组范围的数字化基因表达谱,并且具有相对而言低得多的成本。相信随着相关科学技术的进一步发展,以及第三代测序技术的逐渐完善,今后这些问题也会逐一被解决,RNA-seq 技术必将在精神分裂症和抑郁症等疾病的研究及应用中扮演更加重要的作用。

17　通路及分子网络分析

后基因组时代,基因芯片和二代测序等技术可帮助高通量筛选精神疾病中的变异基因。然而面对海量变异基因时,如何精准解读其生物学意义以探寻其中蕴含的生命规律及特征,是研究者面临的重要难题。此外,每一个变异基因可能仅仅对精神疾病发生发展产生较小影响,而多个变异基因通过相互作用或共同参与某通路等方式会放大各自的作用,从而对精神疾病的发生发展发挥巨大推动作用。因此,精神疾病遗传学研究领域亟需较系统的研究手段来揭示大量变异基因的互作关系及其共同参与的生物学通路。生物信息学技术为解决这一难题带来曙光,该技术整合了信息学、统计学和计算机学等多种技术来帮助研究者分析海量生物数据所包含的信息。利用生物信息学手段对大量感兴趣基因(如差异表达基因、疾病易感基因、突变基因等)进行通路分析和分子网络分析,可帮助我们预测精神疾病中的细胞学过程和生物体行为。

17.1　通路分析

在后基因组时代,研究者期望能够根据基因组中的信息,用电脑预测出较复杂的细胞中代谢路径或生物的复杂行为。基于这样的目的,京都大学生物信息学中心 Kanehisa 实验室建立了这样一个 KEGG(Kyoto Encyclopedia of Genes and Genomes)生物信息学数据库。基于该网络数据库,可以实现对大量感兴趣基因进行通路分析。

(1) KEGG 数据库简介。KEGG,即京都基因与基因组百科全书(http://www.genome.jp/kegg/)集中了大量的通路资料,包括代谢通路和信号转导通路相关的基因,以图形方式对这些基因在通路中的关系作了相应描述。目前为止,KEGG 主要包括 16 个相互独立数据库,共涵盖三大类内容:系统信息数据库、基因信息数据库和化学信息数据库。其中,系统信息数据库包括生物学通路数据库(KEGG PATHWAY)、模块数据库(KEGG MODULE)、疾病数据库(KEGG DISEASE)、代谢通路和同源基因数据库(KEGG BRITE)、药物数据库(KEGG DRUG)、ENVIRON 函数数据库(KEGG ENVIRON);基因信息数据库指的是同源数据库(KEGG ORTHOLOGY)、基因组数据库(KEGG GENOME)、基因数据库(KEGG GENES)、序列相似性数据库(KEGG SSDB);化学信息数据库包含化合物数据库(KEGG COMPOUND)、多糖数据库(KEGG GLYCAN)、化学反应数据库(KEGG REACTION)、酶数据库(KEGG ENZYME)、试剂化学反应转换数据库(KEGG RPAIR)、反应分类数据库(KEGG RCLASS)。KEGG 核心是生物学通路(PATHWAY)数据库。PATHWAY 数据库主要用于存储细胞生化过程、细胞周期、膜转运、代谢信号传递的图解等功能信息,同时还包括同系保守的子通路和蛋白-蛋白互作网络等信息。KEGG PATHWAY 数据库是一个手工画的代谢通路的集合,包含以下几方面的分子间相互作用和反应网络:新陈代谢、遗传信息加工、环境信息加工、细胞过程、生物体系统、人类疾病和药物开发。

KEGG 数据库共收集了 130 个 pathways,包含 2287 个基因(下载于 2011 年 6 月)。研究者可将感兴趣的基因导入 KEGG 数据库,用来系统地分析基因功能、基因组信息,同时可以通过 BLAST 比对查询未知序列的代谢途径信息,还可以用来查询代谢途径、酶(或编码酶的基因)、产物等。KEGG 数据库的一个重要功能是将基因组信息和高一级的功能信息有机结合,通过对已知生物学过程计算机化处理和将现有的基因功能解释标准化,实现对基因功能的系统化分析。

(2) KEGG 通路富集分析。KEGG 通路富集分析可通过在线工具 DAVID (Database for Annotation,Visualization and Integrated Discovery)实现。DAVID 是一个基于网络访问的综合在线功能注释系统,帮助系统分析大量候选基因的生物学意义。DAVID 包含了生物功能注释工具(Gene Ontology、Pathway、Domain 等)、基因功能分类工具、基因名称转换工具等。DAVID 是利用超几何分布检验一组基因中某一类功能基因的显著性,并对显著性 P 值进行修正。基于超几何分析的方法,可直观观测到基因的富集通路、目标靶基因对应的蛋白及相互关系。因此,研究者可将感兴趣的基因导入 DAVID 工具,选择筛选阈值 $P<0.05$ 来界定统计学显著性富集且至少 2 个基因在通路中富集作为筛选条件,最终得到感兴趣基因富集到的重要生物代谢通路。此外,KEGG 通路富集分析也可通过其他分析工具实现,如 IPA(Ingenuity Pathway Analysis)、Genemapp、GFINDer、GoMiner 等。

17.2　通路富集分析应用

精神疾病遗传学研究中只关注单一基因异常是不充分的,因为多个变异基因可能参与相同生物学通路影响疾病发生发展。例如,敲除 *ErbB4* 小鼠体内,*NRG-1/ErbB4* 通路异常会造成小鼠行为异常;孤独症中 *IGF-I/PI3K/AKT/mTOR* 信号通路异常与疾病发生发展密切相关;精神分裂症中 15 个错义突变与细胞黏附分子通路相关。然而,当在精神疾病中筛选得到大量异常基因时,单一通路分析不能充分解释基因生物学意义,此时可借助通路富集分析揭示潜在分子机制。有研究者将精神分裂症相关基因进行富集分析,筛选到 24 条与神经发育、免疫系统等相关通路,且这些通路存在交互作用。KEGG 通路富集分析揭示,黏着连接通路、神经营养因子信号通路和 Toll 样受体信号通路是与神经元和免疫系统相关的显著富集通路。组学研究发现精神分裂症和躁郁症之间存在遗传易感性重叠,基于 KEGG 富集分析发现这可能与细胞黏附分子途径相关,该通路与精神分裂症和躁郁症易感性显著相关。在重度抑郁症研究中,研究者通过 KEGG 富集分析发现长期抑郁,钙信号通路,致心律失常性右室心肌病和细胞黏附分子这 4 条通路与抑郁的发生发展密切相关。综上可知,KEGG 富集分析可用于精神疾病遗传学研究,帮助挖掘候选基因的生物学意义及疾病发生发展的分子机制。

18　蛋白互作网络分析

精神疾病研究中已发现多个分子靶点,这在某种意义上阐明了一些精神疾病遗传学的分子机制。然而,单一地研究某个分子功能对于疾病分子调控网络的认识贡献有限。若仅仅强调单个基因和蛋白的作用,而忽略他们彼此之间存在的潜在联系,势必会影响对疾病分子机制的全面判断。因此,研究一个基因及其编码蛋白时,除了解其独立功能之外,还需研究蛋白间相互作用,只有这样才能更加深入认识相关基因及蛋白的功能。

18.1　蛋白互作网络简介

基因的功能通常由蛋白质来行使,而多种蛋白间的相互作用普遍存在于机体生命活动过程之中。蛋白质相互作用研究能够从分子水平上揭示蛋白质的功能,帮助揭示生长发育、新陈代谢、分化和凋亡等细胞活动的规律。在全基因组范围内识别蛋白质相互作用对是解释细胞调控机制的重要一步。蛋白质相互作用网络(protein-protein interaction network,PPI)的破坏和失稳,可能引发细胞及机体功能障碍。精神疾病的发生、发展过程也不可避免的跟多种蛋白的相互作用网络密切相关。因此,研究这些相互作用网络的动态模型,对研究精神疾病的遗传分子机制有重要作用。基于蛋白互作网络,可以预测蛋白质功能、检测蛋白质复合物、发现未知细胞系统、构建代谢或调控途径等。同时,蛋白互作网络具有无尺度连通属性,因此可对 PPI 网络中连通度高的节点(hub 节点)进行分析。此外,可对蛋白互作网络进行子网络分析,筛选得到联系较为紧密的功能模块。

18.2　蛋白互作对筛选及网络构建

STRING(Search Tool for the Retrieval of Interacting Genes/Proteins)数据库是常用的用来浏览已知蛋白互作和分析预测未知蛋白互作关系的软件系统。基于 STRING 数据库预测的蛋白互作关系包括蛋白质之间的直接相互作用(结构相关性)和间接相互作用(功能相关性)。STRING 数据的来源主要有 4 个:高通量的数据分析、对以前的 PPI 研究的整理和挖掘、差异共表达数据和基因组层次上的研究。用户不仅可以输入蛋白质名称,而且可以输入基因或氨基酸序列,用以查询相关蛋白质的相互作用信息。由于 3 种类型的数据(DNA、RNA 和蛋白质)在概念上有差别,STRING 预测的相互作用的数目较大,因此需要评估并比较个别预测的显著性高低。STRING 包含了一种独特的、基于对一个常用参考数据集的不同类型相关性基准的打分框架,整合为每个预测的一个单个置信分数,STRING 系统中特定的评分机制会对上述不同方法得来的结果给予一定权重,最终给出一个综合的得分。STRING 是持续更新的,当前包括了 89 种完全测序的基因组中的 261 033 个直系同源基因。该数据库对超过一半的基因,在一个期望准确水平至少 80%,预测功能相互作用。基于STRING 数据库筛选蛋白相互作用对时,当蛋白质与蛋白质之间的 Required Confidence(Score)分数大于 0.4 时,我们认为蛋白质与蛋白质发生相互作用关系。

　　此外,还有其他一些免费的蛋白质相互作用数据库资源:DIP(Database of Interacting Proteins),主要收集了由实验验证的不同物种的如人类、酵母、老鼠等蛋白 - 蛋白相互作用;BIND(Biomolecular Interaction Network Database),主要收集文献记载的生物分子间的相互作用;BioGRID(Biological General Repository for Interaction Datasets),主要收集通过高通量实验和常规实验证实的蛋白质物理,遗传和功能相互作用;HPRD(Human Protein Reference Database),是专家通过对文献阅读整理得到的人类蛋白相互作用数据;I2d(Interologous Interaction Database),该数据库为原来 OPHID 相互作用数据库的新版,主要提供已知的和预测的蛋白相互作用数据;InterDom(Database of Interacting Domains),利用已知蛋白质相互作用资料预测蛋白质 Domain 与 Domain 相互作用的数据库;DOMINE(Database of Protein Domain Interactions),一个收集已知和预测蛋白质domain 相互作用的数据库,包括从蛋白质数据库中推测的相互作用和通过 8种不同计算机方法预测的 pfam domain 相互作用。研究者可根据实际需要采用多个数据库预测相互作用对,然后取交集以减小假阳性错误率。

　　蛋白互作网络图的构建可借助 Cytoscape 软件实现。Cytoscape 是 Institute for Systems Biology(Leroy Hood 实验室)、加州大学圣地亚哥分销(Trey Ideker 实验室)、加州大学旧金山分校(Bruce Conklin 实验室)、Memorial Sloan-Kettering 癌症研究中心(Chris Sander 实验室)、Pasteur 研究院(Benno Schwikowski 实验室)等研究单位联合开发的一款免费软件。该软件可以将已有的基因表达信息整合进去,可视化分子相互作用网络。利用 Cytoscape 构建的蛋白互作网络中,每个节点(node)代表基因、蛋白质或分子,而节点与节点之间的连接则代表生物分子之间的相互作用。由于绝大部分生物学网络都服从无尺度(scale-free)网络的属性,即网络中的大部分节点都只有很少的连接,少数节点具有大量的连接。从已得到的生物学网络可知,这些这些具有较高连通度的节点(hub节点)在生物学过程中可能起到非常重要的主导作用。因此,研究者可利用Cytoscape 对蛋白互作网络进行中心节点分析,找到网络中的中心蛋白质(hub

蛋白）。此外，模块是实现生物功能的主体，生物网络模块与生物功能之间关系密切，各个模块都承担着不同的生物学功能，而且 PPI 网络信息量过大，节点和边太多，我们很难获得直观、有价值信息。因此，研究者可利用 cytoscape 软件中的插件 MCODE 筛选网络模块并对第一网络模块进行分析。MCODE 算法分 3 个步骤进行：首先是网络顶点的权重计算，然后预测复合物，最后是根据某些连接指标对复合物进行后续的节点过滤或添加。MCODE 筛选模块的默认阈值为：Degree Cutoff：2、Node Score Cutoff：0.2、K-Core：2、Max. Depth：100。研究者可对筛选节点和分值总体水平较高的模块进行下游生物信息学分析，如通路富集分析。

18.3　蛋白互作网路应用

精神分裂症是一种天生的、复杂精神疾病。将精神分裂症易感基因集构建 PPI 网络，可以鉴定基因之间的相互作用；这些显著相互作用的基因可能参与相同的通路影响精神分裂症的发生，并且这可能一定程度上揭示了精神分裂症的遗传异质性，即分子网络中任何一个基因变异可能将导致相似的功能结果、增加精神分裂症患病风险。研究者将筛选到的精神分裂症相关基因构建蛋白网络，借助网路属性进行分析，可帮助鉴定候选基因、了解复杂疾病病因学，如在精神分裂症中鉴定了一系列紧密相互作用的候选基因，如 *DISC1*、*GNA12*、*GNA13*、*GNAI1*、*GPR17* 和 *GRIN2B*。在我国汉族人群中，将精神分裂症易感基因构建蛋白网络并进行子模块挖掘，发现这些基因主要与神经或免疫相关。精神分裂症病人具有较低的患癌风险，为揭示癌症和精神分裂症之间的遗传学联系，研究者将精神分裂和肝癌疾病中共有的候选基因构建蛋白互作网络（精神分裂症 - 肝癌网络），发现该网络中的两个子模块分别与免疫系统和细胞周期调节相关。此外，蛋白互作网络分析在药物治疗精神疾病机制方面也有所应用。如有研究者探究了安定药诱导锥体外症候群的药物遗传学机制，通过将筛选到的差异表达基因构建蛋白互作网络及通路注释，为药理遗传学研究提供了新的生物标志物。综上，蛋白互作网络分析是一种网络分析手段，可用于鉴定精神疾病中的候选基因，并分析一簇行使相似功能的基因是否结合在一起共同参与疾病的发生发展。

19　转录因子 - 靶基因调控网络

真核生物中基因表达受多个层次的调控，其中转录水平的调控是基因调控的重要环节。该环节中，转录因子和转录因子结合位点是转录调控的重要组成部分。基因转录调控网络由于其可直观地显示基因表达调控关系，已成为生物学研究的热点之一。

19.1　转录因子简介

转录因子是真核生物中,通过与某一基因调控区中特定序列结合、协助RNA聚合酶与相应起始位点结合并影响其转录活性的一系列蛋白质。从功能上看,转录因子可分为通用转录因子和基因特异的转录因子。特定基因的转录水平高低,主要由细胞类型特异的转录因子和启动子上游调控元件共同决定。有研究发现,SP4、SP1等转录因子在长期精神疾病患者的海马组织中表达上调,其上调可能会改变下游谷氨酸盐通路,进而造成海马依赖性认知缺陷。因此,转录因子可能会通过调控下游基因表达,参与精神疾病的发生发展。转录因子一般具有两大类结构:一类是识别和结合特异DNA顺式作用元件所必需的;另一类是调节基因转录效率所必需的。两类结构域具有不同的特征结构,但同类结构域具有一些共同的特点。基于转录因子在结构域上的特征性和保守性,在转录因子研究工作中可以结合生物信息学分析规模化、批量化筛选可能是转录因子的基因或蛋白。与单纯依赖实验研究相比,利用生物信息学对转录因子的筛选具有快速全面的优势。

19.2　转录因子的生物信息学预测

为了系统收集该领域研究产生的大量数据信息并进行相关的生物学研究,近年来,研究者们针对动物转录因子构建了一些专门的二级数据库。有的数据库是利用各种生物信息学技术,在全基因组范围内预测了某一个或多个物种的转录因子,有的数据库则收集了经过实验验证的转录因子。这些数据库各有特色,为转录因子的研究提供了系统、全面的信息:如 TRANSFAC(TRANScription FACtor)、JASPAR、UmPROBE(Universal PBM Resource for Oligonucleotide Binding Evaluation)、TFdb(The Mouse Transcription Factor Database)、TRRD(Transcription Regulatory Regions Database)、TRED(Transcriptional Regulation Element Database)、PAZAR、MAPPER 等。

TRANSFAC 是德国国家生物工程研究中心建立管理的真核生物转录因子数据库,是关于真核生物转录因子及其在基因上的结合位点和与 DNA 结合的模体的数据库。该数据库分为公开版和专业版,其中专业版需要用户付费使用,公开版则免费为研究者提供。相对于公开版,专业版本还增加了小 RNA及其靶序列、ChIP-chip 和 Chip-seq 实验序列片段,以及所有收录数据的相关参考文献、启动子序列信息等。TRANSFAC 数据库的公开版本中主要包括 6个数据表:位点数据表、因子数据表、基因数据表、细胞数据表、分类数据表和矩阵数据表。其中,位点数据表主要收录了所有转录因子的结合位点信息,因子数据表储存了转录因子相关信息以及该转录因子的结合域信息,基因数据表收录了与转录调控相关的基因信息,细胞数据表包含了与转录因子结合位点相互作用的蛋白以及这些蛋白所在的细胞、组织、器官及物种等信息;分类数据表主要收录了转录因子家族的信息,矩阵数据表收录了针对转录因子所建立的位点特异性权重矩阵信息。该数据库共收录了 12 795 个转录因子、26 589 个转录因子结合位点和 51 325 个调节基因。登陆 TRANSFAC 网站,用户可以根据自己的需求(如转录因子名称、结合位点序列)对 6 个主要工作表中的条目进行搜索、查询。TRANSFAC 作为著名的关于转录因子的数据库,其数据规模十分庞大,收集的信息比较全面。但数据存在冗余现象,对不同研究组发现的同一转录因子可能存在于不同的条目,且不同物种的同一转录因子也被分开存放。

基于从数据库中筛选得到的转录因子 - 靶基因关系对,可用 Cytoscape 将基因转录调控网络可视化。除此之外,为了更加准确的了解获取的转录因子是否有帮助调节其下游靶基因的转录状态,可通过 Partial Least Square 回归算法,来确定每个转录因子对其下游靶基因转录水平的贡献度,并输出转录因子在不同条件处理下的转录因子活性计算结果,以便确认各个样本中的转录因子的活跃状态变化。

19.3 转录因子 - 靶基因网络应用

全基因组关联分析揭示转录因子 TCF4 为精神分裂症易感基因,该转录因子可能通过调节一系列下游靶基因参与大脑发育,而 TCF4 基因变异可能会造成智力残疾和神经发育障碍。有研究者通过构建转录因子 - 小 RNA 综合调控网络,发现转录因子 EGR3 在神经系统中具有重要的调控作用。因此,基因的转录调控分析可帮助研究者鉴定参与精神疾病发生发展的转录因子及其参与机制,从而为精神疾病的防治提供新的治疗靶点。基于生物信息学手段,对转录因子进行预测,可以快速、经济地对海量数据进行统计、发现其中规律,并对实验给出相关预测。但是生物信息学方法仍有一定的局限性:①生物信息分析需要可靠的生物学数据,而实验数据由于实验方法条件的不同导致数据可靠性难以评价。而且除了各大数据库公开的数据之外,大量的数据散落在文献中,很难系统地收集这些文献中报道的数据。②生物信息学分析预测可能会产生大量的假阳性结果。例如对已知功能元件的序列进行搜索预测,由于其序列较短,可能由于序列的随机性产生相同的序列,而并没有实际的生物学功能。尽管生物信息学分析有以上的不足,但是在转录因子基因表调控中仍然起着不可或缺的作用,它可以处理高通量的数据,作为实验手段的辅助技术,也可以提供相应预测,为相关转录调控靶点研究指明方向。

20 miRNA- 靶基因调控网络

真核生物中基因表达受多个层次的调控,其中转录后水平的调控是基因调控的另一重要环节。该环节中,microRNA(miRNA)和其靶基因是转录后调控的重要组成部分。miRNA-靶基因调控网络由于其可直观地显示基因表达调控关系,已成为生物学研究的热点之一。

20.1 miRNA 简介

miRNA 是一类内源性单链非编码小 RNA(21~25 个核苷酸),以序列互补的方式结合靶基因 mRNA 的非转录区域(3′UTR)从而抑制靶基因翻译或促进 mRNA 降解,实现在转录水平负调控基因表达。因此,对 miRNA 靶基因的分析是对其功能研究最重要的一环。miRNA 作用于基因的方式有 3 种:miRNA 可以与靶基因不完全互补结合,进而抑制翻译而不影响 mRNA 的稳定性;也可以与靶基因完全互补结合,作用方式和功能与 siRNA 非常类似,最后切割靶 mRNA;还可以同时具有上述两种作用。根据估计,基因组中超过 1/3 的基因可被 miRNA 调控,而一个 miRNA 可调控多个不同靶基因,且一个靶基因可被多个不同 miRNA 调控,由此构成 miRNA 及其靶基因相关分子调控网络。相关研究报道,miRNA 具有重要的神经生物学功能,大约 70% 的已知 miRNA 在神经系统中表达,可能与神经系统发育相关;此外,miRNA 在成熟神经系统中也扮演重要角色,参与突触构建和生物节律分析。在精神分裂症和躁郁症病人的尸检组织中发现某些 miRNA 表达水平下降可能是造成精神错乱的重要原因。miRNA 调控基因表达的能力,可知其表达失调可能是精神分裂症的遗传学背景之一,构建 miRNA-靶基因调控网络可帮助深入探究精神疾病遗传学分子机制。

20.2 miRNA-靶基因的生物信息学预测

具体到某个病理或生理条件下如何确定 miRNA 有功能的靶基因是较为棘手的问题。目前被广泛应用的靶基因筛选方法是通过靶基因预测软件,其主要根据 miRNA 与靶基因 mRNA 碱基互补情况,同时结合 miRNA 与靶基因 mRNA 形成的二聚体的热力学稳定性和二级结构特点对靶基因进行预测和评分。现有筛选软件多达几十种,且伴随着生物信息学发展,不同机构采用不同理念设计的筛选软件层出不穷。根据不同工具的基本原理将生物信息学方法分为 3 大类:基于序列互补的筛选方法、与统计学原理结合的计算机学习类筛选方法及两类方法联合。

TargetScan 出自 David P Bartel 领导的团队,更新维护及时,操作界面简单。用户可通过输入 miRNA 名称查找其对应的靶基因,或者输入基因名称查找对应的 miRNA。该工具强调 miRNA 种子区与 mRNA 的 3′UTR 严格配对。PicTar 以 8 大脊椎动物 3′UTR 区序列为学习对象,在算法上强调种子区与 3′UTR 区的严格配对,参考物种间的保守性和热动力学特点,以 HMM 算法为基础,计算了多个 miRNAs 同时与 mRNA 结合的最大概率。PicTar 值越大,表示越可能是其真正靶点。PITA 在设计上涵盖了 miRNA:mRNA 结合的基本特点,同时也考虑了多位点结合等现象,其与众不同之处在于以"miRNA与靶基因位点的可接近程度"作为主要参数。MirTarget 2以Target Score值对筛选的靶基因进行评分,针对3′UTR区上多位点结合情况,先分别计算miRNA与单一位点结合的P值再进行组合,得分越高,真实靶点的可能性越大。miRWalk数据库是关于miRNA的综合数据库,数据来源包括软件预测和文献挖掘。该数据库收录了包括miRNA靶基因以及miRNA与信号通路,疾病相关以及组织特异性表达等数据信息。Tarbase和miRTarBase是整合实验验证的靶基因的数据库。miRbase是众所周知的microRNA基因注释数据库。目前miRBase只提供了microRNA的靶标的预测软件的链接(如:PicTar)。此外还有其他整合的靶基因预测数据库,如starBase和miRecords等。

靶基因筛选软件中应用比较普遍的有Targetscan、Pictar、miRanda等,使用单一的靶基因预测软件往往可以预测得到多达数百甚至上千的靶基因数,一方面为靶基因的筛选提供了很大的选择范围,另一方面也会带来信息量过大、假阳性的问题。为了减少假阳性并缩小筛选范围,因此推荐使用联合运用多种靶基因预测软件进行预测最后取交集的方法。

20.3 miRNA-靶基因网络应用

差异表达的RNA及蛋白合成可调节神经元中突触功能和可塑性,有研究者对242个突触前的和304个突触后蛋白的3′UTR和编码区进行计算分析,发现其中91%为miRNA作用靶点,其上游miRNA可能与神经元重塑相关,这些miRNA异常可能是精神疾病的遗传学机制之一。基于精神分裂症中外周血单核细胞的microRNA表达谱研究发现一系列差异表达miRNA,对其靶基因进行KEGG通路富集分析发现靶基因与神经系统和大脑功能相关,表明差异表达miRNA可能与精神疾病分裂症相关,可作为疾病诊断的非侵入性分子生物靶标。在全基因组关联研究中发现miR-137与神经元成熟相关,结合TargetScan和精神分裂症基因来源数据库预测到多个miR-137靶基因,如C10orf26、CACNA1C、TCF4和ZNF804A等;随后将其靶基因富集分析发现一些神经系统功能相关通路可能发生变化,如肌酐蛋白配体信号。因此,miR-137可能通过影响神经功能参与精神分裂症发生发展。由于miRNA可在转录后水平沉默大量靶基因表达,即使一个差异表达miRNA也可能产生多基因效应。因此,基于生物信息学预测miRNA-靶基因关系对在精神病遗传学研究中具有较大的应用前景。

20.4 综合调控网络构建

转录因子在转录水平调控基因表达,miRNA则在转录后水平调控靶标基因的表达,转录因子和miRNA存在着二级地调控关系,即转录因子调控miRNA的表达,而miRNA在转录后水平调控靶标基因的表达。TransmiR(http:

//www.cuilab.cn/transmir）数据库正是在这种理论前提下，通过文本搜索的方法收集了大量目前文献报道的调控 miRNA 转录因子的数据。我们可通过 TransmiR 数据库得到抑制或者是激活 miRNA 的上游转录因子，形成转录因子调控 miRNA 模式。此外，研究一个基因及其表达产物 - 蛋白质的功能时，绝对不可以孤立地、静止地研究其本身，一定要同时研究和它有相互作用的一些蛋白质。因此可利用软件 String 在线软件搜索 miRNA 靶标基因中存在的相互作用关系对，默认参数 combined score>0.4。最后，根据之前得到的 miRNA 与预测靶标基因之间的靶向调控关系（miRNA—>targets）和转录因子调控 miRNA 关系（转录因子—>miRNA），构建转录因子—>miRNA—>targets 调控网络，并用网络软件 Cytoscape 进行网络的可视化。该综合网络可直观地显示转录因子、miRNA 及靶基因之间的调控关系。

随着生物信息学的发展，如今形成了新的生物学研究模式来解析各种生物学问题：即利用现有的数据信息，先利用生物信息学技术作理论推测，再通过分子及细胞分子生物学技术进行实验验证。研究者可利用生物信息学手段挖掘精神疾病中感兴趣的基因所揭示的生物学意义，如差异表达基因、miRNA 靶基因或转录因子靶基因等。通过对感兴趣基因进行通路分析可帮助我们从宏观上认识这些基因可能会引起的机体代谢变化；而分子网络分析可帮助鉴定海量差异表达基因中的 hub 节点，即中心节点及其上游调控转录因子或 miRNA。这两种分析手段为人们提供了一种整体的系统的看待生命体的新视角。研究者在探究精神疾病遗传学机制时可将这两种方法综合应用，从而减少后续实验的盲目性。

（李志强 沈佳薇 师咏勇）

参 考 文 献

1. Brzustowicz LM，Hodgkinson KA，Chow EW，et al. Location of a major susceptibility locus for familial schizophrenia on chromosome 1q21-q22. Science，2000，288（5466）：678-682.

2. Levinson DF，Holmans PA，Laurent C，et al. No major schizophrenia locus detected on chromosome 1q in a large multicenter sample. Science，2002，296（5568）：739-741.

3. Macgregor S，Visscher PM，Knott S，et al. Is schizophrenia linked to chromosome 1q？ Science（New York，NY），2002（298）：2277.

4. Bassett AS，Chow EW，Vieland VJ，et al. Is schizophrenia linked to chromosome 1q. Science，2002，298（5602）：2277.

5. Gurling HM，Kalsi G，Brynjolfson J，et al. Genomewide genetic linkage analysis confirms the

presence of susceptibility loci for schizophrenia, on chromosomes 1q32.2, 5q33.2, and 8p21-22 and provides support for linkage to schizophrenia, on chromosomes 11q23.3-24 and 20q12.1-11.23. Am J Hum Genet, 2001, 68(3): 661-673.

6. Blackwood DH, Fordyce A, Walker MT, et al. Schizophrenia and affective disorders—cosegregation with a translocation at chromosome 1q42 that directly disrupts brain-expressed genes: clinical and P300 findings in a family. Am J Hum Genet, 2001, 69(2): 428-433.

7. Ekelund J, Hovatta I, Parker A, et al. Chromosome 1 loci in Finnish schizophrenia families. Hum Mol Genet, 2001, 10(15): 1611-1617.

8. Brzustowicz LM, Hayter JE, Hodgkinson KA, et al. Fine mapping of the schizophrenia susceptibility locus on chromosome 1q22. Hum Hered, 2002, 54(4): 199-209.

9. Wang S, Sun CE, Walczak CA, et al. Evidence for a susceptibility locus for schizophrenia on chromosome 6pter-p22. Nat Genet, 1995, 10(1): 41-46.

10. Straub RE, MacLean CJ, O'Neill FA, et al. A potential vulnerability locus for schizophrenia on chromosome 6p24-22: evidence for genetic heterogeneity. Nat Genet, 1995, 11(3): 287-293.

11. Schwab SG, Albus M, Hallmayer J, et al. Evaluation of a susceptibility gene for schizophrenia on chromosome 6p by multipoint affected sib-pair linkage analysis. Nat Genet, 1995, 11(3): 325-327.

12. Moises HW, Yang L, Kristbjarnarson H, et al. An international two-stage genome-wide search for schizophrenia susceptibility genes. Nat Genet, 1995, 11(3): 321-324.

13. [No authors listed]. Additional support for schizophrenia linkage on chromosomes 6 and 8: a multicenter study. Schizophrenia Linkage Collaborative Group for Chromosomes 3, 6 and 8. Am J Med Genet, 1996, 67(6): 580-594.

14. Garner C, Kelly M, Cardon L, et al. Linkage analyses of schizophrenia to chromosome 6p24-p22: an attempt to replicate. Am J Med Genet, 1996, 67(6): 595-610.

15. Daniels JK, Spurlock G, Williams NM, et al. Linkage study of chromosome 6p in sib-pairs with schizophrenia. Am J Med Genet, 1997, 74(3): 319-323.

16. Maziade M, Bissonnette L, Rouillard E, et al. 6p24-22 region and major psychoses in the Eastern Quebec population. Le Groupe IREP. Am J Med Genet, 1997, 74(3): 311-318.

17. Brzustowicz LM, Honer WG, Chow EW, et al. Use of a quantitative trait to map a locus associated with severity of positive symptoms in familial schizophrenia to chromosome 6p. Am J Med Genet, 1997, 61(6): 1388-1396.

18. Kaufmann CA, Suarez B, Malaspina D, et al. NIMH Genetics Initiative Millenium Schizophrenia Consortium: linkage analysis of African-American pedigrees. Am J Med Genet, 1998, 81(4): 282-289.

19. Lander E, Kruglyak L. Genetic dissection of complex traits: guidelines for interpreting and

reporting linkage results. Nat Genet, 1995, 11 (3): 241-247.

20. Cao Q, Martinez M, Zhang J, et al. Suggestive evidence for a schizophrenia susceptibility locus on chromosome 6q and a confirmation in an independent series of pedigrees. Genomics, 1997, 43 (1): 1-8.

21. Lindholm E, Ekholm B, Shaw S, et al. A schizophrenia-susceptibility locus at 6q25, in one of the world's largest reported pedigrees. Am J Hum Genet, 2001, 69 (1): 96-105.

22. Lerer B, Segman RH, Hamdan A, et al. Genome scan of Arab Israeli families maps a schizophrenia susceptibility gene to chromosome 6q23 and supports a locus at chromosome 10q24. Mol Psychiatry, 2003, 8 (5): 488-498.

23. Levi A, Kohn Y, Kanyas K, et al. Fine mapping of a schizophrenia susceptibility locus at chromosome 6q23: increased evidence for linkage and reduced linkage interval. Eur J Hum Genet, 2005, 13 (6): 763-771.

24. Blouin JL, Dombroski BA, Nath SK, et al. Schizophrenia susceptibility loci on chromosomes 13q32 and 8p21. Nat Genet, 1998, 20 (1): 70-73.

25. Pulver AE, Wolyniec PS, Housman D, et al. The Johns Hopkins University Collaborative Schizophrenia Study: an epidemiologic-genetic approach to test the heterogeneity hypothesis and identify schizophrenia susceptibility genes. Cold Spring Harb Symp Quant Biol, 1996, 61: 797-814.

26. Kendler KS, MacLean CJ, O'Neill FA, et al. Evidence for a schizophrenia vulnerability locus on chromosome 8p in the Irish Study of High-Density Schizophrenia Families. Am J psychiatry, 1996, 153 (12): 1534-1540.

27. Fallin MD, Lasseter VK, Wolyniec PS, et al. Genomewide linkage scan for schizophrenia susceptibility loci among Ashkenazi Jewish families shows evidence of linkage on chromosome 10q22. Am J Hum Genet, 2003, 73 (3): 601-611.

28. Lin MW, Curtis D, Williams N, et al. Suggestive evidence for linkage of schizophrenia to markers on chromosome 13q14.1-q32. Psychiatr Genet, 1995, 5 (3): 117-126.

29. Shaw SH, Kelly M, Smith AB, et al. A genome-wide search for schizophrenia susceptibility genes. Am J Med Genet, 1998, 81 (5): 364-376.

30. Brzustowicz LM, Honer WG, Chow EW, et al. Linkage of familial schizophrenia to chromosome 13q32. Am J Hum Genet, 1999, 65 (4): 1096-1103.

31. Wildenauer DB, Hallmayer J, Schwab SG, et al. Searching for susceptibility genes in schizophrenia by genetic linkage analysis. Cold Spring Harb Symp Quant Biol, 1996, 61: 845-850.

32. Berrettini WH, Ferraro TN, Goldin LR, et al. Chromosome 18 DNA markers and manic-depressive illness: evidence for a susceptibility gene. Proc Natl Acad Sci U S A, 1994, 91 (13):

5918-5921.

33. Stine OC, Xu J, Koskela R, et al. Evidence for linkage of bipolar disorder to chromosome 18 with a parent-of-origin effect. Am J Hum Genet, 1995, 57(6): 1384-1394.

34. Schwab SG, Hallmayer J, Lerer B, et al. Support for a chromosome 18p locus conferring susceptibility to functional psychoses in families with schizophrenia, by association and linkage analysis. Am J Hum Genet, 1998, 63(4): 1139-1152.

35. Karayiorgou M, Gogos JA. The molecular genetics of the 22q11-associated schizophrenia. Brain Res Mol Brain Res, 2004, 132(2): 95-104.

36. Liu H, Abecasis GR, Heath SC, et al. Genetic variation in the 22q11 locus and susceptibility to schizophrenia. Proc Natl Acad Sci U S A, 2002, 99(6): 16859-16864.

37. Pulver AE, Karayiorgou M, Wolyniec PS, et al. Sequential strategy to identify a susceptibility gene for schizophrenia: report of potential linkage on chromosome 22q12-q13.1: Part 1. Am J Med Genet, 1994, 54(1): 36-43.

38. Karayiorgou M, Kasch L, Lasseter VK, et al. Report from the Maryland Epidemiology Schizophrenia Linkage Study: no evidence for linkage between schizophrenia and a number of candidate and other genomic regions using a complex dominant model. Am J Med Genet, 1994, 54(4): 345-353.

39. Coon H, Jensen S, Holik J, et al. Genomic scan for genes predisposing to schizophrenia. Am J Med Genet, 1994, 54(1): 59-71.

40. Pulver AE, Karayiorgou M, Lasseter VK, et al. Follow-up of a report of a potential linkage for schizophrenia on chromosome 22q12-q13.1: Part 2. Am J Med Genet, 1994, 54(1): 44-50.

41. Kalsi G, Brynjolfsson J, Butler R, et al. Linkage analysis of chromosome 22q12-13 in a United Kingdom/Icelandic sample of 23 multiplex schizophrenia families. Am J Med Genet, 1995, 60(4): 298-301.

42. Riley B, Mogudi-Carter M, Jenkins T, et al. No evidence for linkage of chromosome 22 markers to schizophrenia in southern African Bantu-speaking families. Am J Med Genet, 1996, 67(6): 515-522.

43. Parsian A, Suarez BK, Isenberg K, et al. No evidence for a schizophrenia susceptibility gene in the vicinity of IL2RB on chromosome 22. American journal of medical genetics, 1997, 74(4): 361-364.

44. Mowry BJ, Holmans PA, Pulver AE, et al. Multicenter linkage study of schizophrenia loci on chromosome 22q. Mol Psychiatry, 2004, 9(8): 784-795.

45. Gill M, Vallada H, Collier D, et al. A combined analysis of D22S278 marker alleles in affected sib-pairs: support for a susceptibility locus for schizophrenia at chromosome 22q12. Schizophrenia Collaborative Linkage Group (Chromosome 22). Am J Med Genet, 1996, 67(1):

40-45.

46. Ng MY, Levinson DF, Faraone SV, et al. Meta-analysis of 32 genome-wide linkage studies of schizophrenia. Mol Psychiatry, 2009, 14(8):774-785.

47. Middeldorp CM, Sullivan PF, Wray NR, et al. Suggestive linkage on chromosome 2,8, and 17 for lifetime major depression. Am J Med Genet B Neuropsychiatr Genet, 2009, 150B(3):352-358.

48. McAuley EZ, Blair IP, Liu Z, et al. A genome screen of 35 bipolar affective disorder pedigrees provides significant evidence for a susceptibility locus on chromosome 15q25-26. Mol Psychiatry, 2009, 14(5):492-500.

49. Holmans PA, Riley B, Pulver AE, et al. Genomewide linkage scan of schizophrenia in a large multicenter pedigree sample using single nucleotide polymorphisms. Mol Psychiatry, 2009, 14(8):786-795.

50. Allen-Brady K, Miller J, Matsunami N, et al. A high-density SNP genome-wide linkage scan in a large autism extended pedigree. Mol Psychiatry, 2009, 14(6):590-600.

51. Zhou K, Dempfle A, Arcos-Burgos M, et al. Meta-analysis of genome-wide linkage scans of attention deficit hyperactivity disorder. Am J Med Genet B Neuropsychiatr Genet, 2008, 147B(8):1392-1398.

52. Wray NR, Middeldorp CM, Birley AJ, et al. Genome-wide linkage analysis of multiple measures of neuroticism of 2 large cohorts from Australia and the Netherlands. Arch Gen Psychiatry, 2008, 65(5):649-658.

53. Sullivan PF, Kuo PH, Webb BT, et al. Genomewide linkage survey of nicotine dependence phenotypes. Drug Alcohol Depend, 2008, 93(3):210-216.

54. Schwab SG, Handoko HY, Kusumawardhani A, et al. Genome-wide scan in 124 Indonesian sib-pair families with schizophrenia reveals genome-wide significant linkage to a locus on chromosome 3p26-21. Am J Med Genet B Neuropsychiatr Genet, 2008, 147B(7):1245-1252.

55. Romanos M, Freitag C, Jacob C, et al. Genome-wide linkage analysis of ADHD using high-density SNP arrays: novel loci at 5q13.1 and 14q12. Mol Psychiatry, 2008, 13(5):522-530.

56. Loukola A, Broms U, Maunu H, et al. Linkage of nicotine dependence and smoking behavior on 10q, 7q and 11p in twins with homogeneous genetic background. Pharmacogenomics J, 2008, 8(3):209-219.

57. Li MD, Ma JZ, Payne TJ, et al. Genome-wide linkage scan for nicotine dependence in European Americans and its converging results with African Americans in the Mid-South Tobacco Family sample. Mol Psychiatry, 2008, 13(4):407-416.

58. Faraone SV, Doyle AE, Lasky-Su J, et al. Linkage analysis of attention deficit hyperactivity disorder. Am J Med Genet B Neuropsychiatr Genet, 2008, 147B(8):1387-1391.

59. Arking DE, Cutler DJ, Brune CW, et al. A common genetic variant in the neurexin superfamily member CNTNAP2 increases familial risk of autism. Am J Hum Genet, 2008, 82 (1): 160-164.

60. Zandi PP, Badner JA, Steele J, et al. Genome-wide linkage scan of 98 bipolar pedigrees and analysis of clinical covariates. Mol Psychiatry, 2007, 12 (7): 630-639.

61. Szatmari P, Paterson AD, Zwaigenbaum L, et al. Mapping autism risk loci using genetic linkage and chromosomal rearrangements. Nat Genet, 2007, 39 (3): 319-328.

62. Saccone SF, Pergadia ML, Loukola A, et al. Genetic linkage to chromosome 22q12 for a heavy-smoking quantitative trait in two independent samples. Am J Hum Genet, 2007, 80 (5): 856-866.

63. Ma DQ, Cuccaro ML, Jaworski JM, et al. Dissecting the locus heterogeneity of autism: significant linkage to chromosome 12q14. Mol Psychiatry, 2007, 12 (4): 376-384.

64. Kuo PH, Neale MC, Riley BP, et al. A genome-wide linkage analysis for the personality trait neuroticism in the Irish affected sib-pair study of alcohol dependence. Am J Med Genet B Neuropsychiatr Genet, 2007, 144B (4): 463-468.

65. Holmans P, Weissman MM, Zubenko GS, et al. Genetics of recurrent early-onset major depression (GenRED): final genome scan report. Am J Psychiatry, 2007, 164 (2): 248-258.

66. Gelernter J, Panhuysen C, Weiss R, et al. Genomewide linkage scan for nicotine dependence: identification of a chromosome 5 risk locus. Biol Psychiatry, 2007, 61 (1): 119-126.

67. Escamilla MA, Ontiveros A, Nicolini H, et al. A genome-wide scan for schizophrenia and psychosis susceptibility loci in families of Mexican and Central American ancestry. Am J Med Genet B Neuropsychiatr Genet, 2007, 144B (2): 193-199.

68. Duvall JA, Lu A, Cantor RM, et al. A quantitative trait locus analysis of social responsiveness in multiplex autism families. Am J Psychiatry, 2007, 164 (4): 656-662.

69. Cassidy F, Zhao C, Badger J, et al. Genome-wide scan of bipolar disorder and investigation of population stratification effects on linkage: support for susceptibility loci at 4q21, 7q36, 9p21, 12q24, 14q24, and 16p13. Am J Med Genet B Neuropsychiatr Genet, 2007, 144B (6): 791-801.

70. Trikalinos TA, Karvouni A, Zintzaras E, et al. A heterogeneity-based genome search meta-analysis for autism-spectrum disorders. Mol Psychiatry, 2006, 11 (1): 29-36.

71. Swan GE, Hops H, Wilhelmsen KC, et al. A genome-wide screen for nicotine dependence susceptibility loci. Am J Med Genet B Neuropsychiatr Genet, 2006, 141B (4): 354-360.

72. Suarez BK, Duan J, Sanders AR, et al. Genomewide linkage scan of 409 European-ancestry and African American families with schizophrenia: suggestive evidence of linkage at 8p23.3-p21.2 and 11p13.1-q14.1 in the combined sample. Am J Hum Genet, 2006, 78 (2): 315-333.

73. Service S, Molina J, Deyoung J, et al. Results of a SNP genome screen in a large Costa Rican

pedigree segregating for severe bipolar disorder. Am J Med Genet B Neuropsychiatr Genet, 2006,141B(4):367-373.

74. Schellenberg GD,Dawson G,Sung YJ,et al. Evidence for multiple loci from a genome scan of autism kindreds. Mol Psychiatry,2006,11(11):1049-1060,1979.

75. Morley KI,Medland SE,Ferreira MA,et al. A possible smoking susceptibility locus on chromosome 11p12:evidence from sex-limitation linkage analyses in a sample of Australian twin families. Behav Genet,2006,36(1):87-99.

76. Herzberg I,Jasinska A,Garcia J,et al. Convergent linkage evidence from two Latin-American population isolates supports the presence of a susceptibility locus for bipolar disorder in 5q31-34. Hum Mol Genet,2006,15(21):3146-3153.

77. Hebebrand J,Dempfle A,Saar K,et al. A genome-wide scan for attention-deficit/hyperactivity disorder in 155 German sib-pairs. Mol Psychiatry,2006,11(2):196-205.

78. Faraone SV,Hwu HG,Liu CM,et al. Genome scan of Han Chinese schizophrenia families from Taiwan:confirmation of linkage to 10q22.3. Am J Psychiatry,2006,163(10):1760-1766.

79. Ehlers CL,Wilhelmsen KC. Genomic screen for loci associated with tobacco usage in Mission Indians. BMC Med Genet,2006,7:9.

80. Wang D,Ma JZ,Li MD. Mapping and verification of susceptibility loci for smoking quantity using permutation linkage analysis. Pharmacogenomics J,2005,5(3):166-172.

81. Shink E,Morissette J,Sherrington R,et al. A genome-wide scan points to a susceptibility locus for bipolar disorder on chromosome 12. Mol Psychiatry,2005,10(6):545-552.

82. Schumacher J,Kaneva R,Jamra RA,et al. Genomewide scan and fine-mapping linkage studies in four European samples with bipolar affective disorder suggest a new susceptibility locus on chromosome 1p35-p36 and provides further evidence of loci on chromosome 4q31 and 6q24. Am J Hum Genet,2005,77(6):1102-1111.

83. Neale BM,Sullivan PF,Kendler KS. A genome scan of neuroticism in nicotine dependent smokers. Am J Med Genet B Neuropsychiatr Genet,2005,132B(1):65-69.

84. McQueen MB,Devlin B,Faraone SV,et al. Combined analysis from eleven linkage studies of bipolar disorder provides strong evidence of susceptibility loci on chromosomes 6q and 8q. Am J Hum Genet,2005,77(4):582-595.

85. McGuffin P,Knight J,Breen G,et al. Whole genome linkage scan of recurrent depressive disorder from the depression network study. Hum Mol Genet,2005,14(22):3337-3345.

86. Faraone SV,Skol AD,Tsuang DW,et al. Genome scan of schizophrenia families in a large Veterans Affairs Cooperative Study sample:evidence for linkage to 18p11.32 and for racial heterogeneity on chromosomes 6 and 14. Am J Med Genet B Neuropsychiatr Genet,2005, 139B(1):91-100.

87. Cantor RM, Kono N, Duvall JA, et al. Replication of autism linkage:fine-mapping peak at 17q21. Am J Hum Genet, 2005, 76(6):1050-1056.

88. Camp NJ, Cannon-Albright LA. Dissecting the genetic etiology of major depressive disorder using linkage analysis. Trends Mol Med, 2005, 11(3):138-144.

89. Arinami T, Ohtsuki T, Ishiguro H, et al. Genomewide high-density SNP linkage analysis of 236 Japanese families supports the existence of schizophrenia susceptibility loci on chromosomes 1p, 14q, and 20p. Am J Hum Genet, 2005, 77(6):937-944.

90. Alarcon M, Yonan AL, Gilliam TC, et al. Quantitative genome scan and Ordered-Subsets Analysis of autism endophenotypes support language QTLs. Mol Psychiatry, 2005, 10(8):747-757.

91. Vink JM, Beem AL, Posthuma D, et al. Linkage analysis of smoking initiation and quantity in Dutch sibling pairs. Pharmacogenomics J, 2004, 4(4):274-282.

92. Sklar P, Pato MT, Kirby A, et al. Genome-wide scan in Portuguese Island families identifies 5q31-5q35 as a susceptibility locus for schizophrenia and psychosis. Mol Psychiatry, 2004, 9(2):213-218.

93. Pato CN, Pato MT, Kirby A, et al. Genome-wide scan in Portuguese Island families implicates multiple loci in bipolar disorder:fine mapping adds support on chromosomes 6 and 11. Am J Med Genet B Neuropsychiatr Genet, 2004, 127B(1):30-34.

94. Nash MW, Huezo-Diaz P, Williamson RJ, et al. Genome-wide linkage analysis of a composite index of neuroticism and mood-related scales in extreme selected sibships. Hum Mol Genet, 2004, 13(19):2173-2182.

95. Gelernter J, Liu X, Hesselbrock V, et al. Results of a genomewide linkage scan:support for chromosomes 9 and 11 loci increasing risk for cigarette smoking. Am J Med Genet B Neuropsychiatr Genet, 2004, 128B(1):94-101.

96. Fallin MD, Lasseter VK, Wolyniec PS, et al. Genomewide linkage scan for bipolar-disorder susceptibility loci among Ashkenazi Jewish families. Am J Hum Genet, 2004, 75(2):204-219.

97. Bierut LJ, Rice JP, Goate A, et al. A genomic scan for habitual smoking in families of alcoholics:common and specific genetic factors in substance dependence. Am J Med Genet A, 2004, 124A(1):19-27.

98. Arcos-Burgos M, Castellanos FX, Pineda D, et al. Attention-deficit/hyperactivity disorder in a population isolate:linkage to loci at 4q13.2, 5q33.3, 11q22, and 17p11. Am J Hum Genet, 2004, 75(6):998-1014.

99. Abecasis GR, Burt RA, Hall D, et al. Genomewide scan in families with schizophrenia from the founder population of Afrikaners reveals evidence for linkage and uniparental disomy on chromosome 1. Am J Hum Genet, 2004, 74(3):403-417.

100. Zubenko GS, Maher B, Hughes HB 3rd, et al. Genome-wide linkage survey for genetic loci that influence the development of depressive disorders in families with recurrent, early-onset, major depression. Am J Med Genet B Neuropsychiatr Genet, 2003, 123B(1):1-18.

101. Yonan AL, Alarcon M, Cheng R, et al. A genomewide screen of 345 families for autism-susceptibility loci. Am J Hum Genet, 2003, 73(4):886-897.

102. Williams NM, Norton N, Williams H, et al. A systematic genomewide linkage study in 353 sib pairs with schizophrenia. Am J Hum Genet, 2003, 73(6):1355-1367.

103. Wijsman EM, Rosenthal EA, Hall D, et al. Genome-wide scan in a large complex pedigree with predominantly male schizophrenics from the island of Kosrae:evidence for linkage to chromosome 2q. Mol Psychiatry, 2003, 8(7):695-705, 643.

104. Ogdie MN, Macphie IL, Minassian SL, et al. A genomewide scan for attention-deficit/hyperactivity disorder in an extended sample:suggestive linkage on 17p11. Am J Hum Genet, 2003, 72(5):1268-1279.

105. McInnis MG, Lan TH, Willour VL, et al. Genome-wide scan of bipolar disorder in 65 pedigrees:supportive evidence for linkage at 8q24, 18q22, 4q32, 2p12, and 13q12. Mol Psychiatry, 2003, 8(3):288-298.

106. Ma JZ, Zhang D, Dupont RT, et al. Mapping susceptibility loci for alcohol consumption using number of grams of alcohol consumed per day as a phenotype measure. BMC Genet, 2003, 4 Suppl 1:S104.

107. Liu J, Juo SH, Dewan A, et al. Evidence for a putative bipolar disorder locus on 2p13-16 and other potential loci on 4q31, 7q34, 8q13, 9q31, 10q21-24, 13q32, 14q21 and 17q11-12. Mol Psychiatry, 2003, 8:333-342.

108. Li MD, Ma JZ, Cheng R, et al. A genome-wide scan to identify loci for smoking rate in the Framingham Heart Study population. BMC Genet, 2003, 4 Suppl 1:S103.

109. Goode EL, Badzioch MD, Kim H, et al. Multiple genome-wide analyses of smoking behavior in the Framingham Heart Study. BMC Genet, 2003, 4 Suppl 1:S102.

110. Fullerton J, Cubin M, Tiwari H, et al. Linkage analysis of extremely discordant and concordant sibling pairs identifies quantitative-trait loci that influence variation in the human personality trait neuroticism. Am J Hum Genet, 2003, 72(4):879-890.

111. Dick DM, Foroud T, Flury L, et al. Genomewide linkage analyses of bipolar disorder:a new sample of 250 pedigrees from the National Institute of Mental Health Genetics Initiative. Am J Hum Genet, 2003, 73(1):107-114.

112. Bulik CM, Devlin B, Bacanu SA, et al. Significant linkage on chromosome 10p in families with bulimia nervosa. Am J Hum Genet, 2003, 72(1):200-207.

113. Bakker SC, van der Meulen EM, et al. A whole-genome scan in 164 Dutch sib pairs with

attention-deficit/hyperactivity disorder:suggestive evidence for linkage on chromosomes 7p and 15q. Am J Hum Genet,2003,72(5):1251-1260.

114. Straub RE,MacLean CJ,Ma Y,et al. Genome-wide scans of three independent sets of 90 Irish multiplex schizophrenia families and follow-up of selected regions in all families provides evidence for multiple susceptibility genes. Mol Psychiatry,2002,7(6):542-559.

115. Stefansson H,Sigurdsson E,Steinthorsdottir V,et al. Neuregulin 1 and susceptibility to schizophrenia. Am J Hum Genet,2002,71(4):877-892.

116. Shao Y,Wolpert CM,Raiford KL,et al. Genomic screen and follow-up analysis for autistic disorder. Am J Med Genet,2002,114(1):99-105.

117. Grice DE,Halmi KA,Fichter MM,et al. Evidence for a susceptibility gene for anorexia nervosa on chromosome 1. Am J Hum Genet,2002,70(3):787-792.

118. Dick DM,Foroud T,Edenberg HJ,et al. Apparent replication of suggestive linkage on chromosome 16 in the NIMH genetics initiative bipolar pedigrees. Am J Med Genet,2002, 114(4):407-412.

119. Devlin B,Bacanu SA,Klump KL,et al. Linkage analysis of anorexia nervosa incorporating behavioral covariates. Hum Mol Genet,2002,11(6):689-696.

120. DeLisi LE,Shaw SH,Crow TJ,et al. A genome-wide scan for linkage to chromosomal regions in 382 sibling pairs with schizophrenia or schizoaffective disorder. Am J Psychiatry,2002, 159(5):803-812.

121. DeLisi LE,Mesen A,Rodriguez C,et al. Genome-wide scan for linkage to schizophrenia in a Spanish-origin cohort from Costa Rica. Am J Med Genet,2002,114(5):497-508.

122. Bennett P,Segurado R,Jones I,et al. The Wellcome trust UK-Irish bipolar affective disorder sibling-pair genome screen:first stage report. Mol Psychiatry,2002,7(2):189-200.

123. Auranen M,Vanhala R,Varilo T,et al. A genomewide screen for autism-spectrum disorders: evidence for a major susceptibility locus on chromosome 3q25-27. Am J Hum Genet,2002, 71(4):777-790.

124. Alarcon M,Cantor RM,Liu J,et al. Evidence for a language quantitative trait locus on chromosome 7q in multiplex autism families. Am J Hum Genet,2002,70(1):60-71.

125. Paunio T,Ekelund J,Varilo T,et al. Genome-wide scan in a nationwide study sample of schizophrenia families in Finland reveals susceptibility loci on chromosomes 2q and 5q. Hum Mol Genet,2001,10(26):3037-3048.

126. Nurnberger JI Jr1,Foroud T,Flury L,et al. Evidence for a locus on chromosome 1 that influences vulnerability to alcoholism and affective disorder. Am J Psychiatry,2001,158(5): 718-724.

127. Liu J,Nyholt DR,Magnussen P,et al. A genomewide screen for autism susceptibility loci.

Am J Hum Genet,2001,69(2):327-340.

128. Kelsoe JR,Spence MA,Loetscher E,et al. A genome survey indicates a possible susceptibility locus for bipolar disorder on chromosome 22. Proc Natl Acad Sci U S A,2001, 98(2):585-590.

129. Garver DL,Holcomb J,Mapua FM,et al. Schizophrenia spectrum disorders:an autosomal-wide scan in multiplex pedigrees. Schizophr Res,2001,52(3):145-160.

130. Cichon S,Schumacher J,Muller DJ,et al. A genome screen for genes predisposing to bipolar affective disorder detects a new susceptibility locus on 8q. Hum Mol Genet,2001,10(25): 2933-2944.

131. Buxbaum JD,Silverman JM,Smith CJ,et al. Evidence for a susceptibility gene for autism on chromosome 2 and for genetic heterogeneity. Am J Hum Genet,2001,68(6):1514-1520.

132. International Molecular Genetic Study of Autism Consortium(IMGSAC). A genomewide screen for autism:strong evidence for linkage to chromosomes 2q,7q,and 16p. Am J Hum genet,2001,69(3):570-581.

133. Schwab SG,Hallmayer J,Albus M,et al. A genome-wide autosomal screen for schizophrenia susceptibility loci in 71 families with affected siblings:support for loci on chromosome 10p and 6. Mol Psychiatry,2000,5(6):638-649.

134. Risch N,Spiker D,Lotspeich L,et al. A genomic screen of autism:evidence for a multilocus etiology. Am J Hum Genet,1999,65(2):493-507.

135. Duggirala R,Almasy L,Blangero J. Smoking behavior is under the influence of a major quantitative trait locus on human chromosome 5q. Genet Epidemiol,1999,17 Suppl 1:S139-144.

136. Detera-Wadleigh SD,Badner JA,Berrettini WH,et al. A high-density genome scan detects evidence for a bipolar-disorder susceptibility locus on 13q32 and other potential loci on 1q32 and 18p11.2. Proc Natl Acad Sci U S A,1999,96(10):5604-5609.

137. Bergen AW,Korczak JF,Weissbecker KA,et al. A genome-wide search for loci contributing to smoking and alcoholism. Genetic epidemiology,1999,17 Suppl 1:S55-60.

138. Barrett S,Beck JC,Bernier R,et al. An autosomal genomic screen for autism. Collaborative linkage study of autism. Am J Med Genet,1999,88(6):609-615.

139. Faraone SV,Matise T,Svrakic D,et al. Genome scan of European-American schizophrenia pedigrees:results of the NIMH Genetics Initiative and Millennium Consortium. Am J Med Genet,1998,81(4):290-295.

140. Coon H,Myles-Worsley M,Tiobech J,et al. Evidence for a chromosome 2p13-14 schizophrenia susceptibility locus in families from Palau,Micronesia. Mol Psychiatry,1998, 3(6):521-527.

141. Cloninger CR, Van Eerdewegh P, Goate A, et al. Anxiety proneness linked to epistatic loci in genome scan of human personality traits. Am J Med Genet, 1998, 81 (4): 313-317.

142. Blouin JL, Dombroski BA, Nath SK, et al. Schizophrenia susceptibility loci on chromosomes 13q32 and 8p21. Nat Genet, 1998, 20 (1): 70-73.

143. Cardon LR, Bell JI. Association study designs for complex diseases. Nat Rev Genet, 2001, 2 (2): 91-99.

144. Cordell HJ, Clayton DG. Genetic association studies. Lancet, 2005, 366 (9491): 1121-1131.

145. Botstein D, Risch N. Discovering genotypes underlying human phenotypes: past successes for mendelian disease, future approaches for complex disease. Nature genetics, 2003, 33 Suppl: 228-237.

146. Mantel N, Haenszel W. Statistical aspects of the analysis of data from retrospective studies of disease. J Natl Cancer Inst, 1959, 22 (4): 719-748.

147. Fleiss JL, Gross AJ. Meta-analysis in epidemiology, with special reference to studies of the association between exposure to environmental tobacco smoke and lung cancer: a critique. J Clin Epidemiol, 1991, 44 (2): 127-139.

148. DerSimonian R, Laird N. Meta-analysis in clinical trials. Control Clin Trials, 1986, 7: 177-188.

149. Clark AG. Inference of haplotypes from PCR-amplified samples of diploid populations. Mol Biol Evol, 1990, 7 (2): 111-122.

150. Excoffier L, Slatkin M. Maximum-likelihood estimation of molecular haplotype frequencies in a diploid population. Mol Biol Evol, 1995, 12 (5): 921-927.

151. Niu T, Qin ZS, Xu X, et al. Bayesian haplotype inference for multiple linked single-nucleotide polymorphisms. Am J Hum Genet, 2002, 70 (1): 157-169.

152. Stephens M, Smith NJ, Donnelly P. A new statistical method for haplotype reconstruction from population data. Am J Hum Genet, 2001, 68 (4): 978-989.

153. Dempster AP, Laird NM, Rubin DB. Maximum Likelihood from Incomplete Data via the EM Algorithm. Journal of the Royal Statistical Society Series B (Methodological) 1977; 39: 1-38

154. Bilmes JA. A Gentle Tutorial of the EM Algorithm and its Application to Parameter Estimation for Gaussian Mixture and Hidden Markov Models. International Computer Science Institute1998; 4

155. Baum AE, Akula N, Cabanero M, et al. A genome-wide association study implicates diacylglycerol kinase eta (DGKH) and several other genes in the etiology of bipolar disorder. Mol Psychiatry, 2008, 13 (2): 197-207.

156. Ferreira MA, O'Donovan MC, Meng YA, et al. Collaborative genome-wide association analysis supports a role for ANK3 and CACNA1C in bipolar disorder. Nat Genet, 2008, 40 (9): 1056-

1058.

157. Lesch KP, Timmesfeld N, Renner TJ, et al. Molecular genetics of adult ADHD: converging evidence from genome-wide association and extended pedigree linkage studies. J Neural Transm(Vienna), 2008, 115(11): 1573-1585.

158. Thorgeirsson TE, Geller F, Sulem P, et al. A variant associated with nicotine dependence, lung cancer and peripheral arterial disease. Nature, 2008, 452(7187): 638-642.

159. Purcell SM, Wray NR, Stone JL, et al. Common polygenic variation contributes to risk of schizophrenia and bipolar disorder. Nature, 2009, 460(7526): 748-752.

160. Shi J, Levinson DF, Duan J, et al. Common variants on chromosome 6p22.1 are associated with schizophrenia. Nature, 2009, 460(7256): 753-757.

161. Stefansson H, Ophoff RA, Steinberg S, et al. Common variants conferring risk of schizophrenia. Nature, 2009, 460(7256): 744-747.

162. Treutlein J, Cichon S, Ridinger M, et al. Genome-wide association study of alcohol dependence. Arch Gen Psychiatry, 2009, 66(7): 773-784.

163. Wang K, Zhang H, Ma D, et al. Common genetic variants on 5p14.1 associate with autism spectrum disorders. Nature, 2009, 459(7246): 528-533.

164. Anney R, Klei L, Pinto D, et al. A genome-wide scan for common alleles affecting risk for autism. Hum Mol Genet, 2010, 19(20): 4072-4082.

165. Wang KS, Liu XF, Aragam N. A genome-wide meta-analysis identifies novel loci associated with schizophrenia and bipolar disorder. Schizophr Res, 2010, 124(1-3): 192-199.

166. Cichon S, Muhleisen TW, Degenhardt FA, et al. Genome-wide association study identifies genetic variation in neurocan as a susceptibility factor for bipolar disorder. Am J Hum Genet, 2011, 88(3): 372-381.

167. Consortium SPG-WASG. Genome-wide association study identifies five new schizophrenia loci. Nat Genet, 2011, 43(10): 969-976.

168. Psychiatric GWAS Consortium Bipolar Disorder Working Group. Large-scale genome-wide association analysis of bipolar disorder identifies a new susceptibility locus near ODZ4. Nat Genet, 2011, 43(10): 977-983.

169. Jiang Y, Zhang H. Propensity score-based nonparametric test revealing genetic variants underlying bipolar disorder. Genet Epidemiol, 2011, 35(2): 125-132.

170. Kerner B, Lambert CG, Muthen BO. Genome-wide association study in bipolar patients stratified by co-morbidity. PloS One, 2011, 6(12): e28477.

171. Kohli MA, Lucae S, Saemann PG, et al. The neuronal transporter gene SLC6A15 confers risk to major depression. Neuron, 2011, 70(2): 252-265.

172. Liu Y, Blackwood DH, Caesar S, et al. Meta-analysis of genome-wide association data of

bipolar disorder and major depressive disorder. Mol Psychiatry,2011,16(1):2-4.

173. Shi Y,Li Z,Xu Q,Wang T,et al. Common variants on 8p12 and 1q24.2 confer risk of schizophrenia. Nat Genet,2011,43(12):1224-1227.

174. Yue WH,Wang HF,Sun LD,et al. Genome-wide association study identifies a susceptibility locus for schizophrenia in Han Chinese at 11p11.2. Nat Genet,2011,43(12):1228-1231.

175. Irish Schizophrenia Genomics Consortium and the Wellcome Trust Case Control Consortium 2. Genome-wide association study implicates HLA-C*01:02 as a risk factor at the major histocompatibility complex locus in schizophrenia. Biol Psychiatry,2012,72(8):620-628.

176. Bergen SE,O'Dushlaine CT,Ripke S,et al. Genome-wide association study in a Swedish population yields support for greater CNV and MHC involvement in schizophrenia compared with bipolar disorder. Mol Psychiatry,2012,17(9):880-886.

177. Frank J,Cichon S,Treutlein J,et al. Genome-wide significant association between alcohol dependence and a variant in the ADH gene cluster. Addict Biol,2012,17(1):171-180.

178. Rice JP,Hartz SM,Agrawal A,et al. CHRNB3 is more strongly associated with Fagerstrom test for cigarette dependence-based nicotine dependence than cigarettes per day:phenotype definition changes genome-wide association studies results. Addiction,2012,107(11):2019-2028.

179. Zuo L,Zhang F,Zhang H,et al. Genome-wide search for replicable risk gene regions in alcohol and nicotine co-dependence. Am J Med Genet B Neuropsychiatr Genet,2012,159B(4):437-444.

180. Aberg KA,Liu Y,Bukszar J,et al. A comprehensive family-based replication study of schizophrenia genes. JAMA Psychiatry,2013,70(6):573-581.

181. Betcheva ET,Yosifova AG,Mushiroda T,et al. Whole-genome-wide association study in the Bulgarian population reveals HHAT as schizophrenia susceptibility gene. Psychiatr Genet,2013,23(1):11-19.

182. Chen DT,Jiang X,Akula N,et al. Genome-wide association study meta-analysis of European and Asian-ancestry samples identifies three novel loci associated with bipolar disorder. Mol Psychiatry,2013,18(2):195-205.

183. Dai H,Yan X,Feng Y,et al. Genome-wide association study implicates NDST3 in schizophrenia and bipolar disorder. Molecular psychiatry2013;4:2739

184. Investigators. GIMISD. Common genetic variation and antidepressant efficacy in major depressive disorder:a meta-analysis of three genome-wide pharmacogenetic studies. Am J Psychiatry,2013,170(2):207-217.

185. Park BL,Kim JW,Cheong HS,et al. Extended genetic effects of ADH cluster genes on the risk of alcohol dependence:from GWAS to replication. Hum Genet,2013,132(6):657-668.

186. Ripke S,O'Dushlaine C,Chambert K,et al. Genome-wide association analysis identifies 13 new risk loci for schizophrenia. Nat Genet,2013,45(10):1150-1159.

187. Yang L,Neale BM,Liu L,et al. Polygenic transmission and complex neuro developmental network for attention deficit hyperactivity disorder:genome-wide association study of both common and rare variants. Am J Med Genet B Neuropsychiatr Genet,2013,162B(5):419-430.

188. Zuo L,Wang K,Zhang XY,et al. NKAIN1-SERINC2 is a functional,replicable and genome-wide significant risk gene region specific for alcohol dependence in subjects of European descent. Drug Alcohol Depend,2013,129(3):254-264.

189. Zuo L,Zhang XY,Wang F,et al. Genome-wide significant association signals in IPO11-HTR1A region specific for alcohol and nicotine codependence. Alcohol Clin Exp Res,2013, 37(5):730-739.

190. Gelernter J,Sherva R,Koesterer R,et al. Genome-wide association study of cocaine dependence and related traits:FAM53B identified as a risk gene. Mol Psychiatry,2014,19 (6):717-723.

191. Muhleisen TW,Leber M,Schulze TG,et al. Genome-wide association study reveals two new risk loci for bipolar disorder. Nat Commun,2014,5:3339.

192. Ruderfer DM,Fanous AH,Ripke S,et al. Polygenic dissection of diagnosis and clinical dimensions of bipolar disorder and schizophrenia. Mol Psychiatry,2014,19(9):1017-1024.

193. Wong EH,So HC,Li M,et al. Common variants on Xq28 conferring risk of schizophrenia in Han Chinese. Schizophr Bull,2014,40(4):777-786.

194. Xia K,Guo H,Hu Z,et al. Common genetic variants on 1p13.2 associate with risk of autism. Mol Psychiatry,2014,19(11):1212-1219.

195. Phillips PC. The language of gene interaction. Genetics,1998,149(3):1167-1171.

196. Ritchie MD,Hahn LW,Roodi N,et al. Multifactor-dimensionality reduction reveals high-order interactions among estrogen-metabolism genes in sporadic breast cancer. Am J Hum Genet,2001,69(1):138-147.

197. Hahn LW,Ritchie MD,Moore JH. Multifactor dimensionality reduction software for detecting gene-gene and gene-environment interactions. Bioinformatics,2003,19(3):376-382.

198. Coffey CS,Hebert PR,Ritchie MD,et al. An application of conditional logistic regression and multifactor dimensionality reduction for detecting gene-gene interactions on risk of myocardial infarction:the importance of model validation. BMC bioinformatics,2004,5:49.

199. Park MY,Hastie T. Penalized logistic regression for detecting gene interactions. Biostatistics, 2008,9(1):30-50.

200. Jensen FV. An introduction to Bayesian networks. London:UCL press.

201. Bansal M, Belcastro V, Ambesi-Impiombato A, et al. How to infer gene networks from expression profiles. Mol Syst Biol, 2007, 3:78.

202. Zhang Y, Liu JS. Bayesian inference of epistatic interactions in case-control studies. Nat Genet, 2007, 39(9):1167-1173.

203. Hoh J, Wille A, Ott J. Trimming, weighting, and grouping SNPs in human case-control association studies. Genome research, 2001, 11(12):2115-2119.

204. Ott J, Hoh J. Set association analysis of SNP case-control and microarray data. J Comput Biol, 2003, 10(3-4):569-574.

205. Breiman L. Random forests. Machine learning, 2001, 45:5-32.

206. McKinney BA, Reif DM, Ritchie MD, et al. Machine learning for detecting gene-gene interactions. Appl Bioinformatics, 2006, 5(2):77-88.

207. Jiang R, Tang W, Wu X, et al. A random forest approach to the detection of epistatic interactions in case-control studies. BMC bioinformatics, 2009, 10 Suppl 1:S65.

208. Lunetta KL, Hayward LB, Segal J, et al. Screening large-scale association study data: exploiting interactions using random forests. BMC genetics, 2004, 5:32.

209. Lin J. Divergence measures based on the Shannon entropy. Information Theory, IEEE Transactions on, 1991, 37(1):145-151.

210. Dong C, Chu X, Wang Y, et al. Exploration of gene-gene interaction effects using entropy-based methods. Eur J Hum Genet, 2008, 16(2):229-235.

211. Hu X, Liu Q, Zhang Z, et al. SHEsisEpi, a GPU-enhanced genome-wide SNP-SNP interaction scanning algorithm, efficiently reveals the risk genetic epistasis in bipolar disorder. Cell Res, 2010, 20(7):854-857.

212. Ma D, Whitehead P, Menold M, et al. Identification of significant association and gene-gene interaction of GABA receptor subunit genes in autism. Am J Hum Genet, 2005, 77(3):377-388.

213. Nicodemus KK, Callicott JH, Higier RG, et al. Evidence of statistical epistasis between DISC1, CIT and NDEL1 impacting risk for schizophrenia: biological validation with functional neuroimaging. Hum Genet, 2010, 127(4):441-452.

214. Ming GL, Song H. DISC1 partners with GSK3β in neurogenesis. Cell, 2009, 136(6):990-992.

215. 吴斌, 沈自尹. 基因芯片表达谱数据的预处理分析. 中国生物化学与分子生物学报, 2006, 22(4):272-277.

216. Gerhold D, Lu M, Xu J, et al. Monitoring expression of genes involved in drug metabolism and toxicology using DNA microarrays. Physiol Genomics, 2001, 5(4):161-170.

217. Baldi P, Long AD. A Bayesian framework for the analysis of microarray expression data:

regularized t -test and statistical inferences of gene changes. Bioinformatics,2001,17(6): 509-519.

218. Pavlidis P. Using ANOVA for gene selection from microarray studies of the nervous system. Methods,2003,31(4):282-289.

219. Wang Z,Gerstein M,Snyder M. RNA-Seq:a revolutionary tool for transcriptomics. Nat Rev Genet,2009,10(1):57-63.

220. Quail MA,Kozarewa I,Smith F,et al. A large genome center's improvements to the Illumina sequencing system. Nat Methods,2008,5(12):1005-1010.

221. Meyer M,Stenzel U,Hofreiter M. Parallel tagged sequencing on the 454 platform. Nat Protoc, 2008,3(2):267-278.

222. Mardis ER. The impact of next-generation sequencing technology on genetics. Trends Genet, 24(3):133-141.

223. JF T,KE S. Single molecule sequencing with a HeliScope genetic analysis system. Current protocols in molecular biology / edited by Frederick M Ausubel[et al]2010;chapter7: Unit7.10.

224. 王曦,汪小我,王立坤,等. 新一代高通量 RNA 测序数据的处理与分析. 生物化学与生物物理进展,2010,37(8):834-846.

225. 乔婧,邱江,李迪康,等. 重度抑郁症多脑区基因表达谱分析. 科学通报,2015,60(11): 1010-1021.

226. 易正辉,方贻儒,禹顺英. 抑郁症脑组织基因差异表达研究进展. 中国神经精神疾病杂志,2010,36(1):56-59.

227. Mehta D,Menke A,Binder EB. Gene expression studies in major depression. Curr Psychiatry Rep,2010,12(2):135-144.

228. F O,PM. M. RNA sequencing:advances,challenges and opportunities. Nat Rev Genet, 2011,12(2):87-98.

229. Kanehisa M GS. KEGG:kyoto encyclopedia of genes and genomes. Nucleic acids research, 2000,28:27-30.

230. Huang da W,Sherman BT,Lempicki RA. Systematic and integrative analysis of large gene lists using DAVID bioinformatics resources. Nat Protoc,2009,4(1):44-57.

231. Shamir A,Kwon OB,Karavanova I,et al. The importance of the NRG-1/ErbB4 pathway for synaptic plasticity and behaviors associated with psychiatric disorders. J Neurosci,2012,32 (9):2988-2997.

232. Chen J,Alberts I,Li X. Dysregulation of the IGF-I/PI3K/AKT/mTOR signaling pathway in autism spectrum disorders. Int J Dev Neurosci,2014,35:35-41.

233. Supriyanto I,Watanabe Y,Mouri K,et al. A missense mutation in the ITGA8 gene,a cell

adhesion molecule gene, is associated with schizophrenia in Japanese female patients. Prog Neuropsychopharmacol Biol Psychiatry, 2013, 40:347-352.

234. Sun J, Jia P, Fanous AH, van den Oord E, et al. Schizophrenia gene networks and pathways and their applications for novel candidate gene selection. PloS One, 2010, 5(6):e11351.

235. Yu H, Bi W, Liu C, et al. Protein-interaction-network-based analysis for genome-wide association analysis of schizophrenia in Han Chinese population. J Psychiatr Res, 2014, 50: 73-78.

236. Miao EA, Leaf IA, Treuting PM, et al. Caspase-1-induced pyroptosis is an innate immune effector mechanism against intracellular bacteria. Nat Immunol, 2010, 11(12):1136-1142.

237. Kao CF, Jia P, Zhao Z, et al. Enriched pathways for major depressive disorder identified from a genome-wide association study. Int J Neuropsychopharmacol, 2012, 15(10):1401-1411.

238. García-Alonso L, Alonso R, et al. Discovering the hidden sub-network component in a ranked list of genes or proteins derived from genomic experiments. Nucleic Acids Res, 2012, 40(20): e158-e158.

239. von Mering C, Huynen M, Jaeggi D, et al. STRING: a database of predicted functional associations between proteins. Nucleic Acids Res, 2003, 31(1):258-261.

240. Shannon P, Markiel A, Ozier O, et al. Cytoscape: a software environment for integrated models of biomolecular interaction networks. Genome Res, 2003, 13(11):2498-2504.

241. Bader GD, Hogue CW. An automated method for finding molecular complexes in large protein interaction networks. BMC Bioinformatics, 2003, 4:2

242. Luo X, Huang L, Jia P, et al. Protein-protein interaction and pathway analyses of top schizophrenia genes reveal schizophrenia susceptibility genes converge on common molecular networks and enrichment of nucleosome (chromatin) assembly genes in schizophrenia susceptibility loci. Schizophr Bull, 2014, 40(1):39-49.

243. Sun J, Wan C, Jia P, et al. Application of systems biology approach identifies and validates GRB2 as a risk gene for schizophrenia in the Irish Case Control Study of Schizophrenia (ICCSS) sample. Schizophr Res, 2011, 125(2-3):201-208.

244. Jia P, Wang L, Fanous AH, et al. Network-assisted investigation of combined causal signals from genome-wide association studies in schizophrenia. PLoS Comput Biol, 2012, 8(7): e1002587.

245. Huang KC, Yang KC, Lin H, et al. Analysis of schizophrenia and hepatocellular carcinoma genetic network with corresponding modularity and pathways: novel insights to the immune system. BMC Genomics, 2013, 14 Suppl 5:S10.

246. Mas S, Gasso P, Parellada E, et al. Network analysis of gene expression in peripheral blood identifies mTOR and NF-kappaB pathways involved in antipsychotic-induced extrapyramidal

symptoms. Pharmacogenomics J,2015,15(5):452-460.

247. Pinacho R,Valdizan EM,Pilar-Cuellar F,et al. Increased SP4 and SP1 transcription factor expression in the postmortem hippocampus of chronic schizophrenia. J Psychiatr Res,2014, 58:189-196.

248. Matys V,Fricke E,Geffers R,et al. TRANSFAC:transcriptional regulation,from patterns to profiles. Nucleic Acids Res,2003,31(1):374-378.

249. Boulesteix AL,Strimmer K. Predicting transcription factor activities from combined analysis of microarray and ChIP data:a partial least squares approach. Theor Biol Med Model,2005,2: 23.

250. Blake DJ,Forrest M,Chapman RM,et al. TCF4,schizophrenia,and Pitt-Hopkins Syndrome. Schizophr Bull,2010,36(3):443-447.

251. Guo AY,Sun J,Jia P,et al. A novel microRNA and transcription factor mediated regulatory network in schizophrenia. BMC Syst Biol,2010,4:10.

252. Bushati N,Cohen SM. microRNA functions. Annu Rev Cell Dev Biol,2007,23:175-205.

253. Lewis BP,Burge CB,Bartel DP. Conserved seed pairing,often flanked by adenosines, indicates that thousands of human genes are microRNA targets. Cell,2005,120(1):15-20.

254. Moreau MP,Bruse SE,David-Rus R,et al. Altered microRNA expression profiles in postmortem brain samples from individuals with schizophrenia and bipolar disorder. Biol Psychiatry,2011,69(2):188-193.

255. Garcia DM,Baek D,Shin C,et al. Weak seed-pairing stability and high target-site abundance decrease the proficiency of lsy-6 and other microRNAs. Nat Struct Mol Biol,2011,18(10): 1139-1146.

256. Dweep H,Sticht C,Pandey P,et al. miRWalk—database:prediction of possible miRNA binding sites by "walking" the genes of three genomes. J Biomed Inform,2011,44(5):839-847.

257. Paschou M,Paraskevopoulou MD,Vlachos IS,et al. miRNA regulons associated with synaptic function. PloS One,2012,7(10):e46189.

258. Fan HM,Sun XY,Niu W,et al. Altered microRNA Expression in Peripheral Blood Mononuclear Cells from Young Patients with Schizophrenia. J Mol Neurosci,2015,56(3): 562-571.

259. Wright C,Turner JA,Calhoun VD,et al. Potential Impact of miR-137 and Its Targets in Schizophrenia. Front Genet,2013,4:58.

260. Wang J,Lu M,Qiu C,et al. TransmiR:a transcription factor-microRNA regulation database. Nucleic Acids Res,2010,38(Database issue):D119-D122.

第四章
精神疾病的脑影像计算分析

在神经科学研究中，脑影像技术的发展促进了人类对于精神障碍与大脑关系的探索。神经影像技术分为结构影像与功能影像，前者包括计算机断层扫描成像（CT）、核磁共振成像（MRI）；后者包括单光子计算机断层扫描（SPECT）、正电子计算机断层扫描（PET）、功能性磁共振成像（fMRI）、磁共振波谱（MRS）等。新的功能影像学技术，例如脑磁图（MEG）、近红外线光谱图（NIRS）、磁源成像（MSI）、光学成像（OCT 或 NRI）等可以探索神经生理、神经生化与代谢等，这些技术尚未在国内广泛应用于精神疾病的研究。

在精神科临床工作中，由于精神障碍的病理表现相当广泛，包括认知、情感与意志行为等方面的异常，目前主要依据病史和临床表现进行诊断和治疗，CT、MRI 等影像检查尚无法在临床应用于辅助诊断。大量文献报导了利用 PET 和 SPECT 对精神疾病患者脑血流和代谢方面的研究，近年来有关 fMRI 在精神疾病中的研究信息剧增，例如阿尔茨海默病、精神分裂症、心境障碍等疾病的研究等。上述的影像学技术在很多中枢神经系统疾病中已成为疾病诊断的"金标准"和治疗后进行随访的主要手段，其突破在于不需要创伤性地介入大脑检查，在精神科的应用除了病理机制的探讨之外，也被用于精神科药物治疗的监测、药物作用机制的探讨与新药研发等方面。

神经影像学检测能从整个大脑系统中同步获得数据，因此得以研究大脑的分布式信息处理特性，这些特性是全脑平行处理系统基本而独特的属性。神经影像学技术由于影像学研究获取的信息巨大，具有相当大的自由度，例如 fMRI 研究中每个对象的数据量都有成百上千兆，即使已知大脑功能存在重大病变（例如精神分裂症），要通过大脑影像进行确切地反映也绝非易事。大脑影像参数极多，大脑功能异常的表现也是成千上万，如何利用海量的数据进行最有成效的图像分析，进而应用于精神科临床和研究是医学图像计算分析中的核心问题，本章节围绕上述问题进行阐述。

第一节　脑影像方法

神经影像学有不同的分类标准,第一种分类是基于技术层面的,包括脑电图(EEG)、核磁共振成像(MRI)、正电子发射成像(PET)、单光子发射计算机成像(SPECT)、脑磁波描记(MEG)、磁共振波谱(MRS)。第二种分类是基于神经功能的,包括:①神经活动所致的血管(或血流动力学)效应:SPECT、PET、fMRI(BOLD-fMRI,血氧水平对比度依赖的灌注图像);②代谢需求:PET(例如 ^{18} 氟去氧葡萄糖)与 SPECT;③受体密度(放射性配体):PET 与 SPECT;④互联性通路:弥散张量成像(DTI);⑤大脑活动的表面电磁效应:EEG/MEG;⑥大脑结构的形态测定:CT、MRI 等。结构影像学技术例如 CT、MRI 是神经精神领域里常用的技术,已经被相关工作者熟悉。功能影像技术在精神科领域有相对更大的临床应用空间,本节将主要阐述以下几种应用较多的影像技术或方法。

1　正电子发射成像(PET)

PET 源自于放射自成像技术,包括 3 项基本技术:合成发射正电子的化合物、探查同步发射的伽马射线,以及重建发射源的计算能力。正电子与电子相遇时,两者湮灭后产生的能量转化为 2 个朝向相反的高能光子;设置一圈探头可以探索湮灭位置,当某 2 个探头同时激活,通过探头连线就可确定湮灭发生的位置;通过受试者头部周围的一圈探头,采集某时段(例如 60 秒)的湮灭计数,就可重建发射源的位置。

正电子通常由同位素的放射性衰减所间接产生,最常用的同位素例如:碳 -11[^{11}C]、氧 -15[^{15}O]、氟 -18[^{18}F]、氮 -13[^{13}N]等是在回旋加速器中用高能质子轰击靶目标生成的。^{18} 氟去氧葡萄糖(^{18}FDG)是一种常用的示踪剂,可在细胞内蓄积,从而成为局部代谢活动的测量指标。同位素通过正电子发射而发生放射性衰减,正电子衰减时发射的光子能量极高,通常是 511keV 的伽马射线。PET 扫描器中的特殊探头在一个平面上围成一圈,每个探头由一个闪烁晶体和放大电路组成,闪烁探头可以精确计数衰减方向。

利用 PET 的研究通常可分为下列 3 类:代谢、血流或受体。采用 ^{18}FDG,可以测量局部葡萄糖代谢。采用 $H_2^{15}O$,测量脑局部血流变化。采用放射性配体,可以研究某一特定类型的受体在大脑中的分布情况,例如多巴胺 D2 受体。鉴于 PET 活体动态示踪在临床药物开发中有广阔应用前景,美国 FDA 已正式推荐将药物在人体中的 PET 信息作为新药开发的一项研究内容。

2 血氧水平依赖性功能磁共振（BOLD-fMRI）

fMRI 基于 Linus Pauling（20 世纪 30 年代）发现的基本原理：脱氧血红蛋白具有顺磁性，而氧合血红蛋白则没有，血红蛋白携带的氧与其对磁场干扰的程度成反比。由于神经元活动导致血流增加，脱氧血红蛋白含量相对于氧合血红蛋白实际上减少了，因此血流增加表现为核磁共振信号的增强，即 BOLD 信号，BOLD 信号的强度与主磁场强度成正比。

fMRI 时间分辨率取决于血流动力学应答和扫描器磁场的物理限度。血流动力学应答一般滞后于神经活动 3~5 秒，并可持续最长达 10~15 秒。扫描器采集图像的速率取决于所期望的分辨率。一般而言，扫描层数越多，每层的分辨率越精细，全脑图像的采集时间越长。fMRI 的非侵犯性、高空间时间分辨率等特点使之可应用于各种设计的研究。同时，BOLD-fMRI 成像也有特定的局限性，例如：①信号与神经活动或动脉血供的定位不精确。BOLD 效应源自静脉血管（毛细血管、小静脉和大静脉），信号的位置与神经活动或动脉血供的位置并不一致。但是，对于采用标准空间分辨率（voxel 体积最大为 50mm^3）的大脑成像研究，这种空间上的误差可以忽略。②易感性伪迹。BOLD 可探查到因脱氧血红蛋白浓度变化而产生磁场易感性的局部变化，因此无法分辨骨/空气及骨/液体界面的较大空隙。在这些区域，组织密度的巨大变异会扭曲局部磁场，导致图像的空间扭曲和 BOLD 信号的减弱，因此难以探测脱氧血红蛋白的细微变化。

3 弥散张量成像术（DTI）

DTI 是一种用于研究中枢神经系统神经束弥散各向异性和显示白质纤维解剖的磁共振技术。神经束对 MR 机的 3 个轴（X 轴、Y 轴、Z 轴）的关系形成其在 MR 成像中的方向性，并导致与方向有关的弥散各向异性。3-D 弥散呈椭圆形，3 个本征矢量代表其弥散方向，以本征值确定其形态。通过对弥散张量的测算，可得出许多数字系列或数字集，进而应用简单或复杂的算术公式以不同的方法计算，或用基本的本征值再运算，可得出弥散各向异性的各种测算值。由于 DTI 可准确显示脑白质水分子的各向异性扩散，是目前唯一能无创进行活体白质纤维束研究的方法，在临床实践中具有很广阔的应用前景，可用于早老性痴呆、癫痫、精神疾病的研究。近年来的 DTI 研究侧重于脑结构网络的探讨。

对 DTI 弥散测量表达的方法或数值甚多，常用的有以下 4 种。① ADC：表达总弥散度；② FA（各向异性分数）：表达因各向异性所造成的那部分弥散张量的测量值；③ RA（相对各向异性）：弥散张量的各向异性部分/弥散张量的各向同性部分;④ VR(容积比):表达弥散椭圆容积与弥散圆容积之间的关系。DTI可用于观察白质神经束各向异性的弥散,但难于显示神经束各向异性的弥散方向和空间关系。采用特殊设计的方法,如彩色编码的FA图和神经束成像术,即可观察白质神经束的走行方向和空间关系。

4　磁共振波谱成像(MRS)

MRS利用磁共振现象和化学位移作用,检测活体组织器官能量代谢、生化改变以及化合物的浓度,为一种完全非损伤性技术。其原理是用一个外加磁场激发一个体素组织内的原子核,使原子核间以及周围电子间的弛豫特征发生微小变化即化学位移,这种变化产生的不同信号峰值可用于鉴别不同的化合物或代谢产物。该技术主要用于的精神科领域神经递质失衡假说的研究,今后对精神科药物的研发也将起到促进作用。

5　脑功能多种成像方式整合技术

fMRI和PET能够测量脑局部血流的变化,这种测量具有很高的空间分辨率,为1~3mm,但时间分辨率低,大约1秒。而EEG和MEG能够很快地记录脑内神经元活动产生的电信号,时间分辨率为毫秒级,但它们对源的空间定位困难,空间分辨率为厘米级。以上两类技术的结合,可以获得对脑活动判断的高时间分辨率和高空间分辨率。多种成像方式或技术的结合首先是对各种技术获得的脑结构与功能定位的一致性,例如PET-CT技术已得到广泛的临床应用。将fMRI、PET和电磁方法(脑电图和脑磁图)等多种方法结合起来,有望从神经化学、神经生理、神经解剖等角度明确大脑功能的变化。

第二节　脑影像计算

1　结构影像数据计算

1.1　数据计算中的重要环节

(1)在影像数据的分析过程中,涉及对感兴趣脑结构的分割、配准与标准化。

①图像分割:要分析大脑亚区的结构与功能,首要问题是将所研究脑区从整个大脑中识别并分离出来,图像分割为解决该问题的基本方法,包括最速下降算法、共轭梯度算法等,快速而精确的BB分割算法,利用迭代过程中当前点和前一点的信息确定搜索步长,从而更有效地搜索最优解,在保证较好分割效果的前提下,提高了算法的速度和性能。

②形状配准:对于大脑结构与功能数据,由于采集时的分辨率以及方式的不同,因此,在影像上并不是完全的对应。从而需要寻找对两类数据的对应关系,这就需要进行配准。在分割后,可获得相关脑区的空间位置数据,从而仅需要对空间数据进行对准,即估计 2 个抽象数据集之间的对应关系或形变。针对刚性配准问题,可以引入 Lie 群描述,将刚性配准问题转化为旋转群约束的优化问题,提出了相应的配准算法,针对单尺度配准问题,通过对尺度参数(基于尺度变换对应的矩阵群表示)引入合理约束,克服了其他方法在一些数据集上配准不成功的情形。对含各向异性尺度形变数据集的配准问题,需要对数据库中的含各向异性尺度形变的数据集进行了数值试验。进一步,基于 Lie 群表示与参数化方法,围绕仿射配准问题,对各形变引入了合理的约束提高了算法的鲁棒性。此外,相似性度量和部分相似的数据集配准问题,涉及了对称度量方法和测地距离方法;而针对少部分相似数据集配准问,通过引入一个裁剪步骤提出了 LieTrICP 方法。

③图像标准化:为了研究疾病的种群特征,需要研究不同病人的脑区结构与功能,而每个人的大脑及其脑区的结构是不同的。因此,为了提取共同特征,需要建立一个公共的模板。例如 Joshi 法、ABSORB 法和 HUGS 法。其中,基于流形上的图收缩的图像标准化算法(HUGS),可以得到目前最为清晰和精确的无偏见模板。

(2)近代先进优化算法研究(A)算法设计

内点算法是最优化领域的研究热点之一,在目前存在的 3 大类内点算法中,原始 - 对偶路径跟踪内点算法最为有效。线性规划问题、半正定规划问题、二次锥优化问题设计内点算法,可以基于核函数的路径跟踪内点算法,特点概括为:算法设计的核心依赖于一个性能良好的核函数(一元函数)及其他的导数性质,建立了程序化的统一分析工具,使得算法的复杂性可用程序计算出;算法具有多项式时间计算复杂性,便于求解大规模优化问题。算法应用方面:优化模型是具有锥结构的优化模型,如半正定优化、二阶锥优化、矩阵优化等。在桁架结构优化设计问题中,根据其几何结构在施行旋转和翻转的不变性,把其描述为理论上的有限群作用对称性。其理论依据是利用群轨道是对群作用下的矩阵表示进行分类,对具有锥优化模型的优化问题的决策变量进行压缩,建立了优化问题对应的锥优化模型,根据锥结构的代数特性,利用矩阵代数的特性来对其进行决策变量的数据压缩和约束条件数据矩阵的降阶。

1.2　基于体素的全脑形态学测量法(voxel-based morphometry,VBM)

(1)VBM 的基本特征

利用磁共振成像研究大脑结构常用的分析方法包括:感兴趣区法(region of interest,ROI)和 VBM 法。在传统的形态学测量方法中,全脑或它的亚区体积是通过从大脑扫描图像绘制感兴趣区域(ROI),并计算所包围的体积,这种方法相对较费时,只能提供大面积的测量,体积之间的较小差异会被忽视;ROI的定位缺乏明确统一的标准,可重复性较差,不利于不同研究者之间的比较。VBM将大脑形成一个模板,这样避免了人与人之间较大的大脑解剖差异,然后将脑图像平滑,使得每个像素代表它本身和邻居的平均值,最后图像体积在全脑之间进行基于体素水平的比较。VBM是一种对高分辨率 T_1 像计算分析的技术,它能够定量计算局部灰质的体素的多少、信号强度的大小,和传统的ROI测量方法相比,VBM的优势在于避免了先验假设,即不受研究人员主观影响而对全脑进行系统测定和比较,属于一种数据驱动的计算分析技术,能够对全脑进行客观无偏的分析,不需要事先确定感兴趣区域。VBM还是一种自动分析技术,与传统的依靠手动来测量大脑体积的形态学方法相比,它能够节省大量时间。同时,由于单位体素微小,VBM可以发现局部脑区细微的空间变化,能够敏感地检测出全脑范围内存在差异的局部脑组织。目前的科学研究中ROI及VBM方法均被采用,VBM可以定量检测灰质等体素的密度和体积,从而反映相应解剖结构的差异,作为自动计算神经解剖学的方法,旨在描述微妙的大脑结构上的差异,使得研究人员将不同的功能映射到人类大脑。ROI法较为成熟,本部分主要以VBM方法为代表进行阐述。VBM是一种以体素为基础的全脑结构数据分析方法,在像素水平上分析大脑结构图像。在健康对照和疾病群体的脑结构影像差异研究中,它通过将扫描的全脑组织结构图像中的每一个体素,进行组间比较,从而判断每个图像间是否存在有差异的脑脊液、灰质和白质及差异的具体位置。VBM自2000年被英国科学工作者Ashburner和Friston首次提出后,立即受到关注并被广泛地应用于分析不同人群的脑结构的差异,特别是对患有某种疾病的人群的脑组织进行分析。同时在最新版本中把VBM分析纵向病例独立列出,建立了利用VBM处理纵向对照研究的标准流程。

(2)VBM的计算方法

目前使用较为广泛的VBM影像数据分析软件是SPM软件,预处理包括3个基本步骤:标准化、分割和平滑。标准化是把不同个体的脑结构图像标准化至同一个三维立体空间内,并且能使这些不同个体的相同脑区位于标准空间内相同位置上,通过标准化对各个脑区的总体形态差异进行校正,从而消除脑区间因为个体变异导致的位置差异,以使不同个体的相同脑区在空间层面上具有可比性。虽然在标准化过程中为了脑区能适应标准空间,而对脑区的形状做了一些调整,如变形、增大或减小脑区形状,但仍然保持了每个体素在脑区中信号的强度不改变。分割则根据脑脊液、灰质和白质的先验分布概率模板对MRI结构图像中的每个体素做出判断,把脑组织分为3部分:脑脊液、灰质和白质,并生成相应代表上述3种脑组织类型的图像。平滑是对分割过程中产生的白质或灰质图像进行平滑处理,以减少在标准化和分割过程中产生的误差和噪声,消除图像重建所产生的误差,以提高统计分析效能,便于样本统计。利用VBM方法研究脑区体积是目前常用的计算分析方法,例如使用标准化中产生的参数来对调整分割后的图像,那么得到的体素数值就代表此脑区的绝对体积。VBM的突出优点为不需要预先设定感兴趣区域,克服了选取感兴趣区域的主观性强和重复性差的特点,此方法还可能发现患者潜在的全脑范围的灰质异常,能够更全面评估大脑结构。

　　具体的分析方法及要点如下。通常在计算机 MATLAB2010(The Math Works,Natick,MA,USA)数据分析平台,以统计参数图谱软件(statistical parametric mapping,SPM;Wellcome Department of Imaging Neuroscience,London, UK)处理脑结构图像,目前最新的统计参数图谱软件为SPM8。首先对MRI数据进行格式转换,使用Dcm2niigui软件进行数据格式的转换,将被试的3D原始图像格式转换为适于SPM分析的格式;或者利用MRIcro软件将DICOM格式文件转化为能进一步处理的、以全脑为单位的3D格式文件。SPM8基于体素的形态测量(voxel-based morphometry,VBM)数据包——VBM8,利用VBM8软件即可对3D结构MRI数据进行处理,主要包括标准化、分割及平滑等步骤,得到脑灰质和白质的调定后图像,即代表脑灰质和白质体积。标准化:由于受试者大脑形状及大小各不相同,为使其具有可比性,将所有受试者的MRI图像与VBM8的标准模板进行标准化,通常以 1.5mm×1.5mm×1.5mm 大小为体素单元对3D结构数据进行重采样。分割:根据先验的灰质(gray matter, GM)、白质(white matter,WM)及脑脊液(cerebrospinal fluid,CSF)分布概率模板,将脑实质分割为GM、WM及CSF三部分,并相应生成代表此3种组织类型的图像;分割后产生未调定的图像代表3种组织类型的密度,经过调定产生的图像代表3种组织类型相应的体积。平滑:通常使用各向同性8mm高斯核(Gaussian kernel)(full-width at half-maximum,FWHM)对图像进行平滑,即半高全宽(FWHM)为 8mm×8mm×8mm。分割过程中产生个体的GM总体积、WM总体积和CSF总体积,将三者相加则得到颅内总体积(total intracranial volume,TIV)。

　　(3)VBM方法的优化及发展

　　1995年Wright等提出了基于像素对MR结构图像进行分析的思想,Ashburner等于2000年对已有方法进行改进,正式提出VBM算法。标准的VBM方法首先把被研究的所有个体的脑结构图像在空间上标准化到一个完全相同的立体空间中,经过标准化的脑结构图像进行有效分割,得到灰质、白质和脑脊液,然后平滑对脑组织成分图像建模,利用参数统计检验,对每个像素进行统计分析。此后,Good 等于 2001 年提出了一种基于 SPM2 的优化 VBM 方法,该方法通过创建自制模板使得配准更加准确,还加入了调制函数,可以分析体积的变化,该方法与传统 VBM 不同之处在于所使用的模板为自己创立的模板,其目的是为了减小空间配准、标准化时使用 SPM 自带全脑模板所带来的误差,更为准确地针对较大样本进行脑结构的形态学研究。围绕 VBM 的标准处理过程所发展出来的其他优化方法较多,例如对于分割后的灰质图像平滑后,通过雅克比行列式(Jacobian determinants)校正,所得图像进一步进行灰质体积的比较。

在数据处理过程中的优化 VBM 方法还包括:将采集到的结构像数据先用 freesufer 转化成 NIFTI 格式,然后采用 FSL(FMRIB Software Library)工具包中的 FSL-VBM 对结构像进行分析,FSL-VBM 是一种优化了的 VBM 分析工具。具体步骤如下:首先,采用 FSL 中的 BET(brain extraction tool)工具将颅骨等无关的脑结构去除;然后使用 FAST4(FMRI's automated segmentation tool 4),将脑组织分割成灰质、白质和脑脊液;然后将分割后的灰质图像使用非线性配准到 MNI152(montreal neurological institute)标准空间,重采样 voxel 大小通常为 3mm×3mm×3mm;将所有被试配准好了的灰质图像平均并创建一个特定的灰质模板;接着将所有被试的灰质图像非线性配准到这个模板,并对在配准过程中局部体积进行校正;将最终得到的灰质图像采用全宽半高 FWHM(通常约为 8mm)进行高斯平滑。

分割算法的改进也被应用到 VBM 算法的优化中。图像分割以图像配准为基础,反过来图像配准又以图像分割为前提。图像分割的效果越好,越有利于图像的配准,好的配准也促使分割更为精确,因此图像的分割和配准是相互依赖而又相互制约的过程。Ashburner 等于 2005 年提出一种基于混合高斯模型的统一化分割方法,该方法采用一种可变形的先验概率对图像进行分割,并将图像的分割和配准过程参数化到同一高斯模型中,使图像的分割和配准效果更好,同时模型中还包含了用来对图像强度的非均匀性进行偏差校正的参数。统一化分割方法可以最大限度地利用图像中的信息,但也正是因为这种优化处理,使得执行标准化分割的时间相对较长。

优化的 VBM 算法基本流程如下:①图像分割。在原始空间上将被试全脑 MRI 分割成灰质和白质图像。②配准:将灰质/白质图像配准到灰质/白质模板。③重新分割:将配准的参数作用于个体原始 MRI,并利用先验概率图重新分割为灰质/白质图像。④调制:根据检验目的确定是否对分割图像进行调制。⑤平滑:选定高斯平滑核对灰质/白质图像进行平滑处理。⑥统计分析:建立统计模型,对数据进行统计分析。优化的 VBM 算法对于图像分割过程的改进避免了对脑组织的错误分割,提高了人脑 MR T_1W_1 脑结构图像的分析精度,扩大了 VBM 算法的应用范围。

1.3　SBM

早期对大脑的研究都是通过尸检,随着脑成像技术与计算机科学、信息学等相关学科的结合,利用脑图像进行大脑形态学分析成为了脑科学研究的热点之一。大脑皮层的形态学计算分析也是近年来广泛应用的脑图像分析方法。与基于体素的全脑形态学分析方法不同,基于皮层的形态学分析(surface based morphometry,SBM)学分析利用皮层表面的测评指标,结合大脑 AAL 分区模板可以进一步构建人脑的结构网络。在表面形态学分析过程中,有各种新的适用于 MR 影像的算法,需要多种技术或理论基础,例如:使用自适应的 mean shift 算法来提取图元,脑组织结构的先验概率图谱、磁共振图像的不均匀场校正、以及马尔可夫场模型的 EM 迭代算法来对图像进行分割,BrainWeb 和 IBSR 这两个公共数据集中的图像数据的利用等。

基于皮层表面的形态分析主要是通过提取皮质厚度、皮质表面积和折叠系数来量化大脑结构的变化。需要应用 FreeSurfe 软件包(Version 5.0.0)来处理大脑结构 MRI 的 T_1 加权像数据。分析计算也包括预处理和统计分析 2 个步骤。图像的预处理包括很多过程,对于不同的形态学指标其对应的预处理过程也不完全相同,总体来说,图像的预处理过程大致包含以下几步:配准、不均匀场校正、组织分割、内外皮层曲面重建等。图像的后处理包括:形态学指标的计算、图像的平滑以及统计检验。

图像的预处理过程与 VBM 方法中的具体步骤类似,包括:①配准。将个体的图像通过平移、旋转、缩放以及非刚体的形变,使其与标准模版对齐。②不均匀场的校正,由于射频发射和接受线圈的磁场不均匀性,造成了图像灰度值的不均匀性,需要对不均匀场进行校正。③组织分割,利用灰度值信息以及脑组织的先验信息,先去除非脑组织部分,然后把大脑分为灰质、白质和脑脊液 3 类。④曲面重建,根据分割结果,利用曲面形变,对大脑皮质和白质的边界进行二维曲面重建,边界曲面大多是由三角网络来表示。利用灰白质边界,进而计算某些形态学指标。

由于大脑沟回的存在,Freesurfer 采用膨胀后的脑皮层表面来进行相应统计分析。总体方法是先膨胀,再修复,而后投射到球体上进行最终的统计分析。包括:①投射,建立每个体素与周围体素的距离矩阵来代表未膨胀前的原始表面的形状,然后随机投影到平面上。②表面膨胀,膨胀过程有个平均凹度和平均凸度,以此来迭代整个膨胀过程。③平坦化,为了使矩阵形变最小,需要切成几部分,最佳的切分是根据需要考察的重点 ROI 来划分的。④球状化变形及球体比较体系。

图像的后处理过程,依据要计算的形态学指标,选取不同的预处理结果,例如分割结果或者曲面重建结果等进行计算。计算完毕后，需要平滑以去掉噪声对结果的影响。形态学指标主要有以下 4 种：①皮层厚度，即灰质外表面到白质皮层外表面（灰质和脑脊液的交界面）的距离。②皮层折叠程度，复杂的折叠模式使得体积不大的脑可以拥有很大的表面积。③灰质、白质密度和体积。灰、白质密度和体积分别指脑图像中每个体素中灰质和白质的隶属度和每个体素中灰质和白质的量。④结构网络，通过大脑各个脑区形态学指标可以构建大脑的结构网络。

2　功能影像数据计算

2.1　静息态数据计算

静息态（resting state，RS）脑功能研究关注的焦点一直集中在大尺度不同脑区的功能连接上，对于局部脑功能的计算方法目前仍处于发展阶段。目前较为成熟的计算方法包括：局部一致性分析和低频振荡振幅分析。

（1）局部一致性

国内外实验室有学者致力于探索功能一致性的方法，其中一些方法也得到了广泛的应用，我国的臧玉峰等于 2004 年提出的局部一致性指标（regional homogeneity，ReHo），已经被广泛地运用于静息态局部脑功能连接，特别是临床精神疾病脑功能的研究。ReHo 方法的理论基础在于：一个小的功能脑区内部的 fMRI 时间序列信号是高度相似的，这种相似性在不同的状态下会发生变化。ReHo 法是肯德尔和谐系数（Kendall coefficient concordance，KCC）为基础，来度量一个团块内体素之间的时间序列变化，用于研究静息状态下被给定的体素与相邻体素之间自发神经活动一致性的情况，此方法主要了解脑区局部活动的差异，而不是整个脑区的差异。将 ReHo 分析法与静息态 fMRI 相结合，可以探讨基础状态下的自发神经活动，可以用于研究精神分裂症、抑郁症等精神疾病的脑区自发神经活动。

给定点的肯德尔和谐系数 KCC 取值为 0~1，其计算公式如下：

$$W=\frac{\sum (R_i)^2-n(\overline{R})^2}{(1/12)K^2(n^3-n)} \tag{4-2-1}$$

n 是时间点数，K 是给定体素点与其邻近区域体素点的总数，Ri 是第 i 个时间点的 K 体素点的体素值等级总数。一个给定点的 KCC 值即为该体素的 ReHo 值，每个体素均有一个 ReHo 值，构成了受试者的 ReHo 脑，ReHo 值反映该区域的 BOLD 信号时间同步性，可以通过 ReHo 值的高低来测评脑区的活动性。

（2）低频振荡振幅

低频振荡振幅（amplitude low frequency fluctuation，ALFF）也是由臧玉峰于 2007 年提出来的一种新的针对静息态功能磁共振数据分析的方法，该方法通过对 fMRI 数据进行傅里叶变换,将时域转换为频域得到功率谱,从而得到大脑各体素的低频振荡振幅,从能量角度反映了各个体素在静息状态下神经元自发活动水平的高低。早在 1998 年,Biswal 等发现在静息状态下大脑中灰质的低频振荡信号的振幅要高于白质,Biswal 推测频率 0.01~0.08Hz 的 ALFF 能够反映局部自发的神经元活动。2004 年,一些电生理学的研究发现神经元的自发活动可能引起低频振荡;另有一些研究发现具有连接的脑区会通过自身节律性的活动模式进行信息的交互,证明了这种自发型的神经元活动是具有的生理意义的,因此,ALFF 可以作为一个反应大脑功能的特征,频率谱主要分布在低频范围内(0.01~0.08Hz)。

每一个体素的 ALFF 具体计算步骤如下:①将每个体素的时间序列进行预处理,包括空间校正、平滑和去线性漂移;②将预处理后的时间序列经过 0.01~0.08Hz 带通滤波器;③将滤波结果进行快速傅里叶变化后得到功率谱;④将功率谱进行开方;⑤计算 0.01~0.08Hz 内的功率谱的平均,即 ALFF;⑥ ALFF 除以全脑所有体素的平均 ALFF,即得到标准化的 ALFF(mALFF)。

基于静息态的 ALFF 数据分析方法可以在没有任何先验的情况下检测出静息态下活动异常的脑区,而不依赖外在的模型和时间信息,这是相对于其他静息态 fMRI 数据计算分析的优越性所在。ALFF 值增大说明此处脑区兴奋性增高;ALFF 值降低说明此处神经元活动下降。在使用 ALFF 数据分析方法时需要注意神经活动的改变和生理性的噪声都可能使低频振荡信号改变,所以在运用该方法时尽可能减少噪声对低频振荡信号的影响,从而减少对实验结果影响。

低频振荡振幅算法较多,目前这方面的研究正方兴未艾。为了从能量角度解释低频振荡振幅的生理意义,一般多采用先求功率谱再开方的方法得到振幅。功率谱估计是数字信号处理的重要研究内容之一,周期图法是最常用的一种估计方法,具体算法如下。设由离散随机信号 $x(n)$ 构成一截尾函数 $x^N(n)$ 如下式所示:

$$X(e^{jw}) = DTFT\left[x^N(n)\right] = \sum_{n=0}^{N-1} x(n) e^{-jwn} \tag{4-2-2}$$

其功率谱密度,简称功率谱记为

$$S_x(e^{jw}) = \lim_{N\to\infty} \frac{1}{2N} |X(e^{jw})|^2 \tag{4-2-3}$$

$S_x(e^{jw})$ 有明确的物理意义,它表示随机信号的平均功率关于频率的分布。功率谱 $S_x(e^{jw})$ 和其自相关函数 $R_x(n)$ 满足傅里叶变换关系,即

$$S_x(e^{jw}) = \sum_{n=-\infty}^{\infty} R_x(n) e^{-jwn} \tag{4-2-4}$$

因此通常是先计算自相关函数,然后由傅里叶变换求出功率谱。在实际的计算中通常要从有限长(N)的数据来估计自相关函数 $R_x(n)$,有 $\hat{R}_x^{N}(n)=\dfrac{1}{N}$ $[x^N(n)*x^N(-n)]$ 自相关函数 $\hat{R}_x^{N}(n)$ 保存了原信号的全部频率成分,同时也保存了振幅信息。对上公式做傅里叶变换有

$$\hat{S}_x^{N}(e^{jw})=DTFT[x^N(n)]DTFT[x^N(-n)]$$

$$=\frac{1}{N}X(e^{jw})X^*(e^{jw})\qquad(4\text{-}2\text{-}5)$$

$$=\frac{1}{N}|X(e^{jw})|^2$$

其中 $X(e^{jw})$ 是 $x^N(n)$ 的离散时间傅里叶变换。

把随机离散信号的 N 点的傅里叶变换求出来,计算其幅频特性平方再除以 N,即为此随机信号的功率谱估计。由于在把 $R_x^{N}(n)$ 离散化时就已经使其功率谱周期化了,故称为"周期图"法。由快速傅里叶变换得到功率谱后,对功率开方就可以得到振幅。

2.2　任务态数据计算

任务态 fMRI(task-fMRI)常用组块设计和事件相关设计。在组块设计实验中,实验条件在数十秒的时间组块之间交替,每个组块包括相同条件的多次重复。在后续统计分析中,将同一组块期间采集的图像汇总在一起,取其平均效应。事件相关设计实验中,对每一个单独的实验事件或刺激分别进行分析,无论从分析角度(例如,可将对应于某一正确行为应答的扫描图像与对应于受试者误差的扫描图像区分开来),还是从实验本身(例如,可在不同类型的事件之间交替,以避免与习惯相关的效应)而言,均能提供更宽广的空间。这些研究的分析基于这样的假设,即 BOLD 应答具有线性特征;如果同样类型的事件发生的先后相隔不太近(如果各个刺激之间的间隔达到 1~2 秒,则"线性特征"消失),则相应的 BOLD 信号就是各个事件 BOLD 应答的简单总和。

2.3　功能网络分析

大脑作为一个极其复杂的信息处理系统,各个脑区并不是孤立起作用的,而是通过多个脑区的协调工作,对信息进行加工、处理来完成脑的高级功能。因此脑功能连接研究不仅对神经科学具有重要的意义,而且对于临床疾病的研究也具有重要的价值。脑功能连接的概念最早出现在动物的电生理研究中,20 世纪 90 年代初英国 Wellcome 实验室的 Friston 教授等将其扩展到功能成像领域,并将其分为功能连接和效应连接。功能连接用于度量空间上分离的脑区间的统计依赖关系;效应连接研究的是一个脑区如何对另一个脑区进行作用。由于静息状态没有实验刺激,因此脑区间的信息流向是非常复杂的。

效应连接常用的研究方法有结构方程模型,动态因果模型,生理心理交互模型等。静息状态下脑功能连接的研究为探讨大脑活动的内部机制提供了新途径。然而多数有关疾病的研究只关注功能连接是否出现异常,很少从整体网络特性上进行考察,因此将来研究可以将两方面结合起来,借助静息状态功能磁共振成像技术更加全面地认识大脑内在活动机制。此外,根据静息状态脑功能连接变化提取分类特征,对脑疾病进行早期诊断和鉴别也是今后重要的研究方向。同时对于精神药理学研究也提供了新的思路。在传统功能连接分析的基础上,对于脑 fMRI 数据,近年来发展出一种新的基于图论的脑区功能连接网络分析方法,该方法突破了传统的功能连接研究分析成对区域之间连接强度的限制,更加符合脑的工作机制和生理学的解释,为更好理解脑的复杂性奠定了基础。

美国科学家于 2005 年提出的人脑连接组学(human connectome),促使研究者对于脑结构和功能网络进行整合研究。静息态功能磁共振技术(RS-fMRI)也改变了人脑功能连接组学研究的现状,Biswal 于 1995 年首次提出静息态功能连接的概念,通过寻找 RS-fMRI 信号半球同步性来研究运动功能网络的低频自发神经活动,2010 年 Biswal 在 1414 例人脑大样本数据集中,计算了 RS-fMRI 数据在人脑功能内在架构及其与年龄、性别等特征之间的相关性。此后国内外研究者在基于图论的基础上,对上述数据进行了全脑功能网络的各种图谱特征和属性。例如:功能连接组的模块化特征,全脑功能连接组的小世界属性、度分布、网络节点和效率特征等。功能连接用于度量空间上分离的脑区间的统计依赖关系,效应连接研究的是一个脑区如何对另一个脑区进行作用。由于静息状态没有实验刺激,脑区的信息流向非常复杂的,效应连接常用的研究方法有结构方程模型、动态因果模型、因果模型以及生理心理交互模型等。本章节将对于功能连接的主要方法和效应连接分析进行阐述。

(1)功能连接分析

种子相关分析方法是静息状态下脑功能连接最常用的一种分析方法,通常步骤是先选取某一感兴趣区作为种子区或参考区域,得到该区域的平均时间序列 $r(i), i=1,2,\cdots,n(n$ 为时间序列的长度),计算该参考区域与全脑其他体素的时间序列相关性,然后根据某一阈值确定具有显著统计关系的脑区,这些脑区即认为与种子区域有功能连接关系。种子相关分析该方法中,如何选定感兴趣区是一个非常关键的问题,不同的选择方法可能会获得不同的结果,一般的做法是根据激活图或解剖位置来选取。

独立成分分析(independent component analysis,ICA)是近年来由盲源分离技术发展而来的一种数据驱动的信号处理方法。该方法属于多变量分析法,与单变量分析法相比,更加充分地利用了像素间的空间联系;这种方法不需要传统方法的那种预先假设的先验模型,只依赖于数据本身即可提取出其中所包含的信息,同时可以去除呼吸、心跳等生理学噪声和头动的影响。该方法需要假设功能成分之间是相互独立的,对于脑功能活动是合理的,并且能够分离出比较合理的功能模式。

等级聚类分析方法属于一种无监督学习的模式识别方法,被大量应用到静息态 fMRI 研究。该方法不需要事先指定类别数和类中心的位置,但是需要把感兴趣区内所有体素作为孤立的团块,通过计算团块之间的相关性构建相关矩阵,根据相关性强弱对相关矩阵逐层聚类,最后构成一个树状图。整个聚类过程不受团块空间位置的约束。该方法尚无法提供可靠聚类标准,需要在将来的研究中进行改善。

小世界模型分析,现实世界中许多网络,例如交通网等都具有小世界特性。小世界网络具有较高的局部集聚系数(cluster coefficient,C)和较小的全局路径长度(path length,L),对应大脑信息处理中的功能分化和功能整合,因此小世界网络模型非常适合于大脑网络的研究,最近越来越多被应用于静息态脑功能连接的研究中。目前常采用复杂网络的研究模型,即小世界模型来研究功能网络的特点。运用上述功能连接构建出功能网络后,可以从局部直接分析每条连接的特点,还可以从整体考察整个功能网络的拓扑特性。小世界模型分析的全局效应计算公式如下,基于图谱 G 的图像有 N 个节点和 K 条网络连线或边,d_{ij} 是节点 i 与 j 之间的最短距离:

$$E_{glob}(G) = \frac{1}{N(N-1)} \sum_{i \neq j \in G} \frac{1}{d_{ij}} \tag{4-2-6}$$

网络 G 的局部效率计算公式如下:

$$E_{loc}(G) = \frac{1}{N} \sum E_{glob}(G_i) \tag{4-2-7}$$

其他发展应用中的功能连接分析方法还包括网络模块特征分析(module analysis)、基于网络的统计分析(Network Based Statistic Analysis)等。网络中功能相关的脑区组成了"社团",模块化分析探索了复杂网络的模块矩阵的正(负)特征谱与网络的社团结构(反社团结构)的关系,网络模块度 modularity $Q(m)i$ 的具体计算公式如下:

$$Q(m) = \sum_{s=1}^{n_m} \left[\frac{h_s}{L} - \left(\frac{T_s}{2L} \right)^2 \right] \tag{4-2-8}$$

利用模块矩阵的多个特征值与特征向量,引入反映个体对所处社团的依附程度,可以探索网络的结构中心化指标,这种利用 fMRI 数据构建的人工网络模块特性可以间接反映实际网络的数据特征。

（2）效应连接分析

在神经影像数据的计算中,有很多分析脑功能信号传递的方法,例如基于回归模型的结构方程、基于概率论的动态贝叶斯网络模型、基于控制论的动态因果模型和 Granger 因果模型等。在 RS-fMRI 的数据挖掘中,Granger 因果关系模型有较大的应用优势,该方法是不需要先验知识而强调时间顺序的计算方法,可以间接地反映脑区或者神经元的信息传递关系和方向,强调了数据驱动的时间域里面的因果关系。主要有条件 Granger 因果关系模型、偏相关Granger 因果关系模型和核 Granger 因果关系模型等。由于神经元群体之间的因果关系依赖振荡因素,因此,在临床脑影像数据中,要分析脑功能网络的脑区之间的调控关系,就需要改进的频谱 Granger 因果关系模型。

第三节　脑影像及其分析在精神疾病中的应用

精神科临床工作中,虽然也利用了 CT、MRI 等辅助影像诊断设备,但由于方法的局限性,未能获得满意的临床应用。同时,功能影像技术例如 PET 和fMRI,通过对精神疾病患者脑血流、代谢和血氧水平依赖信号的分析,研究结果引起较大关注,但是转化到临床应用尚有困难。例如:fMRI 和 PET 能够测量大脑局部血流的变化,具有很高空间分辨率(1~3mm),但时间分辨率仅约 1秒;而 EEG 和 MEG 能够很快地记录脑内神经元活动产生的电信号,时间分辨率为毫秒级,但空间定位困难,分辨率为厘米级。利用影像技术与其他方式结合(例如:电生理、分子遗传、神经生化等),进而利用影像数据分析计算,还可以用于精神科药物治疗的监测、药物作用机制的探讨与新药研发等方面,目前虽然不能直接通过脑影像数据计算来指导临床诊断或治疗,但是脑影像数据及其分析方法将对精神疾病的临床诊治起到促进作用。

1　结构影像学分析技术的应用

结构影像学技术应用于精神疾病的病理形态学研究较多,但很难得到与各类疾病相关的特异性结论。目前不同研究的结果难以重复,与研究样本的异质性、研究采用的影像技术方法不同、影像数据后处理方法不同等因素相关。与精神疾病密切相关的脑结构分析需要关注以下代表脑区。

1.1　前额叶

阴性症状为主的精神分裂症患者、慢性衰退期精神分裂症患者,额叶皮层体积减小,皮层白质比率增高,灰质量减少。在一项对首发精神分裂症患者的研究中,结果显示利培酮引起患者前额叶灰质量减少,而经过奥氮平治疗的患者皮质体积增大,灰质量上调,该研究推测这种形态学改变可能由于利培酮导致了中枢神经细胞的退行性改变,奥氮平较好的治疗效果可以促发神经元的再生。双相躁狂患者前额叶皮层有类似影像改变,经锂盐治疗6周,双相障碍患者前额叶背外层皮层区域灰质容量上调,治疗后的影像学特征与健康对照者类似。

1.2　颞叶结构

包括内嗅区、钩回、杏仁核-海马复合体、齿状回、部分舌状回等,阿尔茨海默病(Alzheimer's disease,AD)、精神分裂症与心境障碍均与其有着密切的关系。AD患者内颞叶系统是较早受累的部位,发生于海马、杏仁核等结构内的神经元纤维缠结、老年斑和颗粒空泡变性,破坏了突触的连结性和功能,损害了细胞间传递,从而使患者出现认知功能障碍。精神分裂症患者内颞叶结构的病理改变,与其言语系统中存在的信息分类能力缺陷显著相关。抑郁症患者的海马体积减小,也有研究发现抑郁症患者海马及相关区域无显著性病理改变。

2　功能影像学分析技术的应用

2.1　脑认知功能的 PET 分析

在执行认知任务时,被激活的神经环路中的神经递质会释放,并占据了绝大部分的可用受体部位。如果此时向这些部位注射放射性配体,相对于未激活状态,即基线状态,该环路可用的结合部位较少。如果计算这两种状态时的描记差异,就会得到神经递质受认知任务影响的大脑区域描记图,即与某一特定认知任务相关的特定神经递质。

这种简单的图像计算方法有很多干扰因素:①由于许多研究的配体采用 ^{11}C,其记录要求认知任务必须持续30分钟,这就使认知任务的选择受到了限制。②放射性剂量的限制要求受试者在一次检查中接受的扫描不能超过一定次数,而且每次扫描必须间隔2小时以上,这就限制了该研究的统计力度。③与受体结合的放射性配体数同样取决于局部脑血流(regional cerebral blood flow,rCBF)。由于神经活动时 rCBF 增加,而可结合的受体数减少,因此必须为每个研究状况采集一个 rCBF 图像。这样就减少了放射性剂量数,再次降低了统计力度。④ PET 实际测量的是神经活动的血管或血流动力学反应,例如 rCBF,从而间接测量神经活动。血流动力学反应比实际的神经活动延迟数秒,在空间及时间领域与神经活动的对应关系也较模糊,这使脑血流影像方法的时空分辨率受到根本性限制。⑤ rCBF 任务相关变异测量虽然反映了群体突触活动的变化,但并未明确指出这种变化的性质,即这种变化究竟是兴奋性的还是抑制性的。脑区的实际活动性状况表现为执行试验性任务时 rCBF 增加,要从这种现象中构建出有意义的结论,必须对电生理学、神经化学和细胞结构学等不同来源的信息进行整合。

2.2　脑认知功能的 fMRI 分析

常见的感觉、运动、视觉、听觉的研究向语言、认知、情感、记忆等方面扩展和深入，例如对使人产生快乐和厌恶的刺激及其相关记忆编码的神经基质进行初步研究，认为这两种刺激的脑活动涉及复杂的神经网络，这些网络所在区域就是既往研究发现处理情感的区域。下面以记忆、面孔识别为例简述常用的脑 BOLD-fMRI 分析。

关于工作记忆（working memory，WM）的脑 fMRI 研究发现，工作记忆主要激活双侧前额叶背外侧皮层（BA9、10、46 和 47 区）。对语言和视觉工作记忆试验时发现不同记忆方式在大脑有不同传导环路。性别也可以影响工作记忆的执行状况，在语意记忆决策任务中，发现男性主要引起左侧大脑半球激活，而且主要集中在左额下回和左颞上回；而女性主要表现为双侧半球激活，特别是左颞上回和右额下回。另外，前额叶是来源记忆的重要神经基础。

2.3　精神疾病的脑影像计算分析

神经影像分析计算学期望能找到可以评估、诊断、预测疗效的精神疾病脑影像学标识，但是现有的研究仍旧无法获取相关的应用计算公式或者方程式。虽然针对某一种疾病尚未发现特异性改变，但是应用影像学分析技术对精神病患者研究，探索不同类型的精神疾病与脑结构或者功能异常的对应关系，将促进精神疾病发病机制的深入研究。本部分主要列举阿尔茨海默病、精神分裂症和心境障碍的脑影像分析，来阐述目前神经影像计算方法在精神科领域的应用。

（1）阿尔茨海默病（AD）

早期的 PET 研究围绕 AD 患者的大脑糖代谢率。例如，一项应用分辨率为 6mm 的 PET 研究发现，AD 的代谢异常脑区是相对广泛的，涉及颞叶、顶叶和额叶，枕叶、感觉运动区和皮层下区也有损害。用 PET 方法研究得到的 AD 患者右侧大脑半球葡萄糖低代谢和视觉空间损害的相关性也得到了证实。Eberling 等在轻度认知功能障碍（mild cognitive impairment，MID）患者的研究中，发现 MID 患者区域性脑血流变化无特征性模式，但 AD 患者持续颞叶和额叶代谢降低。Gemmell 等利用 Tc-99m-HMPAO-SPECT 也发现部分 AD 患者双侧颞 - 顶 - 枕区（TPO）灌流不足，部分患者伴有额叶血液灌流不足。Johnson 等利用 I-123-IMP-SPECT 方法进行脑血流灌注研究，发现 AD 患者大脑新皮质区示踪剂活性广泛降低，在后顶叶皮质降低更为明显。利用 PET 和 SPECT 功能性影像数据分析，对于 AD 疾病机制的探讨非常重要。近年来利用 MRI 进行 AD 患者的脑影像和分子影像分析，也发现了相关的脑结构或脑功能拓扑特征的差异，但是利用图像计算来预测 AD 或 MID 患者的脑结构缺损、临床相关症状的脑功能基础尚需要进一步深入探索。

（2）精神分裂症

精神分裂症的临床表现有多样性，包括幻觉、妄想、情感不协调、意志减退和行为紊乱，与双相障碍的临床症状具有相似性，容易发生混淆。脑影像学有助于发现精神分裂症相关的脑结构与脑功能异常。常用的脑影像数据计算分析方法有：①基于脑区数据的组间差异单变量统计分析方法，包括感兴趣区方法、体素水平的全脑分析以及皮层表面指标计算方法等；②脑连接与脑网络组间差异分析方法。这些方法加深了对精神分裂症脑结构与功能特性的认识，但是在组间水平的统计差异不能直接用于个体诊断。

早期用 PET、SPECT 等方法在精神分裂症患者和健康人之间进行的对照研究，普遍发现该病患者脑血流从前到后发生阶梯性改变，最严重的损害发生在额叶，左侧大脑半球改变重于右侧。近年来，人们试图寻找大脑血流的供应与精神分裂症症状的相互关系。Weinberger 等报道了精神分裂症患者前额皮质的局部血流改变与某些认知障碍有关。Ingvar 和 Franzen 等发现患者的内向退缩、紧张等症状与额叶前中央区的血流减低有关。Suzuki 等用 I^{123}-IMP-SPECT 测定伴有持续性幻听的精神分裂症患者局部脑血流，发现精神分裂症患者的幻听可能与左上颞区皮质功能过高有关。Kaplan 等应用 ^{18}F- 脱氧葡萄糖 PET 对伴有思维障碍的精神分裂症患者脑代谢进行研究，发现思维贫乏与左前额叶及上顶叶皮层代谢减低有关，妄想与左颞叶代谢减低有关，联想障碍与左下顶叶代谢减低有关。

基于 MRI 的研究表明，精神分裂症患者的半球不对称性与正常人不一致，存在着"偏侧化特征"，其结构异常涉及众多皮质和皮质下结构，包括透明隔、侧脑室、杏仁体 / 海马复合结构、第三脑室、基底节、颞上回、胼胝体、颞叶、颞平面、额叶、顶叶、枕叶、丘脑、小脑等。然而，目前不同研究所发现的结果不尽一致，其可能的原因较多，例如：精神分裂症的异质性、被试的性别、年龄和受教育程度的差异等干扰因素的影响。DTI 相关研究表明，精神分裂症患者在胼胝体、海马以及海马旁回等区域具有较高的 FA 值。基于 fMRI 的研究主要发现精神分裂症患者的额叶、颞叶及海马等脑区的脑功能活动异常。基于医学图像分析计算方法，也推进了精神分裂症的失连接假说的发展。

（3）心境障碍

由于双相障碍患者有不同的疾病状态，双相躁狂发作的患者影像学检测配合困难，现有的研究尚无定论。结构及功能影像的初步研究均提示双相障碍发病机制与前额叶 - 边缘系统功能紊乱有关，患者白质、灰质结构影像拓扑特征存在异常。近期的一项研究发现双相障碍患者的双侧杏仁核与额下回、纹状体、右侧舌回、小脑后叶等功能连接特征异常，双相抑郁状态的患者右侧杏仁核-海马连接减弱,而躁狂状态该功能连接增强。然而,目前的影像计算分析技术要鉴别双相障碍与抑郁症或者精神分裂症仍旧比较困难,很难发现双相障碍一些相对特异性大脑结构或功能改变。

抑郁症的脑影像研究中,前额叶皮质(prefrontal cortex,PFC)、杏仁核(amygdala)、海马(hippocampus)和前扣带回(anterior cingulate cortex,ACC)是有关情感障碍神经环路最受关注的4个部位。左侧PFC与目的达成前的正性情感有关,这一部位受损的患者正性情感形成能力被破坏,这正好解释了抑郁症负性情感偏向的临床特征。此外复发患者背外侧PFC、PFC眶部皮质、海马和杏仁核的基础代谢水平高于未复发者,提示这些部位的基础代谢水平的升高造成抑郁症复发的易感性增加。其次,杏仁核和岛叶是识别威胁和危险信息的重要部位。抑郁症患者观察有负性因素的图片时,杏仁核部位的磁共振信号强度减弱。用相同的试验激活杏仁核部位的活性,可发现焦虑障碍患者杏仁核的激活程度高于对照组。第三,fMRI研究还提示抑郁症患者海马、边缘叶、扣带回及其与额叶、颞上叶及顶叶等部位的功能连接网络出现异常。抑郁症情绪调节功能环(mood-regulating-circuit,MRC)的研究中,杏仁核和岛叶及其与前扣带回在此环路功能调节作用失衡,与抑郁情绪的"恨"的神经心理机制相关,海马在此环路中的功能失衡与抑郁症的"无助感"相关。影像数据的分析计算提示,抑郁患者情绪调节环路的整体功能失调;抗抑郁药如氟西汀、西酞普兰治疗可能调控神经环路的功能,同时改善患者的抑郁症状。

通过影像数据分析重构技术,利用静息态功能磁共振数据,计算抑郁症脑网络指标差异,进行分类模型构建及性能评价,提出抑郁症模块结构差异,挖掘抑郁症在模块结构上的差异特征及其可能的分子生物基础,进而利用差异模块指标进行分类研究,反映了脑区中某个局部的神经元活动在时间上的一致性和同步性,可能揭示了抑郁相关的情绪障碍的神经回路,为这些障碍的药物治疗提供依据,并有助于更好地理解这些治疗方法如何通过对相关的神经回路影响来达到治疗的目的。

2.4 精神药理学的脑影像计算分析

随着精神疾病患者脑神经生化及病理生理研究的深入发展,越来越多的资料推动着PET、fMRI/MRS技术在精神科药物研究及其临床研究中的应用。功能性影像技术在精神药理学领域的应用前景列举如下:①预测药物反应,即哪些患者将对典型抗精神病药物发生反应,哪些患者将对非典型药物发生反应;②预测药物不良反应,如迟发性运动障碍等。③客观监测药物的有效性;④进行脑药代动力学研究,确定药物剂量及用药频率。

综上所述,基于医学影像学的脑疾病诊断可以归纳为图像分类问题,其所面临的主要科学问题包括图像特征提取、特征选择、分类与回归模型的建模策略。随着医学图像分析技术的发展,神经解剖学中脑图象分割和配准这两个关键技术的进展,利用国内外先进的脑组织分割方法,提升脑影像数据在图像分割精度、算法复杂性、运算速度等方面的效能,可以计算分析"全脑或局部脑组织分布模型"。这些技术突破,尤其是利用这些技术整合脑结构和功能影像的原创性计算方法,有可能使精神疾病早期诊断、预警和药物评价等出现革命性的突破。

(邱美慧　彭代辉)

参 考 文 献

1. 彭亚新,陈飒飒,沈超敏,等.求解图像分割CV模型的BB算法.运筹学学报,2014,18(3):79-87.

2. Peng Y,Lin W,Ying S,et al. Soft shape registration under Lie group frame. IET Computer Vision,2013,7(6):437-447.

3. Ying S,Wu G,Wang Q,et al. Hierarchical unbiased graph shrinkage(HUGS):a novel group wise registration for large data set. Neuro Image,2014,84(1):626-638.

4. Ashburner J,Friston KJ. Voxel-based morphometry—the methods. Neuroimage,2000,11(6 Pt 1):805-821.

5. Greicius M. Resting-state functional connectivity in neuropsychiatric disorders. Curr Opin Neurol,2008,21(4):424-430.

6. Keller SS,Roberts N. Voxel-based morphometry of temporal lobe epilepsy:An introduction and review of the literature. Epilepsia,2008,49(5):741-757.

7. Good CD,Johnsrude I,Ashburner J,et al. Cerebral asymmetry and the effects of sex and handedness on brain structure:a voxel-based morphometric analysis of 465 normal adult human brains. Neuroimage,2001,14(3):685-700.

8. Douaud G,Smith S,Jenkinson M,et al. Anatomically related grey and white matter abnormalities in adolescent-onset schizophrenia. Brain,2007,130(9):2375-2386.

9. Good CD,Johnsrude IS,Ashburner J,et al. A voxel-based morphometric study of ageing in 465 normal adult human brains. NeuroImag,2001,14(1):21-36e.

10. Ashburner J,Friston KJ. Unified segmentation. Neuroimage,2005,26(3):839-851.

11. Dale AM,Fischl B,Sereno MI. Cortical surface-based analysis:I. Segmentation and surface reconstruction. Neuroimage,1999,9(2):179-194.

12. FISCHL B,SERENO MI,DALE AM. Cortical surface-based analysis Ⅱ:Inflation,flattening, and a surface-based coordinate system. Neuroimage,1999,9(2):195-207.

13. Zang Y, Jiang T, Lu Y, et al. Regional homogeneity approach to fMRI data analysis. Neuroimage, 2004, 22 (1): 394-400.

14. Auer DP. Spontaneous low-frequency blood oxygenation level-dependent fluctuations and functional connectivity analysis of the 'resting' brain. Magn Reson Imaging, 2008, 26 (7): 1055-1064.

15. Zang YF, He Y, Zhu CZ, et al. Altered baseline brain activity in children with ADHD revealed by resting-state functional MRI. Brain, 2007, 29 (2): 83-91.

16. Biswal B, Yetkin FZ, Haughton VM, et al. Functional connectivity in the motor cortex of resting human brain using echo-planar MRI. Magn Reson Med, 1995, 34 (4): 537-541.

17. Sporns O, Chialvo DR, Kaiser M, et al. Organization, development and function of complex brain networks. Trends Cogn Sci, 2004, 8 (9): 418-425.

18. Newman ME, Girvan M. Finding and evaluating community structure in networks. Phys Rev E Stat Nonlin Soft Matter Phys, 2004, 69 (2 Pt 2): 026113.

19. Roebroeck A, Formisano E, Goebel R. Mapping directed influence over the brain using Granger causality and fMRI. Neuroimage, 2005, 25 (1): 230-242.

20. Shenton ME, Dichey CC, Frumin m, et al. A review of MRI findings in schizophrenia. Schizophr Res, 2001, 49 (1-2): 1-52.

21. Lim KO, Babak MD, Ardekani BA. Voxelwise correlational analyses of white matter integrity in multiple cognitive domains in schizophrenia. Am J Psychiatry, 2006, 163 (11): 2008-2010.

22. Lawrie SM, Mclntosh AM, Hall J, et al. Brain structure and function changes during the development of schizophrenia: the evidence from studies of subjects at increased genetic risk. Schizophr Bull, 2008, 34 (2): 330-340.

23. Glahn DC, Therman S, Manninen M, et al. Spatial working memory as an endophenotype for schizophrenia. Biol Psychiatry, 2003, 53 (7): 624-626.

24. Friston KJ, Frith CD. Schizophrenia-a disconnection syndrome. Clin Neurosci, 1995, 3 (2): 89-97.

25. Li M, Huang C, Deng W, et al. Contrasting and convergent patterns of amygdala connectivity in mania and depression: a resting-state study. J Affect Disord, 2015, 173: 53-58.

26. Tao H, Guo S, Ge T, et al. Depression uncouples brain hate circuit. Mol Psychiatry, 2013, 18 (1): 101-111.

27. Peng D, Shi F, Shen T, et al. Altered brain network modules induce helplessness in major depressive disorder. J Affect Disord, 2014, 168: 21-29.

第五章
精神疾病与计算科学

第一节　精神分裂症的计算神经科学研究

现代精神医学的发展历史比较短,在很长的一段时间内,医学界一直没有认识到精神疾病的生物学基础,直到 20 世纪初,对精神病的各种不同解释才纷纷涌现,使用精神分析和化学药物来治疗此类疾病的尝试也开始出现。在奥托勒维医生发现乙酰胆碱的存在后,人类第一次意识到神经递质的作用和精神疾病的生物基础。1948 年有关碳酸锂对情绪疾病作用的发现和 1952 年氯丙嗪对精神分裂症的疗效的发现成了现代精神药物学的两个重要的里程碑。目前,我们对于精神病的看法和其他疾病已经没有什么太多的区别,对于精神疾病的基础研究已经成为神经生物学领域的一个热点。

精神医学的概念正在成为一个相当具有吸引力的课题。大脑是产生、维护、支持精神功能的器官,而现代精神医学追寻的就是精神疾病的生物学基础。由此概念而衍生的相关方法已经成为过去 50 年医药界研发数代抗精神病,抗抑郁和抗焦虑等药物过程背后的一个主要驱动力,这些药物已经拥有了极其广泛的临床应用。尽管如此,生物精神医学和神经科学在解释疾病方面仍然存在着巨大的缺陷,主要表现在对于发病机制缺乏一个中间层次的合理解释,从而无法澄清分子水平上的理论假设与临床疾病(诸如精神分裂症、抑郁症和焦虑等)的实际临床表现之间的因果关系。也就是说,我们对于人类的认知以及认知的表型缺乏足够的了解,来搭建分子学和现象学之间的桥梁。因此在精神疾病的分类上,经常招致疑问和争论,比较典型的例子发生在每一次的美国精神医学协会《精神疾病诊断与统计手册》(DSM)的修订上。

现阶段,神经科学的进步已经可以部分弥补精神医学中对于疾病机制解释的缺陷。其中已经取得实质性进展的一个领域是决策(decision making)的研究。异常的决策或许是精神疾病的重要原因,这给我们提供了一个独特的机会来了解疾病的发病机制。而认知神经学方面的计算学革命,又进一步强化了这个机会,也导致了计算学方法在精神医学领域的应用,这就是计算精神医学的基础。精神分裂症是精神科比较常见的重性精神障碍之一，下面我们就简单介绍其计算模型的历史和发展。

1　精神分裂症简介

精神分裂症是一类严重的精神障碍，瑞士医生 Bleuler 于 1911 年首次提出用"schizophrenia"来命名这种精神疾病，以表达患者出现的"Splitting of mental faculties"（精神神志分裂）特征。在中国，人群患病率在 1% 左右，美国统计数字也为 1% 左右，约占精神病住院患者总人数的一半以上。病人的中枢神经系统尚未发现有明显的实质病变，而表现有幻觉（hallucinations）（听幻觉最常见，视、触、嗅、味及内脏性幻觉也都可发生）、妄想（Dellusions）（产生歪曲的信念，且无法以逻辑推理来纠正，例如病人坚信自己的思想和行动被别人控制等）、思维障碍、行为怪异等多种症状。可发生于任何年龄，大多数发病于青年期。精神分裂症至今不易根本治愈，而且精神分裂症诊断的效度与信度问题至今远未解决，为了临床及科研的实际需要，由学会及行业同仁共同讨论，根据当时的认识水平共同协议，制订出一个相对合理的诊断标准，如 2015 年修订的美国的《精神阻碍诊断与统计手册（第 5 版）》（DSM-Ⅴ），及国际上通用的《国际疾病分类（第 10 版）》（ICD-10）等，因此，精神分裂症诊断仍是个需要深入研究的任务。

精神分裂症的病因和发病机制方面，虽然在遗传、神经发育、神经递质、躯体易感性及社会应激等已有大量工作成果，但从实证科学来考查，仍有待于研究深化。例如，精神分裂症病因研究热点的遗传基因学，大量统计资料表明同卵双胞胎的同病率近 50%，这证明了精神分裂症的发病与基因具有很大相关性（实际上以同卵双胞胎统计数据作为论据，其中还应考虑到"母胎对话"等作用成分，这里不详细讨论），而且近年来确实也陆续发现了如 α-7- 烟碱受体、DISC1、GRM7、GRM8 等 100 多个基因对精神分裂的易患性相关，但是，有关基因如何导致精神分裂症发生还是一无所知，急需深入研究。再从另一方面思考，与基因遗传无关的另外一半原因是什么？那些非基因病因，是否可能更容易被控制来影响精神分裂症的发生和治疗？神经化学研究目前已知道多巴胺（DA）、5- 羟色胺（5-HT）和谷氨酸等神经递质及其受体的异常与精神分裂症的症状有很大相关性，故有关药物被广泛用于临床治疗以改善患者症状，在病人尸体脑组织中也检测出一些神经递质受体高于对照组，但是，究竟这些递质异常是发生精神分裂症的原因？还是该疾病造成的结果？甚至仅仅只属伴随现象而不存在因果关系？这些问题至今尚无定论急待研究阐明。这正说明了精神分裂症这项重要精神疾病急需另辟蹊径加强研究，真正使占人类 1% 的这部分群体能回归正常生活和正常社会性职能。绝大多数传统生物医学研究的对象是具体的生物和人的生物性质,精神分裂症需要面对的却是人的思想意识精神范畴的疾病,目前也不存在相应动物模型,计算神经科学能否正好发挥其新型交叉学科的优势呢?

2 维纳控制论对精神分裂症机制的推测

电子计算机的发明曾受到生物神经元和脑功能的启发,因此,早期计算机理论的奠基者从信息处理及控制的观点对脑与计算机的对比都抱有极大的兴趣,如诺伯特·维纳(Norbert Wiener)、冯·诺依曼(John von Neumann)、艾伦·麦席森·图灵(Alan Mathison Turing)等,特别是控制论的创始人维纳针对计算机与精神疾病对比的一些推测,值得引起研究工作者的思考。

(1)从信息存贮记忆,传输,运算等功能来理解,大脑与计算机有很多相同之处,由此而得的启示可对精神疾病的病因及治疗提供有效的新研究方法。

(2)精神分裂症等精神失常,可能是发病初期大脑中发生恶性焦虑状态的异常循环信息:当计算机发生无法中止的循环过程时可用全部信息置零(Reset)解决,对精神分裂症采用电休克等治疗方法,其机制可能就是清除大脑的异常循环信息。

(3)人类大脑的神经元数量和神经链接距离远远大于其他动物,这可能是人类精神疾病发生显著的原因。人脑进化越庞大复杂,这问题就越严重,最后可能导致人类的脑走向毁灭,犹如恐龙类动物曾经因身体巨大而导致灭亡一样。

这些半个多世纪前的大胆"猜想",某些部分至今还是有一定参考意义,值得我们思考。

3 精神分裂症的计算神经科学模型介绍

鉴于精神分裂症的理论研究现状和医学临床现状,迫切需要有能将病例现象与已知理论联系在一起的模型研究(就如了解一个大城市就该急需有张城市地图一样,哪怕先得一张不完善的地图也比没有强),以深入探索精神分裂症机制和改进临床治疗。尤其是精神分裂症至今还没有公认的动物模型(也许它不可能有真正相应的动物模型),就更值得计算神经科学的建模和模型模拟工作从新的途径来探索试验。

3.1 精神分裂症的神经网络模型模拟

(1)联想记忆神经网络伪吸引子模型

Hoffman 及其同事认为,用 Hopfield 提出的全连接 PDP 的联想记忆人工神经网络,能对一组模式样本通过学习以相应的权重系数形成突触连接后,当一个模式信息输入时,网络由突触连接权重求和运算再经非线性传递函数后,会自动导致 Hamming 距离最近的一个神经元输出,也就是联想关系最强(也称作吸引子作用)的信息(注意:"联想记忆"不只是限于图形到图形的转换,例如对输入信息是"进化论",则联想记忆正常的可能信息之一会是"达尔文")。Hoffman 等由此推想,这种关系可能是表达人脑的正常认知过程。他们又根据人类正常发育过程中大脑皮层的神经突触密度变化,是从婴幼儿开始到青春期是逐步减少的过程,假设这种神经联系的突触密度过度减少,就可能导致神经网络不能正常联想,形成错误的"伪吸引子",或称"寄生聚焦"(parasitic foci),从而对一些听觉或视觉信息得出不正确的认知,他们认为这可能是导致精神分裂病人在意识上出现幻觉和妄想症状的神经网络机制。

　　Hoffman 等曾用 10×10 矩阵的人工神经网络进行了模拟,所得出定量结果的基本趋势符合预计。这种计算模型为精神分裂症的机制探索提供了一种有意义的新途径,虽然还是非常粗糙的一步。

　　(2) 多巴胺门控的联结主义模型

　　Cohen 及其团队认为精神分裂症病人症状的关键可以看作是认知控制的失败(failures of cognitive control),病人在从事有连续顺序信息的任务时,维持和更新其工作记忆的能力发生缺陷。Cohen 认为"联想记忆神经网络模型"能以吸引子(attractor)贮存信息,但任何一个吸引子都是由其输入信息所决定,一个新的输入信息就会驱动系统到一个新吸引子,这也就是更新了原来的前一次所保持的工作信息;若将网络联接权重更新规则重组,为在有新的输入时,不让原先记忆被快速更新,则又损害了网络的适应能力。为此,根据临床上神经阻滞类药物(neuroleptics)能改善精神分裂症症状,假设多巴胺(DA)系统紊乱失调是精神分裂症的一种病理因素,故他们设想在联想记忆吸引子网络的基础上,加上一个门控机制(gating mechanism)部分,它代表主管工作记忆的前额皮层(PFC)的 DA 单元,精神分裂症的症状就表现为这种门控信号的噪声增高,导致病人在从事顺序信息的认知任务出错。Cohen 等还对未用过精神药物的精神分裂症病人组($n=16$)与相应的健康对照组进行行为实验,并与模型模拟作对照,两者的结果趋向基本一致。所以,他们认为这个模型能成功地解释这些精神分裂症认知损害是由 DA 活动异常所致。并宣称这理论模型是为神经生理学研究和精神分裂症心理学研究的结合提供了重要的途径。

3.2　精神分裂症的关联维度计算模型

　　近年来非线性动力学在计算神经科学中越来越受到重视,其中一个关注点是计算脑电信号的混沌(Chaos)程度的关联维度 D2(dimensional complexity)[Koukkou 等曾测量了精神分裂症未用过药物治疗的发病者的关联维度 D2 为 4.44,显著大于健康对照组测得的 3.96($P<0.001$)],其机制可设想为精神分裂症病人脑的有关功能区域之间相互的兴奋性联接减少,促使关联维度增大。

直观地可理解为病人脑的各个局部功能区在发病过程中形成较独立的子神经系统,从而表现出各自不同的动力学特性,因此每个局部对整体的复杂性的贡献就增大。这就与 Hoffman 的联想记忆神经网络模型中由于联结缺陷形成虚幻的寄生汲引子现象很相似。Friston 等根据此假设进行了计算模拟,采用每组 8 个神经元共 3 组构成模型网络,各组内的神经元之间以兴奋和抑制性突触联结形成动力学混沌过程;在各组之间以稀疏兴奋性联结组成矩阵结构,模拟结果表明当各组之间的联结强度参量增大时,络的维度复杂性单调下降;也即减少各组之间的兴奋性联结强度,使关联维度 D2 增大,这与精神分裂症患者测出的现象相一致。

3.3 精神分裂症的决策模型

目前,计算学模型一个特别关注的目标是精神领域中的决策制定机制。决策制定过程中包含了收集证据以及相关的选项,并最终根据证据来从所有的选择中决定一项。在自然界中,决策制定是相当复杂的。为此建立模型一个困难之处来自于试图平衡终极约束(由自然进化过程中获取的内置的信息)和现时约束(由现实的经验中所学到的信息)的努力。第二个困难来自于计算学的复杂性所固有的:有几种优选决策制定是任何一种计算学系统都无法处理的。这激发了科学家们试图通过研究动物的决策机制来模拟人类的类似活动。强化学习就是其中一员,已经被应用来试图探索神经和行为的机制。

3.4 精神分裂症其他可供参考模型

Muray 认为精神分裂症是一个非常复杂的症状群,是迄今已超出神经科学解释范围的疾病。这已经成为开发新的治疗方法和理解病理机制的根本问题。一个有希望的方法就是计算神经科学(计算精神医学),它能提供一种形式化实验观察,反过来可以做出后续研究理论预测。我们认为有 3 种互为补充的方法:①开发可以测试细胞水平和突触假说的模型;②可以深入了解精神分裂症神经系统紊乱水平的联结模式模型;③可以观察精神分裂症复杂行为表现性状(如阳性、阴性症状等)的观察模型。利用这些模型方法可以更好地了解精神分裂症的发生机制。甚至可以考虑如何融合这些方法,更全面的促进精神分裂症诊断、治疗快速发展。

4 对精神分裂症计算模型的思考

4.1 计算模型是探索精神分裂症病因及诊疗方法的新途径

精神分裂症是具有思维、知觉、情感、意识及行为等障碍的复杂症状的精神性疾病,特别是它涉及人的精神思维(mental congnition),或称之为思想(thought)、心智(mind)、意识(consciousness)等这些尚未了解透彻甚至尚未有明确公认定义的概念;对它的渗断方法还存在一定争议:对它的治疗手段至今也尚不能尽如人意。因此从计算神经科学角度进行精神分裂症模型研究是对传统的生物医学战场引入一支生力军。近年来，计算模型对精神分裂症病因所推出的连接缺陷障碍和混沌复杂性增大等脑神经机制对原有思路有很大启发，由于其计算科学及数学的表述特点，可能在传统生物医学领域不易被直观理解接受，但仍属于有意义的开端，科学管理层应该鼓励这个新研究方向，第367次香山科学会议以计算神经科学前沿问题为内容之一，也正是迈开了第一步。

4.2　对现有精神分裂症神经网络模型的几点思考

支持计算神经科学精神分裂症模型的研究，我们不能只是对已发表的范本文章进行跟随，改变几个初始条件或神经元数量重新演算；而是对它善意而坦诚地提出经过思考的意见，这正是维纳在控制论中关于科学方法论所述通过争论才能促进新的交叉学科。

（1）关于精神分裂症模型所包含的神经元数量的琢磨

人脑是由 10^{12} 数量级的神经元和 $10^{14}\sim10^{15}$ 数量级的突触结构成网络的巨大系统，从而产生复杂的精神现象包括精神分裂症；可是 Hoffman 或 Cohen 等提出的 SCZ 神经网络模型最多只包含了 10^2 个数量级神经元，它们却都能得出与真实病人及对照组实验相一致的模拟结果，必然会令人发问：这是模拟了精神分裂症的本质要素吗？或把问题反一下，由 10^2 个数量级的神经元的连接缺陷可以表征精神分裂症吗？或者问：几百个神经元构成的"脑"不管以如何复杂的方式联结能够产生人脑所具有的精神现象吗？还是我们应该理解为这些很有限神经元的网络，只是模拟了模式识别等之类的所谓人工智能（AI）现象及其失误，对模拟人的正常精神状态及精神分裂症还有很大距离。这样反思不是对文献的否定，而是我们进一步研究时需要思考的问题。

（2）精神分裂症症状与精神分裂症是不同的概念

前面所提到的几种文献模型显然都是对精神分裂症症状的模拟。这些精神分裂症症状却可以发生于不同的神经器质性疾病或服用神经性化学品导致的症状，如苯丙胺类（ATS）、麦角二乙胺（LSD）及致幻剂苯环利定（PCP）等皆可能引起幻觉，妄想，语言混乱，特别是 PCP 还可能影响认知注意和行为功能等障碍，非常相似于精神分裂症症状，但并不等于就是精神分裂症，故进一步的模型研究应该对精神分裂症的本身如何作出深层次的探索。

（3）大脑精神障碍的软件隐喻（software metaphor）

从发现精神分裂症与癫痫之间的生物拮抗性引入休克疗法概念，后来开始建立电休克治疗，经过 70 多年历史争议和经验积累，至今仍是治疗精神分裂症的一种有效方法，对某些类别的精神分裂症初发患者一个 10 次左右的疗程即可有较高治愈率，但其治疗机制至今尚无令人满意的阐述。电休克实质是给脑部脉冲电流刺激,那么脉冲电流是如何达成的治疗精神分裂症效果?我们从维纳曾提出过的精神分裂症是"循环记忆信息异常"引起大脑功能疾病。维纳推测电休克可能是强制清除这种循环过程的方法,简化直观地解释,精神分裂症等疾病犹如计算机在工作运行中发生进入异常循环的"死机"状态,故对异常运行中的软件信息的强制"置零"和操作系统重新启动,不需要对硬件进行修理就可能恢复正常。对于人脑,维纳认为"除了死亡外,没有一个常规方法可完全清除大脑中的全部记忆,而死亡后又不能让脑重新启动"(即使能重新启动,恢复的意识不一定是原来的"自我",这一点维纳忘了提醒)。那么人脑的神经系统结构的物质与其精神活动是否存在相似于计算机的硬件与软件关系,软件还包括运算系统和操作系统的差别,从维纳推测中引申出的软件隐喻,对精神分裂症研究有兴趣者可进一步讨论,因为这不仅是件有趣的工作,还可能获得意想不到的效果。例如,是否可能从中寻找到既能有效的清除大脑循环记忆信息异常又能使副作用最小的办法。

5　期望

精神分裂症计算模型研究在不久的将来,不仅可以解释已经发现的现象,更在于能获得新信息预见新现象新规律,指导生物医学实验研究和改进临床诊断及治疗。就如我们企望气象系统计算模型一样。

6　致谢

本文在资料搜索收集整理等工作中得到原研究组成员陈凌育的大力协助:复旦大学教授顾凡及,上海交通大学梁培基教授曾对初稿仔细阅读并提出了很多重要的修改意见,在此特地对他们表示衷心感谢。

（孙复川　季卫东）

第二节　精神疾病和神经动力学模型

神经系统作为产生感觉、记忆、决策和思维等认知功能的器官系统,可以认为是多层次的超大型信息网络,当然也是目前发现的最复杂非线性网络系统。深入研究神经元和网络系统的丰富动力学问题,对进一步探讨脑神经信息传导过程和认知、思维、控制等功能具有重要意义,同时也有助于了解精神疾病的具体发病机制。

目前神经动力学研究主要集中在神经元的放电模式和同步活动的动力学分析、神经突触电生理的动力学行为和神经系统的网络动态特性(包括同步特性、时空模式、结构特性、统计特性、信息特性、控制特性、优化特性)等,还包括随机和时滞因素对神经元系统放电活动、网络和信息特性的重要影响,感知觉神经动力学模型,运动认知的神经模型与运动稳定性控制,认知功能障碍的神经动力学模型与控制,学习和记忆的神经编码和解码,跨层次的脑模型与认知神经模型等。神经系统的电生理、信息、认知和控制活动具有非线性、复杂性和随机性的本质,以及多层次、大系统、跨学科的特征。神经系统的动力学与控制问题是神经科学与非线性动力学、复杂网络系统等多学科有机融合的交叉研究领域,是神经信息学、计算神经科学和计算精神医学的重要组成部分。

1 神经动力学概况

把神经网络看作一种非线性的动力学系统,并特别注意其稳定性研究的学科,被称为神经动力学(Neurodynamics)。Hopfield 神经网络可看作一种非线性的动力学系统,1989 年 Hirsch 把神经网络看作一种非线性的动力学系统,称为神经动力学。神经动力学分为确定性神经动力学和统计性神经动力学。确定性神经动力学将神经网络作为确定性行为,在数学上用非线性微分方程的集合来描述系统的行为,方程解为确定的解。统计性神经动力学将神经网络看成被噪声所扰动,在数学上采用随机性的非线性微分方程来描述系统的行为,方程的解用概率表示。

动力学系统是状态随时间变化的系统。令 $v_1(t), v_2(t), \cdots, v_N(t)$ 表示非线性动力学系统的状态变量,其中 t 是独立的连续时间变量,N 为系统状态变量的维数。大型的非线性动力学系统的动力特性可用下面的微分方程表示:

$$\frac{d}{dt}v_i(t) = F_i(v_i(t)), \quad i = 1, 2, \cdots, N \qquad (5\text{-}2\text{-}1)$$

其中,函数 $F_i(\cdot)$ 是包含自变量的非线性函数。为了表述方便,可将这些状态变量表示为一个 $N \times 1$ 维的向量,称为系统的状态向量。(5-2-1)式可用向量表示为:

$$\frac{d}{dt}V(t) = F(V(t)) \qquad (5\text{-}2\text{-}2)$$

N 维向量所处的空间中称为状态空间,状态空间通常指的是欧氏空间,当然也可以是其子空间,或是类似圆、球、圆环和其他可微形式的非欧氏空间。如果一个非线性动力系统的向量函数 $F(V(t))$ 隐含地依赖于时间 t,则此系统称为自治系统,否则不是自治的。

考虑上述状态空间描述的动力系统,如果下列等式成立:

$$F(\overline{V}) = 0 \qquad (5\text{-}2\text{-}3)$$

则称矢量 $\overline{V}$ 为系统的稳态或平衡态。

在包含平衡态 $\overline{V}$ 的自治非线性动力学系统中,稳定性和收敛性的定义如下:

（1）平衡态 $\overline{V}$ 在满足下列条件时是一致稳定的,对任意的正数 ε,存在正数 δ,当 $\|V(0)-\overline{V}\|<\delta$ 时,对所有的 $t>0$,均有 $\|V(t)-\overline{V}\|<\varepsilon$。

（2）若平衡态 $\overline{V}$ 是收敛的,存在正数 δ 满足 $\|V(0)-\overline{V}\|<\delta$,则当 $t\to\infty$ 时,$V(t)\to\overline{V}$。

（3）若平衡态 $\overline{V}$ 是稳定的、收敛的,则该平衡态被称为渐进稳定。

（4）若平衡态 $\overline{V}$ 是稳定的,且当时间 t 趋向于无穷大时,所有的系统轨线均收敛于 $\overline{V}$,则此平衡态是渐进稳定的或全局渐进稳定的。

定义了动力稳定系统中平衡态的稳定性和渐进稳定性,就要证明稳定性。1892 年 Lyapunov 提出了由关于稳定性概念的基本理论,被称为 Lyapunov 直接方法。该方法被广泛应用于非线性、线性系统和时变、时不变系统的稳定性研究。

在含有状态向量 V 和平衡态 $\overline{V}$ 的非线性自治动力系统中,Lyapunov 定理描述了状态空间等式(5-2-2)的稳定性和渐进稳定性,其定理如下:

定理 1　若在平衡态 $\overline{V}$ 的小邻域内存在有界正函数 $E(V)$,该函数对时间的导数在区域中是有界非正函数,则 $\overline{V}$ 是稳定的。

定理 2　若在平衡态 $\overline{V}$ 的小邻域内存在有界正函数 $E(V)$,该函数对时间的导数在区域中是有界负函数,则 $\overline{V}$ 是渐进稳定的。

满足上述条件的标量函数 $E(V)$ 称为平衡态 $\overline{V}$ 的 Lyapunov 函数。

这些定理要求 Lyapunov 函数 $E(V)$ 是有界正函数,这样的函数定义如下:函数 $E(V)$ 在状态空间 ψ 中是有界正函数,则对所有的 $V\in\psi$ 满足下列条件:

（1）函数 $E(V)$ 关于状态向量 V 中的每个元素是连续偏导的。

（2）$E(\overline{V})=0$。

（3）$E(V)>0$　if $V\neq\overline{V}$。

若 $E(V)$ 是 Lyapunov 函数,由定理 1 可知,如果(5-2-4)式成立,则平衡态 $\overline{V}$ 是稳定的:

$$\frac{d}{dt}E(V)\leqslant 0 \text{ for } V\in\xi-\overline{V} \tag{5-2-4}$$

其中 ξ 是 $\overline{V}$ 的小邻域。而且根据定理 2 可知,如果(5-2-5)式成立,则平衡态 $\overline{V}$ 是渐进稳定的,

$$\frac{d}{dt}E(V)<0 \text{ for } V\in\xi-\overline{V} \tag{5-2-5}$$

以上只是简单介绍了有关神经动力学的基本概念,如果需要深入了解,可以参考相关神经动力学书籍。

2　神经动力学特征和影响因素

目前的神经网络的同步研究主要放在完全同步问题和理想模型的相位同步等,而对于与神经系统的生理功能密切联系的相位同步、簇同步、集群同步等的研究尚少,特别是如何把这些同步和神经系统的正常和非正常生理功能联系起来。时滞和噪声是真实神经网络中不可忽略的重要因素,目前研究较多的是神经元间的电耦合和化学耦合,网络的集群活动中,抑制性神经元和兴奋性神经元都能引起不同的动力学性质。

2.1　神经元计算模型

一般基本模型可以分为以下几类:① HH 模型。20 世纪 50 年代由英国的生物家 Hodgkin 与 Huxley 根据等效电路原理和乌贼巨型轴突的刺激,记录了细胞的静息电位和动作电位,通过对记录的实验数据进行精确的分析,并于 1952 年建立了准确描述细胞膜电位行为的动力学方程 HH 模型。这一模型的建立使得神经元的放电活动产生机理可以借数学模型给予研究,这对早期理解神经元的动作电位产生的机理具有非常重要的指导意义,并且 HH 模型是后来所有可以兴奋的细胞模型的基础,为所有描述可兴奋的细胞的电生理性提供了现实基础。② FHN 模型。是 Fitz Hugh 和 Nagumo 通过对 HH 这个模型的简化,在模型中考虑加入一个恢复变量,来保证动作电位的慢变性而建立的二维模型,其可以比较准确的描述动作电位的产生,为实现进一步研究分析提供了基础。③在 Hodgkin 与 Huxley 所建立的模型的基础上,生物学家不断的进行改革和创新,得出了许多具有不同特点的神经元模型,如常被学者们用来研究的 ML(Morris-Lecar) 和 HR(Hindmarsh-Rose),以及 Chay 模型等。Chay 模型是基于各种离子通道所起的重要作用于 20 世纪末被建立的另一可兴奋的新的计算理论模型。研究人员对这些模型进行实验分析或者数值仿真,发现了许多复杂的放电活动样式如簇或者峰的周期放电或混沌放电的节律形式,通过对 HR 神经元模型的分析,模型中外击电流和时间尺度因子的取值的变化都影响着模型的动力学行为。对于 ML 神经元模型和 Chay 模型,系统的反转电压、保证慢变量的时间尺度因子,以及电导等系统内这些单个的参变量取值变化都会对系统的放电形式产生不同的影响。

2.2　神经元网络的同步

大脑从下到上可以分为 7 个层次:分子、神经元、神经元群、神经网络、大脑皮层、功能分区和神经中枢,其中神经元、神经元群、神经网络和大脑皮层 4 个层次上都发现了同步现象。可见同步现象在神经元系统中是广泛存在的。普遍认为神经元活动的同步形态对记忆、计算、运动控制,甚至一些疾病如癫痫、精神分裂症等起着重要的作用,是联想记忆机制、图像分割与绑定

（segmentation and binding）等功能的重要候选者。神经元中的同步现象主要表现在两个或多个相互连接的神经元所发放的动作电位具有一定的相似性。

根据相似程度的不同，可将神经元的同步类型划分为完全同步、峰同步（相同步）、簇同步等多种。

随着非线性同步动力学理论引入到神经科学中，耦合神经元系统的同步问题也逐步展开，各种连接方式对各种同步的影响得到了逐步的研究。耦合系统中的信息流一般不是瞬时的。由于信号传输速度的有限性和递质释放的滞后，在神经系统中，时滞是普遍存在的。比如在无髓鞘轴纤维，神经信号传递的速度是 1m/s，在脑皮层的网络中传播时将会形成 80 毫秒的时滞。时滞的出现，使得有限维的动力系统变为无穷维的动力系统，从而诱导出更复杂的非线性动力学特性，因此时滞对神经元网络的非线性动力学行为影响也值得关注。时滞在神经系统中有着重要的作用。它既能增强神经元间的同步，也能抑制神经元间的同步，时滞还能诱导同步的转迁，引发丰富的放电模式。Dhamala 等通过对两个时滞耦合的 HR 神经元的同步稳定性进行分析，给出神经元网络同步的一个主稳定性方程，并通过数值仿真指出在有效时滞出现的情况下，神经元在较小的耦合强度下就能达到完全同步，这表明时滞增强神经元间的同步。太多的同步也会导致疾病，例如抗精神病药物导致手的震颤和癫痫，这种同步称为病态的同步。利用非线性动力学的基本理论，可以探索如何消除这些病态同步，为复杂精神疾病的治疗提供新的方法和理念。

2.3　神经元网络和神经震荡

神经系统整体由数量众多的神经元组成，各个单元之间通过电突触和化学突触紧密联系，形成一个具有高维数、多层次、多时间尺度、多功能的复杂信息网络结构，从而导致复杂的网络动力学行为。复杂脑网络可分为基于神经解剖学的结构性网络（struetural network），由于神经元集群的非线性动力学行为呈现统计学依赖性模式所产生的功能性网络（funetional network），以及比功能性网络更强调节点之间相互因果作用的效率性网络（effective network）等。神经信息传导和整合过程是通过神经网络系统实现的，因此神经系统的网络动力学行为与其信息活动和认知功能密切相关。

神经振荡是中枢神经系统中存在的一种节律性，或是重复性的神经元活动。神经组织可以通过多种方式产生振荡，这种振荡主要是靠单个神经元或者神经元之间的相互作用引发。在单个神经元中，神经振荡既可以表现为膜电位的振荡，又可以表现为动作电位的节律性活动，这些电活动继而引发突触后膜电位的振荡。在群体神经元水平，大量神经元的同步发放可以引起宏观水平的振荡，这种振荡活动可以通过脑电图（EEG）记录到。

Gamma 神经振荡是一种高频波，频率在 30~100Hz，存在于大脑很多区域，如嗅球、丘脑、海马和各种感觉和运动皮层等部位,是神经网络活动的一种基本形态。Gamma 神经振荡在许多皮层区域都存在,但其产生和调控机制的研究大多数都是在海马上进行的,海马的 gamma 节律可以由紧张性电刺激、代谢性谷氨酸受体(mGLuRs)激动剂和红藻氨酸受体激动剂以及钾离子溶液所诱导发生,但是当离子型谷氨酸受体被阻断以后,gamma 节律依然能够产生,而 γ- 氨基丁酸生物化学与 A 受体(GABAA)抑制剂却能阻断由电和化学刺激所诱导的 gamma 节律,并且通过调节 GABAA 配体门控通道的开启,可以调控 gamma 节律,说明抑制性突触是 gamma 同步产生的必要和充分的条件,而兴奋性突触则不是 gamma 神经振荡的必要条件。因此认为,由抑制性中间神经元组成的网络是 gamma 节律振荡产生的关键因素,此观点也被许多离体实验所证明,发现抑制性中间神经元网络自身就可以产生 gamma 节律振荡。

gamma 神经振荡调节神经元放电活动,神经元的放电总是在 gamma 神经振荡的特定相位发生,而且兴奋程度不同的神经元在 gamma 神经振荡不同的时相放电。所以说,gamma 神经振荡为神经元的放电活动提供了精确的时间模板,gamma 同步增加则导致神经元放电活动同步性增加,由 Hebb 的理论得知,LTP 的产生需要突触前和突触后神经元精确同步放电为条件,gamma 同步导致突触前和突触后神经元活动同步性增强,从而调节突触可塑性。实验证明,当突触后电位发生在 gamma 神经振荡的谷峰处,可诱导产生 LTP,而发生在 gamma 神经振荡谷底时,产生的是 LTD。因此 gamma 神经振荡具有促进神经元之间的信息交流和整合的作用。

3 神经网络动力学模型

通过构建跨层次的真实脑网络模型,结合对系统动力学行为的研究,可能阐明脑功能的神经元、突触动力学、网络结构和认知行为的机制,包括工作记忆、学习、注意和决策等。这些核心要素都是精神疾病主要的临床现象学特征,这也是当前计算精神医学最为活跃的方向之一,是研究大脑异常状态功能的重要方法和手段。大脑神经网络可分 3 种类型:结构性网络(structural network),结构性网络是基于神经解剖学原理,由神经元突触之间的电连接或化学连接构成的,一般通过实体解剖或通过核磁影像等方法确定;功能性网络(functional network),功能性网络描述神经元集群(例如皮层区域)各节点之间的统计性连接关系所产生的信息结果,为无向网络;效用性网络(effective network),效用性网络描述皮层神经网络各节点非线性动力学行为之间的相互影响或信息流向,为有向网络。

从 20 世纪末,人们已经建立了一些关于电突触和化学突触耦合的理论模型,开展了耦合神经元系统的各种同步放电行为的研究。这些结果初步反映了神经元集群中的复杂相位关系和信息传递动力学特性,表明了神经元同步在大脑的信息处理过程中发挥重要作用。复杂神经网络的拓扑识别也是一个热点问题,它是复杂动力网络同步和控制的反问题。目前网络的拓扑识别主要利用自适应方法,就是构造一个辅助网络(响应网络),利用自适应律达到网络边权的识别目的。下面简单介绍几个神经动力学模型。

3.1　突触动力学模型

神经元通过突触连接进行神经信息传递,实现细胞间的信息交流,突触所传递的信息一般采用电传递和化学传递两种方式进行。近年来,国际上许多文献根据电突触(electrical synapses)和化学突触(chemical synapses)的生理意义,建立了突触动力学的理论模型。

电突触的描述是电位耦合,突触连接体现突触前和突触后的直接影响。神经元的突触前端释放神经元信号引发突触通道的打开,通道打开后,突触后电位发生变化。根据电突触的生理特征,流经缝隙连接的电流与相邻的神经元之间的电位差成正比,应用欧姆定律给出电突触祸合的数学模型网。利用等效电路关系得到电突触后电流为 $I_{\mathrm{syn}}(t)=g_{\mathrm{syn}}(t)(V_m-E_{\mathrm{syn}})$,其中 I_{syn}、E_{syn} 和 g_{syn} 分别为突触电流、电位和电导率,V_m 为细胞膜电位。当神经元受到刺激时,突触前膜中含有神经递质的突触小泡跨过突触间隙,与突触后膜融合并释放出神经递质,在突触后膜上引起一个短暂的电位变化,从而完成信息传递过程,这就是化学突触传递神经信息的生理学过程。化学突触是神经元相互连接的主要方式,常见的有轴突 - 树突,也有轴突 - 胞体,轴突 - 轴突等多种模型,其中信号的详细传递过程是电脉冲 - 化学信号 - 电脉冲。最近,关于化学突触的理论模型很多,主要目的是要理论描述突触前后的电信号和化学信号的转化,又包含兴奋和抑制递质的结合,钙信号的调节等功能。简单的形式是 Rall 采用的 α 函数,即用突触电导率 $g_{\mathrm{syn}}(t)=g_{\max}(t/t_p)\exp(1-t/t_p)$ 去描述突触后电位的变化,其中 t_p 是某个常数。

3.2　海马动力学模型

海马由两层神经元组成,一层是颗粒细胞构成的齿状回,一层是锥体细胞构成的 Ammon 氏角,Ammon 氏角分成 4 个区 CA~CA4。海马的主要输入来自内嗅皮层,内嗅皮层神经元的轴突组成前穿质,将来自联合皮层的信息传递给海马。前穿质轴突与齿状回颗粒细胞的树突形成突触,齿状回颗粒细胞的轴突与 CA3 的锥体细胞的树突形成突触,CA3 锥体细胞发出的轴突分成两支,一支经弯窿离开海马,另一支称为 shcaffer 侧支,与 CA1 的锥体细胞形成突触。人们普遍认为这些区域的每一部分在海马的信息处理过程中都扮演着一个具有独特功能的角色,但迄今为止对每一区域功能的细节还不甚了解。Traub 曾建立了包含 19 个锥体细胞的 CA3 结构简化模型,结果显示单个锥体细胞的簇爆发放电十分复杂,而且涉及到的细胞较少。后来 Traub 和 Jeffyers 对原有模型进行改进,建立包含 100 个锥体细胞的 CA3 网络结构,锥体细胞之间的兴奋突触随机连接,结果发现较强的突触连接是发生同步簇爆发的必要条件。1995 年 Tateno,Hayashi 和 Ishizuka 在前人的基础上进一步扩大细胞规模,发展成 256 个锥体细胞,25 个抑止性中间神经元的 CA3 网络模型,并对突触强度影响电位发放做了深入研究。由于海马的重要性,海马结构的 CA3、CA1 和齿状回 DG 等系统结构,都有对应的理论分析。

海马功能和精神分裂症关系非常密切,研究认为精神分裂症的思维、工作记忆等损害和海马功能障碍有关,海马的神经动力学模型有助于发现精神分裂症部分症状的发生机制。

3.3 丘脑动力学模型

丘脑(thalamus)的功能就是合成发放丘觉,丘觉和意识产生有关,当丘觉自由发放或被样本点亮发放,这时就产生意识。丘脑皮层的网络回路包含锥体神经元、中间神经元、丘脑皮层和视丘细胞等,相互连接有 AMPA 和 GABA 受体类型。丘脑皮层的计算利用房室模型模拟皮层中的各类神经元,模型显示守振荡,睡眠纺锤波,同步发放,锥体神经元的正则发放和快速振荡发放等现象。

虽然在神经网络动力学模型上有很多探索,但神经结构和神经网路的完整功能,目前依然处于摸索之中,如果未来在某些功能如记忆、注意和决策等方面有突破性进展,那么相信精神分裂症等精神障碍的诊断分类、治疗和康复等都会迎刃而解。

4 神经动力学模型和精神分裂症

4.1 精神分裂症 Top-Down 动力学模型

Marco 认为精神分裂症三类核心症状可以用神经动力学来解释,如下所述,精神分裂症最核心的认知损害 - 工作记忆障碍,可能与吸引子持久的不稳定状态有关,其不稳定性状态可以通过前额叶区域吸引子低放电率所表达。阴性症状如退缩或情绪的平淡可以通过在与情感相关联的眶额叶皮层神经元放电减少有关。这些假设可以通过在精神分裂症患者中观察到额叶功能低下(当认知任务时额叶大脑区域中的活性降低)现象来获得支持依据。

通过聚焦 NMDA 和 GABA 受体激活突触通道的变化,发现随着 NMDA 受体电导降低,可以减少神经元放电和吸引子稳定性,从而导致认知损害和阴性症状。如果 NMDA 和 GABA 同时电导降低可以改变吸引子稳定性,从而导致阳性症状。据此,可以建立相关的神经动力学模型(图 5-2-1)。

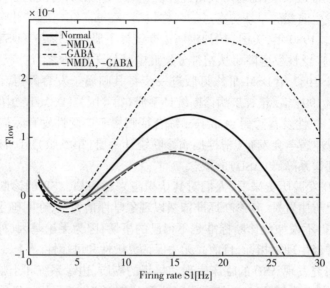

图 5-2-1 单吸引子网络流动模型（图来自网络）

4.2 精神分裂症神经元震荡模型

神经振荡最早是由 Berger 等发现的，它是中枢神经系统中存在的一种节律性，或是重复性的神经元活动。神经组织可以通过多种方式产生振荡，这种振荡主要是靠单个神经元或者神经元之间的相互作用引发的。大量的研究显示，不同脑区间存在着神经振荡的相位同步，而神经元群的相位同步已经被大量的实验证实可以促进不同脑区之间的信息交流，以及增强神经突触可塑性。大脑执行复杂的认知功能需要众多神经元在多个脑区间协调作用，大脑中的神经振荡通过将相关的神经元集群活动联系在一起，为这种协调作用提供了机制。神经振荡产生的一个关键条件是遵循某种规则的同步神经元活动，已有越来越多的研究揭示，同一节律之间的相位同步可以支持大脑的神经通讯以及增强神经元突触可塑性，而交叉节律的同步振荡被认为是神经元活动与行为、精神障碍的一种重要的连接机制。

精神分裂症被认为是一组兴奋/抑制平衡紊乱的神经动力学异常症状群，神经动力学模型假说改变了以往总是从脑区神经环路异常、DA 能紊乱解释阴阳性症状的传统局面。

5　START 模型和孤独症谱系障碍

孤独症谱系障碍（ASD）是一组以社交障碍、语言交流障碍、兴趣或活动范围狭窄，以及重复刻板行为为主要特征的神经发育性障碍。自 1943 年 Leo

Kanner 首次报道以来,随着对其研究和认识的不断深入,有关的名称和诊断标准也相应发生演变。早期曾有过的名称包括"Kanner 综合征""儿童精神分裂样反应"等。1980 年,美国《精神疾病诊断统计手册(第 3 版)》(DSM-Ⅲ)首次将孤独症 - 广泛性发育障碍从精神分裂症中区分开来,称之为"广泛性发育障碍(PDD)"。1987 年 DSM-Ⅲ修订版进一步将其归属于发育障碍,命名为"孤独样障碍"。1994 年《精神疾病诊断统计手册(第 4 版)》(DSM-Ⅳ)中将孤独症、未分类的广泛性发育障碍、Asperger 综合征归属于广泛性发育障碍。2013 年5 月美国精神病学会发布《精神疾病诊断统计手册(第 5 版)》(DSM-Ⅴ),正式提出孤独症谱系障碍(ASD)的概念。

从 ASD 发展历史来看,人们对其认识越来越深刻,ASD 的诊断也越来越规范。但是毋庸置疑,其诊断标准依然以现象学评估为主,在明确生物学特征基础上,不得不说如此诊断标准是不得已的事情,因为无论基因、神经心理学指标还是神经生理学指标,目前尚无法保证灵敏性和可靠性。

诸多研究发现 ASD 的临床表现和早年的皮质、边缘系统和小脑功能障碍有关,从机制上来解释 ASD 的异常行为和认知,很有必要从神经元模型开展研究。START(Spectrally Timed Adaptive Resonance Theory)模型是在以往研究的 3 种神经元模型整合而来,当 START 模型参数发生改变,平衡被打破了,即是 ISTART(Imbalanced Spectrally Timed Adaptive Resonance Theory)模型,这个模型提供了检验脑功能异常假说的方法。第 1 种模型,被称为自适应谐振理论(ART),提出了大脑如何学习识别物体和事件,通过相互自下而上、感知驱动性输入完成,并学会自上而下的预期未来事件;第 2 种模型,称为 CogEM(或认知 - 情绪 - 原动力)模式,扩展了 ART 到认知、情感、联想,尤其是链接外部世界的事件和物体,并赋予这些事件、物体具体意义;第 3 种模型,叫做光谱时序模型,主要澄清大脑为了获得犒赏在时序上如何反应。

ISTART 模型展示了自闭症行为症状是在出现故障的大脑中如何产生的,引人注目的是杏仁核和关联情感的大脑区域所引起的抑郁情绪,和颞叶、前额叶相关的再识别学习,以及海马系统、小脑有关的注意力神经环路。该模型旨在阐明大脑如何在与环境反馈之间出现孤独症谱系相关症状。

6　未来趋势

神经动力学模型为阐明复杂精神疾病的发生机制提供一种可行的方法,随着计算机技术和人工智能技术的高速发展,我们对神经模型的理解会更加深入。例如大脑连接是可以由神经元的性质变化或通过突触可塑性来调节的,长期记忆与脑皮层神经元间连接强度的变化有关,因此要求计算模型能够考虑如何受时变连接方式影响的问题。真实神经网络系统通常是动态的,再加上网络节点动力系统的高度非线性和复杂性、网络拓扑结构的大规模性和时变性等，从而产生极其错综复杂的动力学行为、时空演化模式和控制特性。为此我们还要进一步考虑复杂网络结构的时间演化问题，例如网络拓扑的动力学、网络鲁棒性和易损性等问题。另外，复杂神经网络的拓扑识别也是一个热点问题，它是复杂动力网络同步和控制的反问题，未来这一领域也会成为研究热点。

（张展星　季卫东）

第三节　注意缺陷多动障碍与神经环路模型

目前已能通过神经影像学技术将脑区与精神症状或功能异常组成对应关系，症状维度的神经定位已成为可能。前额叶作为大脑发育的最高级部分，集中了大量相关研究：比如执行功能定位于背外侧前额叶皮质（dorsolateral prefrontal cortex，DLPFC），情感症状定位于腹内侧前额叶皮质（ventromedial prefrontal cortex，VMPFC），选择性注意定位于前扣带回背侧部皮质（anterior cingulate cortex，ACC），冲动行为定位于眶额叶皮质（orbitofrontal cortex，OFC），运动控制定位于运动区皮质（motor cortex，MC）。

额叶的功能不是单独产生，而是与纹状体、丘脑等皮层下结构通过联络纤维建立联结路径，组成环路结构，从而发挥整体功能。大脑皮质的神经元与许多其他神经元相连接，形成皮质神经环路，起到大脑功能的启动作用，前额叶皮质对精神行为的影响尤为重要。这种神经网络能将一种简单的信号传入转化为一种复杂的信号转出，最终调节大脑的功能和行为。对于精神病学家而言，可以利用对某一特定神经环路具有调节递质作用的药物或者治疗来影响患者的临床症状，从而对疾病的病理生理学能有更为系统的认识。而与此同时有大量报道指向注意缺陷多动障碍（attention deficit hyperactivity disorder，ADHD）患者的上述皮质 - 纹状体 - 丘脑 - 皮质（cortico striato thalamic cortical，CSTC）环路存在异常，令研究开始具有指向性意义。

1　ADHD 与 CSTC 环路神经网络连接

CSTC 环路允许传导的信息向"下游"传递并离开皮质，而皮质则同时获得反馈，将决定信息被如何加工处理。神经信息从前额叶皮质投射至纹状体，然后再投射至丘脑，纹状体和丘脑都仅与皮质的特定区域产生局部的交互关系，穿过纹状体的神经环路与离开纹状体前往丘脑的部分纹状体的神经元可有突触相连，最后再回到前额叶皮质的开始区域，有时能顺利地回到最初的锥体细胞内。脑干节点发出的神经递质投射支配丘脑、纹状体和前额叶皮质,其释放的神经递质在这3个脑区并抑制丘脑对前额叶皮质的信号转出。CSTC 环路帮助我们认识到皮质的神经冲动不仅通过反馈调节来支配各个脑区的神经结构,而且可以通过不同的脑区来调节各种不同的功能活动。某一脑区并不一定仅调节大脑的某一功能,而任何某种功能也不一定只受某一特定脑区的影响。但是,脑局部区域或分区的观点对于我们对患者进行功能性脑影像学检查及理解其相关特异性症状是有帮助意义的。

我们看到了 CSTC 环路中每一条代表性神经环路,他们的起止都在皮质锥体细胞中。由于锥体细胞启动皮质环路的神经传出,如果有药物或者物理治疗可改变这些锥体细胞的神经递质传入或传出就会影响这些神经元的功能,从而具有重要的诊断和治疗作用。因此,了解一些有关调节这些神经元活动的条件和因素显然有益。神经纤维跟踪成像技术提示 ADHD 纹状体与前额叶之间的连接纤维束的异常及不对称。ADHD 患者的前额叶、纹状体、丘脑神经纤维束的容量显著减少并伴随 CSTC 环路广泛的结构和功能异常,从而损害了注意和执行功能。已有通过 CSTC 环路所涉及的常见疾病的影像学特征而定义并归纳的强迫谱系障碍:ADHD、抽动秽语综合征、强迫性障碍、拔毛癖、反应抑制和干扰控制障碍等认知行为症状也证实与此类疾病 CSTC 环路改变有关,对临床诊断归类提供了创造性的影像学方法。中枢兴奋剂可改善 ADHD 患者的持续注意和认知,对照使用后 ADHD 患者的 CSTC 环路皮质与皮质下功能连接趋于正常。Stahl SM 总结的总共 5 项 CSTC 环路,具有重要研究价值。本文探讨其与 ADHD 的症状之间的关联性。

1.1 背外侧前额叶皮质 - 纹状体 - 丘脑 - 皮质(dorsolateral prefrontal cortico-striato-thalamic-cortical,DLPFCSTC)环路与 ADHD 持续性注意

背外侧前额叶皮质(DLPFC)参与调节持续注意和问题解决。该环路与执行功能相关的环路,又称持续注意环路。DLPFCSTC 环路神经冲动起源于 DLPFC,投射到纹状体中尾状核的顶端,然后传出至丘脑,最后返回到 DLPFC。这条环路与调节执行功能、问题解决和认知功能如目标的表示和维持、对不同作业的注意分配等有关。DLPFC 激活不足和(或)低效会导致难以执行或完成任务、做事没有条理以及持续用脑困难。通过 n-back 测验评估工作记忆测验和问题解决能力的任务时,在功能性近红外光谱技术(fNIRS)下显示左侧 DLPFC 功能活性显著增强。经颅直流电刺激(transcranial direct current stimulation,tDCS)左侧 DLPFC,则工作记忆任务得到更快速和更精确的完成。

关于 ADHD 患儿的 DLPFCSTC 的研究报道中,氢质子磁共振波谱(1H-magnetic resonance spectroscopy,1H-MRS)显示右侧 DLPFC 的 N- 乙酰天冬氨酸 / 肌酐比值(N-acetylaspartate/creatine,NAA/Cr)与患儿学习障碍正相关,左

侧 DLPFC 的 NAA/Cr 比值与患儿的晨起行为严重性呈负相关,提示 ADHD 症状与左右脑 DLPFC 活性不同。

1.2 腹内侧前额叶皮质 - 纹状体 - 丘脑 - 皮质(ventromedial prefrontal cortico-striato-thalamic-cortical,VMPFCSTC)环路与 ADHD 情绪调节

腹内侧前额叶皮质(VMPFC)参与情绪的加工处理过程。该环路是与情绪相关的环路,又称情绪环路。VMPFCSTC 信号起源于 VMPFC,传出至纹状体中的伏隔核,再传出至丘脑,最后返回至 VMPFC。这条环路与情绪调节有关,激活不足涉及抑郁和恐惧。在进行任务态脑功能磁共振成像(functional magnetic resonance imaging,fMRI))时发现,正性情绪体验可以激活 VMPFC,并可追踪参与者的 VMPFC 主管区的刺激效价评级。而且当参与者被要求体验自身的情感时,VMPFC 同样被追踪到刺激效价评级区域的激活状态。同时追踪到 VMPFC 区域信号增加和正性情绪显著相关,提示外在奖励和情绪刺激同样可以编码 VMPFC 区域的主体信号值。膝下 VMPFCSTC 损伤和犒赏机制的敏感度有关,已成为抑郁症深部脑刺激(deep brain stimulation,DBS)的靶点治疗区域。

关于 ADHD 患儿的 VMPFCSTC 的研究报道中,1H-MRS 证实 ADHD 症状严重程度与右侧 VMPFC 的肌醇 / 肌酐比值(myo-inositol/creatine,ML/Cr)负相关,与皮层下的左侧的纹状体 - 丘脑区的胆碱 / 肌酐比值(choline/creatine,Cho/Cr)相关,与左侧壳核谷氨酰胺 / 肌酐比值(glutamate-glutamine-GABA/creatine,Glx/Cr)负相关,提示 ADHD 患儿的 VMPFCSTC 环路结构存在广泛的异常,其环路神经细胞能量代谢率的显著下降导致症状趋于严重。VMPFCSTC 环路与情绪反映和反应抑制有关,情绪 Stroop 任务态 fMRI 设计反映上述缺陷,证实 VMPFC 功能活性下降与 ADHD 的相关破坏性行为障碍的症状相关,导致的结果是 ADHD 患儿更具有破坏性行为并伴有冷漠无情的特质。

1.3 前扣带回前额叶皮质 - 纹状体 - 丘脑 - 皮质(anterior cingulate cortico-striato-thalamic-cortical,ACCSTC)环路与 ADHD 选择性注意

背侧前扣带回皮质(ACC)参与各种情绪的调节,调节选择注意。该环路是与注意相关的环路,又称选择性注意环路。ACCSTC 环路信号从 ACC 发出,投射到纹状体底部,然后到达丘脑,最后返回到背侧 ACC。这条环路激活不足和(或)低效会导致出现诸如注意不到细节、犯粗心大意的错误、不注意听、经常丢东西、容易分心和经常忘事等一系列症状,环路调解通过皮质区和皮质下区功能作用,影响选择性注意和控制能力并且协调其相互作用。正性情感反应与左侧 ACC 灰质容量相关,具有额外辅助作用。

STROOP 测验正常情况下会激活前 ACC,而 ADHD 患儿的前 ACC 激活不足,并且发现右侧 ACC 皮质厚度减少与症状多样性显著相关,该区域影响行

为错误检测、冲动以及抑制控制。为代偿这一反应抑制缺陷，在进行 Go/NoGo 任务时，这些患者激活了前额叶其他一些正常情况下不负责选择性注意功能的脑区来完成这一任务，但其表现得效率更低、速度更慢、错误更多。ADHD 患儿的 ACC 灰质容量减少与选择性注意缺陷明显相关。

1.4　运动区皮质 - 纹状体 - 丘脑 - 皮质（motor cortico-striato-thalamic-cortical，MCSTC）环路与 ADHD 运动调节

额叶运动区皮质（MC）调节活动过度，MC 又分为初级运动皮质（primary motor cortex，M1）和次级运动区如前运动皮质（the premotor cortex，PMC）、补充运动区（supplementary motor area，SMA）。MCSTC 是运动相关的环路，又称多动环路。这条环路参与运动活动，如多动和精神运动性激越或迟缓。MCSTC 信号冲动从前额叶运动皮质发出，投射到壳核（外侧纹状体）或纹状体外侧豆状核再到丘脑，最后返回 MC。功能近红外光谱（functional near-infrared spectroscopy，fNIRS）对照正常人在执行动作命令前后，MC 脑区的执行任务时功能活性比静息态时显著增加。随着运动量的增大，MC 的运动神经网络火星越强。当视觉运动改变时左侧 PMC 增强，而动作的不一致性增加时右侧 PMC 增强。阳极经颅直流电刺激（Anodal transcranial direct current stimulation，atDCS）刺激 SMA 区域可提高正常人的执行制动效能和制动速度。

ADHD 患儿常见的多动症状包括坐立不安、离开座位、到处乱跑 / 乱爬、常常显得很忙碌以及不能安静地玩耍。与运动行为调节有关，如多动、精神运动性激越和精神运动性迟缓等。fMRI 显示在进行右手操作时，ADHD 患儿的左侧 M1、双侧 PMC 以及双侧 SMA 脑区激活范围比正常对照组更小，与手部运动相关的 M1 和 PMC 均显示显著激活不足。3D 磁化快速梯度回波（3D magnetization prepared rapid gradient echo，3D MPRAGE）MRI 扫描显示 PMC 表面积与 ADHD 多动症状的严重程度显著负相关。

1.5　眶额叶皮质 - 纹状体 - 丘脑 - 皮质（orbitofrontal cortico-striato-thalamic-cortical，OFCSTC）环路与 ADHD 冲动行为

眶额叶皮质（OFC）控制冲动行为，该环路又称冲动 / 强迫行为相关的环路。OFCSTC 环路调控从 OFC 发出，投射到纹状体的尾状核，然后到达丘脑，最后返回到 OFC。这条环路激活不足可导致冲动控制和情绪加工的调节障碍。OFC 功能缺陷的严重程度与冲动行为的严重程度之间存在重要关联。在进行 Go/NoGo 任务时，高冲动人群的 fMRI 扫描右侧 OFC 功能活性下降。而同样通过 fMRI 扫描当右侧 OFC 功能活性增强时，人更容易表现出的是处事从容不迫，体现出与情绪相关的风险控制能力。在药物滥用者的冲动控制障碍研究中，静息态 fmri 提示中部 OFC 的局部一致性（Regional homogeneity，ReHo）降低，证实 OFC 区局部神经元活动时间上不同步与冲动 / 强迫症状密切相关。

而无论是冲动行为还是冲动选择,均与 OFC 脑区的神经递质 DA 和肾上腺素转运功能相关,是兴奋剂的治疗靶点。ADHD 患儿冲动症状包括说话过多、不假思索、脱口而出、不能按顺序等待以及打断别人说话,该类症状与 OFCSTC 环路有关,脑结构测量协方差网络(structural covariance network,SCN)绘图发现 ADHD 右侧 OFC 灰质体积显著减少,而左侧 OFC 功能连接的减少与抑郁的严重程度有关,上述研究结果提示双侧 OFC 的功能可能不同,分别分管冲动控制以及情绪加工。OFCSTC 路又称冲动 / 强迫行为相关的环路,ADHD 与 OCD 拥有共同的 OFCSTC 环路异常,这也是临床上 ADHD 与 OCD 的高共病率的原因之一。

2　ADHD 的 CSTC 环路结构治疗新进展

2.1　药物治疗

在药物治疗治疗 ADHD 的药物中,提高 D1 和肾上腺素 α2A 受体激活水平的药物(盐酸哌甲酯片、盐酸托莫西汀)获得临床广泛应用。药物对 DLPFCSTC 和 VMPFCSTC 的研究中,近红外光谱技术(near-infrared spectroscopy,NIRS)显示 ADHD 患儿在执行持续性操作测验(continuous performance task,CPT)任务时双侧的 DLPFC 的不能像正常对照组一样呈现氧合血红蛋白浓度(oxygenated hemoglobin,oxy-Hb)的增加,在服用盐酸托莫西汀后右侧 DLPFC 的活性可观察到明显的激活,从而改善持续性注意。未服药前在执行 CPT 任务时较正常对照组呈现 VMPFC 的 oxy-Hb 浓度显著下降,在服用盐酸托莫西汀后这种显著差异也消失了,提示盐酸托莫西汀使得 ADHD 患儿能够相应的激活 VLPFC 参与情绪调节,在执行停止信号测试(stop-signal task,SST)时服用哌甲酯同样具有使 VLPFC 正常激活的作用,甚至比盐酸托莫西汀更强。药物对 ACCSTC 的研究中,氢质子磁共振波谱(1H-magnetic resonance spectroscopy,1H-MRS)显示经过哌甲酯药物治疗的 ADHD 患儿 AC 的谷氨酰胺 / 肌醇比值(glutamate-glutamine-GABA/myo-inositol,Glx/ML)明显低于未经过药物治疗的 ADHD 患儿,中枢兴奋剂使得 ADHD 患儿能够相应的激活 ACC,从而干扰情绪调节和选择性注意。目前中枢兴奋剂在 MCSTC 的相关报道极少,仅发现盐酸哌甲酯和盐酸托莫西汀可以激活 SMA,提示 ADHD 的多动环路异常较为局限。中枢兴奋剂可发生药物滥用,对于药物滥用的研究集中在 OFCSTC 环路,冲动控制与药物的滥用有关,也是 ADHD 治疗关注点。盐酸托莫西汀对去甲肾上腺素在 OFC 的抑制作用直接降低了该区的多巴胺功能,这也是托莫西汀有别于哌甲酯,药物滥用易感性低的重要原因,供临床医师参考。

2.2 非药物治疗

非药物治疗对 ADHD 的大脑皮质区的治疗已有相关报道。经颅磁刺激（transcranial direct current stimulation，tDCS）是一种非侵入性的，利用恒定、低强度直流电调节大脑皮层神经元活动的技术。ADHD 患者在经阴极经颅直流电刺激（Cathodal transcranial direct current stimulation，ctDCS）显示，左侧 DLPFC 可以明显提高神经心理学的 Go/No-Go 任务和视觉注意力测试（visual attention test，VAT）得分，改善其优势反应一致的抑制控制能力，视觉注意，视觉和言语工作记忆的执行功能能力，显著提高处理任务效率，对刺激的敏感性以及进行中行为的切换，调节持续注意。tDCS 对 DLPFCSTC 的治疗可成为改善 ADHD 患儿持续注意和执行功能的治疗手段。

tDCS 对在下述环路未见 ADHD 研究报道，但是已有研究在志愿者的应用中获得效果。atDCS 刺激 VMPFC 以及 MC 的 preSMA 区域可提高志愿者的执行制动效能（stopping efficiency）和制动速度（stopping speed）。tDCS 刺激 preSMA 区域可特异性提高志愿者行为的抑制控制能力。ctDCS 和 atDCS 均能增加左侧背侧 ACC 的活性而同步增加正常人对刺激的忍耐力而减少冲动。对 ACC 的治疗可以稳定情绪，调节注意。ctDCS 可以降低 M1 兴奋性从而减缓动作速度，经颅磁刺激（transcranial magnetic stimulation，TMS）刺激 PMC 脑区可以使其兴奋性维持更长从而改善运动功能。tDCS 对 VMPFC 的情绪、ACC 的选择性注意、MC 区 M1 和 preSMA 的行为均有改善，可能将来成为针对特异症状的 ADHD 治疗手段。tDCS 可以降低 OFC 区的血流灌注，而 OFC 的活性与风险水平和损失负相关，提示对于冲动、猎奇性以及冒险性行为增加的 ADHD 患儿没有帮助，而对于对风险以及新奇刺激的规避行为增加的 OCD 可能有益。

tDCS 对皮质下结构的治疗意义有限，而 DBS 已经替代了立体神经外科常用的毁损手术，采用高频电刺激可以产生类似于毁损效应的可逆性功能性阻滞。DBS 对跨越 CSTC 环路的神经轴突纤维起到活化作用而直接获得临床疗效，作用位点可达纹状体和丘脑。ADHD、强迫症（obsessive-compulsive disorder，OCD），以及抽动秽语综合症（Tourette's syndrome，TS）具有 CSTC 环路功能失调的共同致病基础，在后两者的 DBS 治疗中已有明确报道。在认知行为治疗和药物治疗无效的情况下，对于共病 TS 的难治性 ADHD 患儿和行为障碍严重的 ADHD 患儿，DBS 对于纹状体的苍白球内侧部，苍白球外侧部，丘脑中部的治疗显著改善难治性 ADHD 患儿精神行为症状。ADHD 患儿纹状体的伏隔核神经连接动机和行为的产生，情感体验对行为反馈调节，对纹状体伏隔核的 DBS 可以显著改善动机犒赏、应激性行为。DBS 对连接 OFC 的丘脑和腹侧纹状体刺激时可显著缓解强迫性症状。ADHD 患儿症状随着大脑发育成熟部分可自行缓解,治疗需慎重。但是重症者或 ADHD 共病 TS 和 OCD,则该 DBS 治疗靶点可能成为治疗 ADHD 共病 TS 和 OCD 的潜在治疗手段。

（朱云程　季卫东）

第四节　物质成瘾与计算科学

成瘾是一个慢性复发性的脑疾病,它以药物中毒、渴求、用药、戒断以及无法自控的药物相关的行为为特点。这一循环以全神贯注地获取和使用物质而告终。当使用药物的冲动增加时,寻求环境中其他更健康的奖赏（例如社会体验、锻炼）的冲动减少,从而导致对个体的不良后果（包括躯体健康,其他个人、社会以及职业目标）。药物成瘾的反应抑制和归因模型（iRISA）认为这一循环是以两个主要的行为系统受损为特征的,即反应抑制和归因。根据 iRISA 模型,赋予药物和相关条件刺激的价值远远高于赋予其他非药物强化物的价值,从而导致自我控制力下降。

滥用的药物增加了边缘叶和中脑皮质的多巴胺（DA）水平,这对于药物的强化作用是非常关键的。滥用的药物通过直接激发 DA 的超生理作用、间接调节大脑奖赏环路中的其他神经递质[例如谷氨酸、r- 氨基丁酸（GABA）、阿片类、乙酰胆碱、大麻酚和 5- 羟色胺]产生强化和成瘾效应。随着长期使用药物,多巴胺 D2 受体的利用率下降,多巴胺能支配的皮质边缘脑区[包括眶额皮质（OFC）和前扣带皮质（ACC）]的功能改变,从而中介了奖赏凸显、动机以及抑制控制过程。

在过去 20 年中,我们看到对人类大脑的研究已经取得了前所未有的进展。最令人兴奋的进展可能是结构和功能脑影像学技术的出现,这项技术的出现使我们能够洞察复杂人类行为背后的脑活动,从而彻底改变了认知和行为神经科学。这些技术进步也促使基础的神经科学发现向临床实践靶向治疗的快速转化。神经影像学技术已被广泛应用于药物滥用和成瘾研究中,评价大脑神经细胞形态结构、生物化学和功能改变。

多种多样的脑影像学技术大体上可以被分为 3 类:①核医学影像技术:包括正电子发射计算机断层摄片（PET）和单光子发射计算机断层摄片（SPECT）。②磁共振成像技术（MRI）:包括结构磁共振、功能磁共振（fMRI）和磁共振波谱（MRS）。③电生理成像技术:包括脑电图（EEG）和脑磁图（MEG）。每一项技术都展现了脑结构或功能的一个不同方面,使我们能够更广泛地了解大脑的生物化学、电生理及功能过程、神经递质活性、能量的利用和血流以及药物分布和药代动力学。总的来说,这些技术有助于阐明包括药物成瘾在内的复杂的神经生理疾病。

1 基于结构磁共振成像的计算神经解剖学方法

计算神经解剖学是从多种模态的脑影像出发,使用医学图像分析技术通过计算的手段,建立脑的发育图谱、功能图谱、疾病蜕变图谱,进而在整体水平上探索脑的复杂结构与功能的前沿学科。计算神经解剖学不仅能够定量描述图像对应解剖结构的形状、大小、空间关系,而且能够建立功能与结构的关系,不同研究对象对应信息的关系,以及不同时间对应信息的关系。它是计算科学、神经影像学以及神经解剖学的有机结合,是脑科学研究的基础组成部分,是进一步加深对大脑结构与功能的认识的崭新手段。

1.1 基于感兴趣区的分析法(region-of-interest based analysis)

众多的结构磁共振成像方法已经发展成为从纵向和横断研究体积结构变化的工具。常规方法是以假设大脑感兴趣区的预先定义为基础再测量每个感兴趣区的组织体积。可通过以颅内总体积标准化感兴趣区体积来校正头围的主体间变异。这种分析方法的步骤相对简单明了,其结果对信噪比和图像不均匀性的敏感性低。但是,这种分析方法因其需要在大量的受试者上手工勾画感兴趣区而非常耗时费力,操作者必须接受良好训练以获得一致的结果,评价者间和评价者内可信度是影响结果的一个重要因素。这些局限性可通过使用半自动或全生动生成感兴趣区来克服。基于感兴趣区分析法的另一个重要局限性是需要对涉及某种脑部病变的大脑结构作出预先定义,而脑部病变并不总是事先已知。再者,受累区可能仅仅是预先定义的解剖区的一部分,因此部分容积分析法可能使差异变模糊。为了克服这些局限,以单个体素分析法为基础的替代方法已经发展起来。

1.2 基于体素的形态测量法和基于形变的形态测量法

计算神经形态测量学是一种以大脑解剖结构的局部差异性为特征的方法学。计算形态测量学技术对全脑进行自动单个体素分析,不仅可明显提高研究效率而且有利于来自全脑检查新假说的发展。这些技术需要将不同受试者的图像空间标准化到标准立体定位模板如 Talairach 空间或 MNI 空间[蒙特利尔神经病学研究所(Montreal Neurological Institute, MNI)],对已配准图像或对将图像配准到模板的形变场进行进一步分析。

基于体素的形态测量法(voxel-based morphometry, VBM)使用统计学分析研究脑组织的局部体积 / 密度。一般地,VBM 法首先将图像分割出灰质、白质和脑脊液,将图像配准到标准脑模板或研究特异性脑模板,校正因图像变形所致的体积改变,再使已配准的图像平滑以减少因个别失配所致误差。然后应用统计参数图(statistical parameter mapping, SPM)分析法推出关于各个脑组织区局部体积／密度差异的结论。SPM 是指检验神经影像学假说的空间延展统计过程的评价方法，已经在 SPM 软件包中实现。

基于形变的形态测量法（deformation-based morphometry，DBW）分析将图像配准到模板的形变场。将每帧图像与模板对齐的变换可通过图像配准来评估，并通过每个体素的位移矢量来定义。外形信息可用局部雅可比矩阵来表征，雅可比矩阵是形变场一阶导数的矩阵。雅可比矩阵的行列式提供局部容积效应（local volume effects）的信息。每个体素的雅可比行列式具体规定了每个体素的变化是否由于体积缩减或体积增大所致。雅可比行列式值 >1 提示体积膨胀，而雅可比行列式值 <1 则表明体积缩减。对位移矢量或雅可比行列式图的统计学分析可表征不同个体间局部组织外形和体积的变化。

VBM 和 DBM 的性能主要取决于根据图像配准计算的基本相变（underlying transformations）的准确性，而基本相变是对个别图像之间空间对应的估计。由于大脑结构的复杂性和相变的高维自由度，要获得完美的相变非常困难。许多研究试图通过更好地建立形变场模型、限制相变的一致性和合并特定解剖特征而不是图像灰度来提高配准精度。无偏倚模板是生成可靠的群体分析结果的关键所在。最近报道的分组图像配准技术使相变的联合评估和无偏倚模板的生成得以实现。

1.3　基于皮层表面的分析法（cortical surface-based analysis）

大脑的形态学信息包括组织密度和体积以及皮层褶皱、厚度和面积。神经发育、神经老化和神经病理研究对这些地形学特征非常感兴趣。可使用高分辨率结构磁共振成像通过计算脑表面参数生成大脑皮层表面模型。在过去的 20 多年来，对自动和改进基于皮层表面的分析法已经作出许多努力。

人类大脑皮层高度褶曲呈不同个体之间各不相同的多种模式。尽管涉及沟回形成（gyrilication）的基本神经生物学仍未完全了解，但是研究表明大脑皮层褶皱模式与结构和功能特化（specialization）密切相关。此外，据报道称人类大脑皮层褶皱模式可预测其细胞构筑。用 MRI 数据构建皮层表面后，可使用多种度量指标来计算褶皱模式的定量描述，这些指标诸如沟回形成指数（gyrification index）、脑沟指数（sulcus scale）和脑回指数（gyrus scale）等整体指标以及曲率（curvature）和表面比（surface ratio）等局部指标。然后，这些参数的统计分析可应用于评价褶皱模式异常。脑沟改变的横断研究和纵向研究表明皮层表面积、皮层平均厚度、灰质体积、脑沟深度测量（sulcal depth measures）和脑沟曲率等随着年龄的增长而减少。

人类皮层厚度变化为 1~5mm，平均约 2.5mm；而且皮层厚度的变化意味着神经元密度的改变。在哺乳动物进化过程中皮层厚度是一个相对恒定不变的大脑参数，而皮层表面积几乎总是与大脑体积呈线性相关。在正常衰老过程中以及疾病人群如自闭症和精神分裂症中可见皮层厚度的改变。人们对通过皮层厚度的测量来研究神经精神疾病已经越来越感兴趣。皮层厚度研究的计算分析和统计分析已经开发出几种公用软件包如 FreeSurfer。

1.4　基于磁共振成像的计算神经解剖学在药物成瘾中的应用

结构磁共振成像技术已经证明长期药物使用者存在大脑形态学的改变，特别是额叶。一项早期研究使用半自动感兴趣区分割法测量了多种物质滥用者前额叶和颞叶的皮层体积，发现药物滥用者的前额叶较小。使用自动分割技术可见可卡因依赖者的杏仁体体积缩小而不是海马。

对长期可卡因使用者进行了灰质和白质密度的单个体素结构分析，结果发现眶额皮层、前扣带皮层、岛叶皮层和颞上皮层的灰质密度减低；涉及奖赏和注意执行控制的皮层区明显变薄，皮层厚度与在相对偏爱的判断和决策期间的击键事件减少相关。相似地，阿片类物质依赖的受试者可见前额区和颞区的灰质密度减低。最近进行的一项对甲基苯丙胺依赖的受试者戒断期的研究显示两侧岛叶和左侧额中回的灰质密度比对照组减少，而且冲动性与后扣带皮层和腹侧纹状体的灰质密度呈正相关、与左侧额上回的灰质密度呈负相关。另外，杏仁体密度与戒断期的持续时间相关联。研究发现重度吸烟者的左侧前额皮层的灰质密度较低并与终生烟草使用者呈负相关关系。相反，吸烟者左侧岛叶皮层的灰质密度较高，并与多伦多述情障碍量表（the Toronto Alexithymia Scale，TAS-20）评分和情感识别困难因子（difficulty-identifying-feelings factor）相关；左内侧眶额皮层厚度减少，左内侧眶额皮层厚度与每日吸烟量和终生烟草暴露的程度呈负相关。使用 DBM 研究发现酒精依赖与额叶和颞叶明显萎缩相关，受重度饮酒负面影响的额叶 - 桥脑 - 小脑环路局部戒断相关组织体积恢复明显。

2　基于磁共振弥散成像的纤维束示踪技术

扩散是指特定介质（如生物组织）中细小微粒（如水分子）的随机热运动。这种现象可通过将一滴染料置入一罐水中来说明。染料在到达罐壁前随时间的延续呈球形对称模式（spherically symmetric pattern）散开。自 20 世纪 50 年代以来 MR 信号中的分子扩散效应即被研究，20 世纪 60 年代完成了使用 MR 波谱分析进行扩散测量的关键性改进。20 世纪 80 年代开发的弥散加权成像（diffusion weighted imaging，DWI）通过水弥散局部特征的加权产生了生物组织的 MR 图像。研究发现大脑白质的弥散过程取决于组织方向或各向异性，后者可能因组织的特定微观 / 巨观结构所致，可引起水分子扩散的方向依赖性限制。十多年以后，使用数学模型以 3×3 单元的张量确定生物组织各向异性扩散开发出弥散张量成像（diffusion tensor imaging，DTI）。最近，提出了"高次"(high-order)弥散成像方法以克服 DTI 在处理复杂白质结构(如纤维交叉)时的某些局限性(二阶数学模型)。虽然据认为仍需更多的技术发展,但是以弥散各向异性为基础的纤维束示踪成像技术可勾勒出神经通路并可提供脑区之间结构连接的信息。弥散成像已经广泛应用于评价神经精神疾病的白质完整性。

2.1　弥散加权成像

DWI 是以设计为测量在扩散敏感性磁场中扩散性核自旋相位离散(phase dispersion)所致的自旋回波信号衰减的经典实验为基础的,以扩散敏感性梯度场显示介质中扩散性微粒的弥散系数的成像序列的结合。生物样本中的弥散系数测定通常受由于复杂的微观结构和客观运动如血液灌注所致的受限扩散(restricted diffusion)的影响,因此通常称为表观弥散系数(apparent diffusion coefficient,ADC)。DWI 最成功的临床应用之一是评价早期脑梗死,因为 DWI 对梗死病变中发生的变化非常敏感。

2.2　弥散张量成像

DTI 是一种以扩散各向异性为特征的弥散成像技术。生物组织中的分子扩散通常因沿不同几何学方向的严格限制而导致各向异性。例如,纤维束中的水分子通常在沿着纤维束方向上比与纤维束交叉的方向弥散更快。在这样的各向异性介质中弥散具有多个弥散系数的特征,导致沿着不同方向的弥散变异。在 DTI 的公式中,弥散系数描述为 3×3 张量。为了确定张量的 6 个独立元,至少需要在独立梯度方向进行 6 次弥散加权测量而且参考图像无弥散加权。沿着更多独立方向测量通常可增强张量计算的准确性。

弥散张量是根据特征 - 分析定理(eigen-analysis theorem)进行分析的,源自张量的几个指数已经广泛地应用于描述生物组织的特征。平均弥散率(Mean diffusiuity,MD)描述所有方向上的平均弥散强度(the average diffusion strength),各向异性分数(fractional anisotropy,FA)描述弥散各向异性的程度。FA 已经用于评价白质完整性,尽管关于 FA 变化的测定和特异性的潜在的结构和功能生物学意义仍处于研究阶段。不过,研究表明轴突膜是神经组织中水弥散各向异性的首要决定因素,而髓鞘可调节各向异性的程度。

2.3　高阶弥散成像(high-order diffusion imaging)

弥散张量模型具有以弥散模式处理复杂脑结构比 DTI 中的单个椭圆体模型更为复杂的局限性。例如,在具有 2 个或 2 个以上神经束从不同方向经过的脑区,常规 DTI 并不能准确地显示纤维交叉的信息。这是由于张量模型的主要限制是使用二阶近似(second-order approximation)[按照均方拟合(mean square fitting)]描述真正的三维弥散过程。基于高阶数学模型的高阶弥散成像技术已经被提议用于解决这个问题。其方法包括高角分辨率弥散成像(high angular resolution diffusion imaging，HARDI）、弥散波谱成像（diffusion spectrum imaging，DSI）、"Q- 球"成像（"Q-ball" imaging）和高阶张量成像（high-order tensor imaging）。应该注意的是这样的高阶弥散成像通常需要更长的采集时间和更精密的分析方法。

2.4　基于弥散成像的纤维束示踪技术

弥散各向异性可用于纤维束示踪成像以显示神经束。例如，DTI 中弥散张量的主特征向量（the primary eigenvector）[供设计优化坐标轴（predominant axis）] 提示纤维范围的方向，因此可用于追踪神经束。弥散性纤维束示踪成像的基本假设是水弥散在神经束方向很少被阻碍。实际上，沿多个方向上的弥散可在每个像素上进行测量，并在将其融合为一体的标准的基础上重建每条神经束（可认为相当于轴突纤维）。弥散性纤维束示踪成像通常使用两种算法：确定性算法（deterministic algorithm）和概率算法（probabilistic algorithm）。在确定性纤维束示踪成像中，以步进式方式从种子点开始沿局部弥散方向直至终点重建神经通路。但是，在获得后期注意时，这种算法易出现因图像噪声和不适当的弥散建模所致的误差，任何误差可能沿着追踪步骤累积。相反，概率性纤维束示踪成像旨在开发对与任何可能通路相关的不确定性的一个完整表达，因此其追踪可遍及高不确定性的区域并定量测量被追踪通路的可信度。

基于弥散的神经纤维束成像是目前识别活体神经通路的唯一非侵袭性方法。与使用主动轴突转运的侵袭性方法相比，后者是纤维连接的间接标记而且难以定量解释。不过，弥散性纤维束示踪成像已经显示出处理传统神经束示踪技术不能回答的科学和临床问题的巨大潜能。

2.5　弥散成像在成瘾中的应用

弥散成像特别是 DTI 已经用于研究药物依赖对白质完整性的影响。在使用感兴趣区分析法的研究中海洛因滥用者、可卡因滥用者和长期酒精滥用者的胼胝体膝部可见低 FA 和（或）高 MD，而使用全脑单个体素分析的研究表明长期大麻和烟草吸食者分别可见前额叶白质的显著变化。重度尼古丁依赖的被试者（Fagerstrom 尼古丁依赖测试量表）左额区的白质完整性（即 FA）低于相匹配的对照组。白质改变与各种认知功能障碍相关，包括可卡因依赖者冲动性增强、3,4- 亚甲二氧基甲基苯丙胺（MDMA）使用者爱荷华赌博任务的表现异常和受可卡因损害儿童的执行功能障碍。

3　基于磁共振成像构建人脑结构网络

神经元之间的结构性连接（包括轴突和树触之间的电连接和化学连接）是脑功能性连接的物质基础。人类大脑由约 10^{11} 个神经元和约 10^{15} 个突触连接构成，无法用生理解剖的方法获得其完整的神经元结构性连接网络，目前对人类活体的结构性脑网络的研究都是基于能反映结构性连接的影像技术来进行的。近年来,结合基于图论的复杂网络理论,研究者们发现利用结构和弥散磁共振成像数据构建的脑结构网络具有很多重要的拓扑性质,如"小世界"属性、模块化的组织结构以及主要分布在联合皮层上的核心脑区(如楔前叶、额上回、额中回);同时发现许多神经精神疾病(如阿尔兹海默病和精神分裂症等)与脑结构网络的异常拓扑变化有关。这些研究不仅为理解神经精神疾病的病理机制提供了新视角,也可能为疾病的早期诊断和治疗评价提供脑网络影像学标记。

3.1　基于结构磁共振成像的人脑复杂结构网络

2007 年,He 等首次利用结构磁共振成像数据和皮层映射技术,通过分析脑区皮层厚度的相关性成功地构建了第一个人脑结构网络,分析了此皮层厚度的结构网络平均度、集聚系数和最短路径长度,证明了皮层结构网络具有小世界属性,并指出其节点的度分布遵循指数截尾的幂律分布。这项研究首次提出了使用结构磁共振成像数据构建大脑结构网络的思想,为描述活体人脑的结构连接网络提供了一种新的途径。2008 年,Chen 等应用相同的方法构造了人脑皮层厚度网络,发现人脑皮层厚度网络具有对应于人脑功能模块(比如语言、记忆及视觉等)的组织模式,表明了皮层厚度的关联变化主要位于不同的功能模块内。同时,通过对网络中节点和边的介数对比分析,发现人脑皮层厚度网络的核心节点主要分布在大脑顶叶、颞叶和额叶的联合皮层区域,而网络中的大多数重要路径则连接着不同模块中的核心节点。2008 年,Schmitt 等对 600 例儿童的结构磁共振成像数据使用结构方程模型和选择性多元分析建立大脑结构的遗传相关矩阵,分析了具有遗传因素调控的人脑结构网络,发现由遗传因素调控的不同脑区之间的结构连接构成了一个具有"小世界"属性的复杂网络,该网络的核心脑区主要分布在额上回、额中回、中央前回及中央后回等区域。

结构磁共振成像数据构建的复杂网络模型的局限在于基于皮层厚度以脑区为节点的群体平均的大脑解剖网络,无法得到以体素为节点的单个个体大脑结构网络。由于是依据结构特征之间的协变性来衡量脑区之间的结构连接性,故而很可能不是真正的神经通路。

3.2　基于弥散磁共振成像的人脑复杂结构网络

基于弥散磁共振成像的纤维追踪技术已经被广泛地应用于正常人群和神经精神疾病患者的研究中以非侵入性的方式观测白质纤维束的变化。利用扩散磁共振成像和纤维追踪方法结合基于图论的复杂网络理论已经用来研究人脑结构连接网络的组织模式。

2007 年,Hagmann 等利用弥散磁共振成像数据建立了基于个体上约 1000

节点的大脑结构连接网络,并发现了该网络具有"小世界"性质,其节点度服从幂律分布,确定大脑结构网络模块及核心节点,这是迄今为止描绘最为精细的人类白质纤维束结构连接图谱。虽然研究人脑白质纤维束结构连接网络的组织模式,还处于初步阶段。但是目前研究还是细致地探讨了大脑结构网络与发育、性别、脑体积、智力水平及认知能力等的内在联系。例如,大脑结构网络效率越高往往预示受试者具有较高的智力水平;女性的大脑结构网络具有更高的连接效率;大脑神经元白质连接在发育过程中的重新排布过程。也许,结构连接的重新排布或者网络拓扑性质改变也许能解释神经、精神疾病中的超连接和失连接问题。

虽然,利用弥散成像可以无创地重建个体人脑的白质纤维束结构连接,但是目前此法仍然存在很多问题和挑战。例如,现存的纤维束追踪方法在重建交叉纤维束以及较长的纤维束时仍有困难,这可能导致描绘的脑区之间结构连接的遗失;即使基于概率的纤维束追踪方法可以克服上述缺点,但却不可避免地重建出一些并不存在的伪连接。

3.3 基于磁共振成像的脑结构网络在药物成瘾中的应用

复杂网络理论能刻画大尺度的皮层脑区之间的连接关系,已被广泛地用于研究脑相关疾病,比如关于阿尔茨海默病、多发性硬化症、癫痫、抑郁症、精神分裂症、脑卒中等。但在药物成瘾中的应用报道不多。朱计芬等对 20 例海洛因成瘾者和 17 例健康对照采集的扩散张量成像和大脑高分辨率解剖结构像,利用纤维追踪技术和图论模型,构建了每个被试的大脑白质结构网络,计算大脑网络的拓扑特性。结果发现,在全局参数上,海洛因成瘾者的大脑网络的最短路径长度显著低于健康对照组,全局效率高于健康对照组($P<0.05$);在节点参数上,海洛因成瘾者的节点效率显著增加($P<0.05$),这些显著增加的脑区主要分布在控制系统和感觉运动系统。表明海洛因成瘾患者的大脑结构网络的拓扑属性发生了显著改变,利用磁共振扩散张量成像技术基于图论的复杂网络理论构建并分析海洛因成瘾所致的大脑结构网络变化,为探索成瘾所致的大脑连接的变化提供了一个更加有效地工具。

4 正电子发射计算机断层摄片(PET)

PET 是基于正电子发射和同时检测这两个物理学原理。粒子加速器或回旋加速器生成放射性核素,随后 PET 成像中使用的放射性核素发射出一个正电子。这些放射性核素(例如,^{15}O、^{11}C 和 ^{18}F)的半衰期都很短(它们很快发生衰变),可以被转化为生物学上的放射性分子。放射性核素标记的分子(如糖或水),又被称为放射性示踪剂,因此包含了 1 个正电子发射的同位素,它通过从原子核内发射出 1 个正电子发生衰变。

正电子是电子的反粒子：这两种粒子具有同样的质量但是电荷不同；电子带有一个负电荷，然而正电子带有一个正电荷。当一种放射性示踪剂用于受试者时，正电子就被发射出来。随后正电子与附近组织中的电子相互作用，两种粒子相互"消减"，产生 2 个光子，这 2 个光子向相反的方向运动，从而被两侧的探测器探测到。在探测器中，光子被转化为可见光谱中的光量子，然后又被转化为电信号。来自相对探测器的电信号进入一个符合回路中，在这个回路中成对的光量子在一个狭窄的时间窗内被探测到（通常是毫微秒），这一过程被称为巧合事件。这些巧合事件被用于生成 PET 影像。

PET 是一项多用途的、对人体侵害性很小的成像技术，它可以回答关于动物和人类生物化学、生理学机制方面的问题。可以采用 PET 放射性标记和探测滥用的药物以及与神经递质结合的配体。可以测量和量化包括大脑在内的任何感兴趣的组织的生物利用度。例如，在药物成瘾的研究中，[^{11}C]标记的雷氯必利和可卡因被广泛地用作放射性示踪剂；[^{11}C]标记的雷氯必利用于测量 D2 受体的利用度和细胞外多巴胺水平的变化；[^{11}C]标记的可卡因用于测量人脑内可卡因的药代动力学和分布，也用于评定多巴胺转运体（DAT）的生物利用度以及它们被兴奋性物质阻断的情况。PET 在体运用，并且展示了药代动力学和生物分布。它允许重复测量以及用于清醒的受试者，我们可以获得关于药物效应的主观的和客观的测量结果。这一技术的结果变量反映的是放射性示踪剂的结合力或受体／转运体的利用率，相当于受体／转运体的密度以及放射性示踪剂对受体／转运体的亲和力。PET 也可以用于定量酶的浓度。例如，PET 研究已经评定了吸烟对人脑及体内单胺氧化酶（MAO A 和 MAO B）浓度的影响。

虽然 PET 的内在时间分辨率非常高（几纳秒），但是它需要大量的事件提供足够的计数统计以生成一幅图像。而且，数据的采集时间受到示踪剂的动力学、代谢和结合率的限制，测量生理过程时的时间分辨率就受到了限制。比如，采用[^{18}F]标记的氟化脱氧葡萄糖在脑内的平均活性测量脑内葡萄糖代谢水平要超过 20~30 分钟，而采用[^{15}O]标记的水的平均活性测量脑血流量（CBF）超过 60 秒。与 MRI 相比，PET 的空间分辨率也比较低（>2mm）。然而，这一技术的可行性受限的主要原因是大部分放射性示踪剂的半衰期很短，因此必须在靠近成像设备的地方处理。放射性也限定它主要用于成年人，尽管吸收量很少，出于安全性考虑很少有 PET 研究用于青少年。

5　功能核磁共振成像（MRI）

磁共振影像的生成需要研究对象被放置于一个强磁场中。人类 MRI 扫描的磁场强度为 0.5~9.4T，然而大部分临床 MRI 扫描仪的强度为 1.5~3T。在磁场中,物体内部特定原子的核自旋必须与主磁场方向平行或垂直,以特定频率围绕主磁场自旋被称为拉莫尔频率。当一个射频脉冲以组织特定的拉莫尔频率激发核自旋,使它们从一个较低的能量状态变为一个较高的能量状态,磁共振就发生了。最具代表性的就是净磁场脱离平衡状态自转。一旦磁场开始旋转,无线射频场就关闭了,磁场再一次以最初的主磁场方向自由旋转。这一依赖时间的旋转过程使一个射频线圈接收器内产生电流。这一指数式衰减电流,又被称作自由感应衰减,就构成了核磁信号。此时,磁场恢复到它最初的平衡状态(也被称作弛豫作用),它具有两个特征性的时间常量 T_1 和 T_2。这两个时间常量依赖于组织类型特有的物理和化学特性,因此是解剖学影像中组织对比的根源。不同组织类型(如灰质、白质和脑脊液)之间 T_1 和 T_2 的差异就生成了高对比度的核磁影像。

直到 20 世纪 90 年代,MRI 才被用于描绘人类的大脑功能,它是一项非侵入性的、快速的、可以覆盖全脑的、具有相对较高空间和时间分辨率的成像技术。1990 年,Belliveau 等利用钆作为对比物首次引入了功能磁共振(fMRI)。随后,一系列的 fMRI 研究采用"血氧水平依赖"(BOLD)的信号作为内源性对比物间接测量脑活动。最近,Logothetis 等已经发现了血氧水平依赖的信号和神经元局部的场电位之间的因果关系。

因为它的非侵入性(与 PET 和 SPECT 不同,fMRI 对受试者没有放射性)和非常高的空间分辨率(<1mm),fMRI 可能已经成为被最广泛应用的功能神经影像学技术。由于与其他技术相比,如脑电图,它的低信噪比和较低的时间分辨率(小于 1~2 秒)(尽管比 PET 高很多),这一技术的局限性包括 BOLD 信号对一些非神经组织的高敏感性以及显像伪差。目前,在静息状态下应用 fMRI 使研究者能够研究人脑在静息状态下的功能连接。在静息状态下的功能连接测量结果是可重复的和一致的,而且对包括药物成瘾在内的脑疾病很敏感。

6　脑电图(EEG)

脑电图形象地表达了 2 个不同的大脑位点之间电压的差异。脑电图通过金属电极记录的头皮表面的电压波动是来自大量皮质神经元的单个突触后电位(抑制性的和兴奋性的)的总和。一些很好的重复出现的有节律的波形确实可以在头皮脑电图中被观察到,这是丘脑皮层环路与局部、整体皮层环路之间复杂的相互作用的结果。人类脑电图的频率范围通常被分为 5 段:Δ(<4Hz)、θ(4~7.5Hz)、α(7.5~12.5Hz)、β(12.5~30Hz)、γ(>30Hz)。我们认为每个脑电图波段都有一些功能意义,并且与特定的大脑状态有关(比如工作记忆、认知过程、安静松弛状态)。

与某些外部或内部事件具有时间锁定关系的短暂的脑电图频率和时间的

变化分别被称为事件相关振荡(ERO)和事件相关电位(ERPs)。事件相关振荡是频谱的变化,可以用3个参数进行量化:波幅、频率和时相。波幅(测量电功率的总的快速频谱转换)反映的是局部神经元的同步性,然而,在功率的峰值频率的差异可能反映了不同细胞群(比如大小或类型不同)的神经元活性。时相与神经元的兴奋性有关,因此与动作电位产生的概率有关。

通常测量振幅和潜伏期对事件相关电位进行量化。例如,N200、P300和晚正电位(LPP)各自反映了不同的大脑认知功能(如注意、动机和更高水平的执行功能)。脑电图呈现的时间分辨率(~1毫秒)超越了其他的神经影像方法,因此它几乎可以提供实时的信息变化情况。其他的神经影像学技术无法达到这样的时间分辨率,因为血流和葡萄糖利用的变化间接测量了神经活性,而利用这些方法来记录的过程是缓慢的。因此,PET和fMRI不太适合于确定一个特定的大脑功能发生的神经时刻。脑电图技术的另一个主要优势是它的便携性、易用性和低成本。举个例子,生产厂商正在生产小型、轻便、电池驱动的多通道脑电图振幅系统,它可以被移动到治疗区域、农村、其他较远的或限定的区域(如监狱)内研究病人。它的便携性和易用性可以促使实验室发现向临床应用的快速转化,如预测复发或评估是否康复。

7　人类物质成瘾行为的主要神经影像学发现

7.1　中毒

当个体消耗了足够大剂量的药物以致产生了行为、生理上的或认知损害,中毒就发生了。评估急性药物中毒反应的神经影像学研究在传统上依赖于单次药物暴露。短期使用药物带来的"兴奋感"从传统意义上来说与边缘脑区尤其是伏核(NAcc)中细胞外多巴胺水平增加有关。然而,也有证据表明其他纹状体脑区和额叶皮质中的多巴胺浓度增加。像可卡因和盐酸哌醋甲酯(MPH)这样的兴奋性药物通过阻断多巴胺转运体(DAT)增加多巴胺,多巴胺转运体是多巴胺被重吸收回神经末梢循环利用的主要机制。与兴奋剂中毒有关的"兴奋"确定与阻断多巴胺转运体以及药物导致多巴胺增加的水平相关。事实上,多巴胺的加速作用直接与可卡因、哌醋甲酯和安非他命的强化作用有关。

抑制性药物,如苯二氮䓬类、巴比妥类和酒精,通过作用于GABA/苯二氮䓬受体复合物间接升高多巴胺水平。像海洛因、盐酸羟考酮缓释片和维柯丁这样的阿片类通过刺激 μ- 阿片受体起作用,某些 μ- 阿片受体定位于多巴胺神经元,另一些定位于GABA神经元,它们可以调节多巴胺细胞及其神经末梢。尼古丁通过激活 α4β2- 乙酰胆碱尼古丁受体产生强化作用,α4β2- 乙酰胆碱尼古丁受体也存在于多巴胺神经元。尼古丁(与海洛因和酒精类似)也可以释放内源性阿片肽,这也可能与它的奖赏效应有关。最后,大麻通过激活大麻素

1受体(CB1)产生作用,CB1受体可以调节多巴胺细胞以及突触后的多巴胺信号。而且,有越来越多的证据表明大麻酚类参与了包括酒精、尼古丁、可卡因和阿片类在内的其他滥用药物的强化效应。

除了边缘叶多巴胺皮质下脑区,前额叶皮质(PFC)也参与了中毒过程,并且它对药物的反应从某种程度上与先前的用药经历有关。影响药物带来的兴奋程度的其他因素包括给药速度、清除率以及滥用的严重程度(如随着从药物滥用发展为药物依赖,多巴胺增加的幅度减少)。PET研究已经表明药物中毒通常与大脑葡萄糖利用率的变化有关,葡萄糖利用率是大脑功能的一个标志。可卡因滥用者急性使用可卡因、酗酒者(及对照者)急性饮酒都可以降低脑内葡萄糖的代谢。然而,这些反应是有差异的,不仅依赖于使用的药物而且依赖于个体差异性。比如研究已经发现,活跃的可卡因滥用者急性使用哌醋甲酯可以增加前额叶皮质、眶额皮质和纹状体内的葡萄糖代谢水平,同时D2受体的利用率降低,而非成瘾者前额叶脑区的代谢水平降低。利用CBF和BOLD进行的研究已经表明,可卡因药物中毒时的脑活化可以降低包括额叶皮质在内的脑血流量(可能与可卡因的血管收缩作用有关)。fMRI研究也已经发现药物中毒时的愉悦感与急性使用药物后皮质下纹状体的功能有关。

在这些脑影像学研究之前,脑电图测量为我们提供了一些药物对人类大脑急性作用的第一手在体数据。比如,已经发现头皮上记录到的低频波形向高频波形的转变与急性使用尼古丁相关,从而表明了一种唤醒状态。相反,EEG研究还表明低剂量的酒精可以导致θ波和低频α波段的改变,而酒精对较高频率波段的影响倾向于依赖于个体因素,如饮酒史和使用酒精前的基线EEG。研究也表明α波增多与药物导致的欣快感或大麻和可卡因带来的"兴奋感"增加有关。还有报道在可卡因成瘾者中,β波、Δ波、额部的α波,以及整体波段活动增加。研究观察到急性使用所有种类的非法药物都可以改变不同的ERP成分。例如,研究已经发现,酒精可以降低听觉N100和P200的波幅。急性酒精中毒时,P300的潜伏期延长、振幅下降。

总之,药物中毒的脑影像学研究表明了DA在前额叶皮质和纹状体功能中的作用,这一作用与滥用药物的抗焦虑效果相关,可以通过EEG慢波增加得以量化。虽然大量动物试验已经表明药物中毒时有相似的DA功能失调,但是只有人类脑影像学研究能够将这些研究结果与像中毒导致的兴奋和渴求这些行为表现整合在一起。

7.2　渴求

一种药物的药理作用可以被非药理学因素调控(如地点、人物或与使用药物有关的工具)。当这些因素总是与药物的药理学效应同时出现,它们就被整合进入与使用药物相关的强烈的体验中,通过巴甫洛夫条件反射作用成为"激发物"或"药物线索"。这种条件反射形成了个体对药物作用的期待,从而进一步调节个体对药物的神经和行为反应。例如,在药物成瘾的个体中,注意和其他的认知动机过程倾向于指向药物、而远离非药物刺激,最终在易感个体中产生使用药物的迫切愿望。

在实验室条件下,通常通过要求受试者想象药物相关刺激达到渴求状态。采用[^{11}C]标记的雷氯必利对可卡因使用者进行的 PET 研究已经表明,包含可卡因线索的视频可以使背侧纹状体中的 DA 显著释放,DA 释放增加与自我报告的药物渴求呈正相关,在严重成瘾的个体中尤为明显。另一项 PET 研究表明,慢性可卡因滥用者在抑制线索诱发的渴求时能够保持一定程度的认知控制,认知抑制时右侧眶额皮质和伏隔核的代谢率较低。这些结果是相应的,因为腹侧纹状体内的多巴胺 D2 受体结合力与自身给药的动机有显著的相关性,可以通过[^{11}C]标记的雷氯必利测定。

测定 CBF、葡萄糖代谢或 BOLD 的研究也已经表明,在药物成瘾个体中药物线索导致的渴求与前扣带回膝部和腹部、内侧前额叶皮质、岛叶、腹侧被盖区及其他斯皮茨卡核的活性有关。产生渴求时涉及记忆加工和提取的脑区也被激活了,包括杏仁核。Franklin 等的研究表明,即使控制了药理戒断这些激活效应也可以被观察到。

总之,关于药物滥用者渴求的研究结论表明,加工药物线索时中脑皮质(包括眶额皮质和前扣带回)的活性增加,而且药物期待在这一过程中发挥了关键的作用。这样的证据从一定程度上解释了药物滥用者为何难以关注其他的非药物相关的线索。有趣的是,对女性可卡因滥用者进行的一项 PET 研究表明,暴露于可卡因线索后,与自我控制有关的前额叶脑区的代谢率下降,这可能促使她们暴露于药物时较男性更容易复吸。这一发现与临床前研究结果是一致的,即雌激素可能增加女性罹患药物滥用的风险。

脑电图还被用于研究人体对药物相关刺激的反应。例如,研究发现酒依赖患者(通过脑电图多维度的复杂测量量化)以及可卡因成瘾者(通过高频 β 波和低频 α 波量化)暴露于药物相关线索时皮质活性增加。另一项对可卡因成瘾者的研究发现,当他们处置使用可卡因的工具以及观看精致可卡因的视频时,β 波增加、同时伴随 Δ 波的减少。在静息状态下将可卡因成瘾者与健康对照者进行比较时也可以观察到这样的变化,β 波增加与既往使用可卡因的量有关。当尼古丁成瘾者暴露于香烟相关线索时,研究观察到 β 波和 θ 波增多。在 ERP 的研究中也观察到,成瘾者暴露于药物相关线索时皮质活性较高。例如,研究发现,酒依赖者和尼古丁依赖者面对药物相关线索时 P300 和其他 P300 样电位的波幅增加。研究还发现,酒精成瘾者、可卡因成瘾者和海洛因成瘾者面对药物相关图片时,晚正电位的波幅增加。

概括地说,这些数据说明药物相关刺激与明显增加的神经活性有关,从而表明当药物成瘾者遇到或期盼药物相关刺激时动机突显和唤醒增加。这些结果证实了成瘾意味着大脑的动机和奖赏系统发生了改变的理论,动机和奖赏系统的处理过程偏向于与渴求相关的药物和条件化的线索而远离其他强化物。

7.3　抑制控制的丧失和狂饮

抑制控制是一个神经心理学概念,它是指抑制有害的和(或)不恰当的情感、认知或行为的能力。进一步讲,前额叶皮质的重要功能即对皮质下纹状体脑区(包括伏隔核)的抑制作用受损时,当个体使用药物和中毒时其自控行为受损的程度就更为严重。这一自上而下的控制过程(前额叶皮质的核心功能)受损可能导致正常情况下受到严密监控的行为得以释放,模拟产生应激样反应,在这一过程中抑制控制暂停、促使产生刺激驱动的行为。认知控制中止导致狂饮;在这段时期内,个体在损害包括进食、睡眠和维持躯体安全在内的生存行为的情况下,重复、不减量地使用物质。当个体筋疲力尽和(或)无法获得更多的药物时,这个时期就停止了。

脑影像学研究表明丘脑 - 眶额皮质环路以及前扣带回皮质参与了狂饮行为。具体地说,已经有研究报道成瘾者纹状体中 D2 受体利用率明显下降,这与前额叶皮质(尤其是眶额皮质、前扣带回和背外侧前额叶皮质)代谢率降低有关,这些功能损害不能被完全归因于行为反应和动机受损。由于这些前额叶脑区参与了动机凸显、抑制控制、情感调控和决策,有假说认为这些脑区的多巴胺功能失调可能强化了滥用药物的动机价值,从而可能导致对摄取药物的失控。

确实有证据表明,这些脑区、尤其是眶额皮质在包括强迫行为如强迫症在内的其他自控障碍中是非常关键的。

虽然要测验人类的强迫性自我用药行为是非常困难的,但是一些聪明的试验设计已经克服了研究人类狂饮行为时遇到的实际限制。例如,最近的一项 fMRI 研究允许未寻求治疗的可卡因依赖者在 1h 的时间内选择何时自己静脉使用可卡因以及使用频率。研究发现,重复的自我用药导致的愉悦感与包括眶额皮质和前扣带皮质在内的边缘叶、旁边缘叶、内侧皮质脑区的活性呈负相关。然而,渴求与这些脑区的活性呈正相关。模拟强迫性的自我用药行为可以为我们认识成瘾障碍失控行为中潜在的脑环路提供非常宝贵的视角。有意思的是,口服吗啡可以显著减轻可卡因依赖者的冲动性、改善其前扣带皮质的反应。

另一个相关的组成是物质成瘾者受损的自我认知。最近的综述表明,功能失调的自我认知是多种神经精神障碍的特征,从典型的神经性疾病(如偏瘫时导致视觉缺失或病感失认）到典型的精神障碍（如精神分裂症、躁狂和其他的心境障碍）。作为一种认知障碍，物质成瘾也有自我认知和行为控制方面相似的异常，这些可能是因为潜在的神经功能失调。有关酒精滥用的研究已经发现酒精可以通过抑制更高级的、与自我相关信息有关的认知过程来减弱自我认知水平，这足以导致个体继续使用酒精。而且最近的一项研究已经表明，可卡因成瘾者显示出任务相关行为反应（准确性和反应时间）与自我报告的对任务的了解的分离，从而凸显了他们认识内在动机的能力受损。

研究已经表明，岛叶、内侧前额叶皮质（包括前扣带皮质和内侧眶额皮质）以及皮质下脑区（包括纹状体）的异常与洞察力、行为控制和相互关联的功能（习惯的养成和评价）有关。这些发现拓展了成瘾的概念，将其从与奖赏环路的联系、反应抑制的神经认知受损、动机凸显和记忆环路的神经性适应扩展到对疾病的自我认知和洞察力受损。

采用 EEG 进行的研究已经报道酒依赖患者出现低电压的 β 波。β 波可能反映了过度唤醒，研究已经表明它的活动与摄入酒精的量与频度是一致的，从而可以有效地区分“轻度”和“中度”饮酒者（通过使用酒精的类型决定），并且与是否具有酒依赖家族史一致。研究发现，与非狂饮和小量狂饮的年轻成人饮酒者相比，大量狂饮的饮酒者 Δ 波同时增加，而在狂饮可卡因 25 分钟后 θ 波和 α 波伴随增加。

通过量化 GO/NOGO 任务中事件相关电位的 N200 和 P300 成分，抑制控制已经被广泛地研究。这些成分产生于前扣带皮质以及相关脑区，可以测量成功的行为抑制和认知控制，当在一系列阳性反应（go 试验）中一个反应被抑制时（no-go 试验），这些成分便会增加。研究已经发现，酒精、可卡因、海洛因、尼古丁甚至网络成瘾个体的 N200 波幅变钝。然而在一项持续注意范式匹配任务和面孔识别任务中，与对照者相比，酒精狂饮者显示出更大的 N200 和较小的 P300，这可能与情感处理过程受损（动机）是一致的。

成瘾的动物模型已经为我们提供了有关狂饮行为的神经生物学机制的重要线索。研究表明这些行为涉及了 DA、5-HT 和谷氨酸环路。但是，动物研究的实用性依赖于这些行为与人类抑制控制行为重叠的程度。尤其是很难确定这样的行为在多大程度上与潜藏在人类受损的抑制控制之下的假定的认知缺陷相关。脑影像学研究通过探究这些认知缺陷的神经底物以及为相应的行为表现提供联系绕过了这一限制。

7.4　戒断与复吸

物质戒断是指突然终止使用一种导致躯体依赖的物质时躯体出现的一系列症状，包括疲乏、易激惹、焦虑以及快感缺失等。根据使用物质的种类和距末次使用的戒断时间长短，这些戒断症状可能是不同的，而且通常被区分为

"早期"戒断症状和"稽延"戒断症状。

总的来说,对物质成瘾者的 PET 研究已经表明在戒断过程中,局部的神经反应产生了持久的与物质相关的适应性变化(大多数是敏感性下降)。研究已经发现与健康对照者相比,频繁使用可卡因的个体在早期戒断(10 天)和稽延戒断期间,左侧外侧前额叶皮质的脑血流量明显减少,同时前额叶皮质的葡萄糖代谢率降低。突然戒断尼古丁后以及尼古丁替代后采用 MR 功能对比也可以测量脑血流量。这种分析方法的结果显示戒断时丘脑脑血流量减少,但是尼古丁替代时腹侧纹状体的脑血流量增加。有关葡萄糖代谢的研究已经表明,早期酒精戒断时纹状体 - 丘脑 - 眶额皮质环路的代谢活性降低,而稽延戒断期间眶额皮质的代谢活性明显更低。在可卡因成瘾中,研究已经报道了戒断期间腹侧纹状体活性发生了相似的代谢降低,早期戒断(戒断 1 周内)时眶额皮质和基底核的代谢活性增加,稽延戒断时(距末次使用 1~6 周)前额叶皮质的代谢活性降低。研究还发现,可卡因、酒精、海洛因、甲基苯丙胺和尼古丁依赖个体在戒断期间纹状体多巴胺 D2 受体结合力降低。这一结果与可卡因成瘾者和酒依赖者眶额皮质、前扣带皮质的代谢率降低,以及甲基苯丙胺成瘾者眶额皮质代谢率降低有关。

物质导致的戒断也促使了负性情感状态的出现(如心境恶劣),特征性的表现是持续地无法从普通的非物质相关的奖赏(如食物、人际关系)中获得愉悦感。这种快感缺失的状态可能反映了奖赏环路对滥用物质带来的重复的 DA 强化的适应性反应,使得奖赏系统对自然强化物和其他的非药物强化(如金钱)更不敏感了。这种 DA 导致的适应性反应可能损害物质成瘾者前额叶皮质、眶额皮质和前扣带皮质的功能,使他们表现出类似于非物质成瘾的抑郁患者的功能缺陷。确实,对抑郁病人的认知(如计划任务)和药理学研究已经发现,包括前扣带皮质和眶额皮质在内的前额叶皮质的背外侧、腹外侧以及内侧存在异常。物质导致的前额叶皮质、前扣带皮质和眶额皮质(还有纹状体和岛叶)的变化可能损害了与处理应激相关的情感调节的能力,这确实是一个很强的预示复吸的因素。

EEG 研究发现在可卡因戒断时,Δ 波、θ 波减少,但 α 波和 β 波增多。研究还发现海洛因成瘾者早期戒断时 α 波也增加。与可卡因戒断时观察到的情况不同,尼古丁戒断时 θ 波增加而 α 波和 β 波减少。θ 波增加与困倦,以及与从清醒到睡眠的过渡有关,而 α 波减少与反应时间变慢、觉醒程度降低以及警觉性下降有关。α 波活动缺陷似乎可以随着稽延性戒断而逆转,从而表明它可以测量物质戒断的急性效应。酒依赖者在戒断期间 ERP 表现出 N200 和 P300 潜伏期延长、N100 和 P300 振幅降低。在可卡因、海洛因和尼古丁戒断时都发现 P300 振幅降低,海洛因和可卡因成瘾者戒断后使用丁丙诺啡(一种 μ-

阿片受体的部分激动剂)P300振幅恢复正常。

而且,EEG和ERP都可以用于预测复吸。例如,头脑清醒的酒依赖者α波和θ波的活动可以与戒酒者、复饮者区分开,准确度达到了83%~85%。高频β波可以量化中枢神经系统的过度唤醒程度,这也是区分戒断的酒依赖者与可能复饮者的一个可靠的指标。对头脑清醒的酒依赖者的ERP研究发现,N200潜伏期延长可以区分戒断者和复饮者,总的预测率达到71%。戒断的可卡因成瘾者P300振幅降低,研究发现这一指标对复吸的预测率也达到了相似的71%。

因此,通过测量局部脑血流量、能量代谢、EEG频谱以及ERP来量化皮质的敏感度,神经影像学研究使我们更深入地了解了物质戒断以及相关行为。研究已经发现这些神经元标记物可以预测复吸,因此可能对临床治疗的进展起关键作用。

8　小结

神经影像学技术已经对我们了解成瘾相关的脑环路及相关的行为表现产生了巨大的影响。它已经发现皮层调节认知和情感过程,这些过程导致过度评价药物强化物、低估替代的强化物以及抑制控制受损。成瘾过程中的这些变化,以反应抑制和归因模型(iRISA)为代表,通过为我们提供额叶皮质参与成瘾环路的证据拓展了成瘾的传统概念,即强调对奖赏的边缘调节。

物质成瘾的动物模型已经为我们研究物质成瘾的行为和生物学基础奠定了基石,它也阐明了物质正性强化和戒断的负性强化的神经生物学机制。然而,主要的障碍在于我们不确定这些行为在多大程度上与人类的成瘾相关行为重叠。脑影像学技术有助于我们更直观地洞察人类的这些行为,从而推动更新的、更具有针对性的干预手段的发展。现在我们相信,通过认知行为干预和药物治疗制订有助于强化、干预被长期使用物质影响的脑区的治疗方案,可能对物质成瘾者是非常有益的,正如这些治疗手段对其他障碍的作用一样。脑影像学技术也使我们可能探求大脑的表现型,这对于我们通过获知哪些基因影响个体对物质滥用的易感性和适应性来了解大脑的处理过程是至关重要的。

（王　丹　张瑞岭）

第五节　无创式脑调制治疗和计算科学

无创式脑调制(noninvasive brain modulation,NBM)技术是基于电磁感应

原理,采用电场或磁场以非侵入的方式刺激中枢神经系统,进而改善脑功能。现在它不仅是诊断和治疗神经精神疾病的一个有效手段,同时也是研究脑生理和脑功能的常用工具之一。此外,在探索认知、情感、记忆和语言等方面也有着巨大的应用价值。虽然,NBM 技术在认知神经科学、神经生理学及精神病学等各个领域被广泛成功的应用,但是它对脑功能和 CNS 的调节机制目前还不清楚,这严重地限制了该类技术的进一步应用及研发。NBM 技术作用的共同规律是通过在脑组织周围产生感应电场来调节相应脑区的神经活动。因此,明确不同电场作用下神经元放电活动的演化规律模型以及相应的发生机制是揭示 NBM 技术神经调节机制的关键。经颅磁刺激(transcranial magnetic stimulation,TMS)和经颅直流电刺激(deep brain stimulation,DBS)就是其中 2 项典型的技术。

1　经颅磁刺激(TMS)和计算科学

大脑是人体活动的中枢系统,感觉系统输入的信息经过它的处理来支配人的行为。大脑是复杂的,各个学科从不同角度对它有不同的描述,而且积累了大量的资料。对损伤大脑的临床研究、尸体解剖学比较以及医学成像使我们对大脑的形态有了较为清楚的认识。但是到目前为止,对大脑如何工作即脑功能的了解还不完全,大脑工作出现异常也是往往束手无策、办法不多。自 20 世纪 80 年代开始,为了更好地利用大脑和保护大脑健康,同时也为了更好的治疗脑疾病和发展人工智能,掀起了脑科学研究热潮,经颅磁刺激(transcranial magnetic stimulation,TMS)正是在这情况下出现并走向成熟的一种认识、调节和干预大脑的新方法。经过 30 多年的发展,TMS 在临床和研究方面越来越得到承认和广泛应用。

TMS 了解脑功能的基本原则是通过外界刺激大脑,然后检测大脑对外界刺激的响应,为了解这些脑组织的具体生理功能和治疗相应的疾病,传统的直接电刺激在临床试验治疗中也曾经被广泛地应用,然而直接电刺激(如使用表面电极或针电极)具有明显的创伤性,会给受试者造成不适的感觉甚至痛苦,因而在临床上的应用受到了限制。而且使用电流刺激中枢神经系统时由于颅骨存在而使刺激电流有较大的衰减,深部脑组织难以得到有效的刺激。TMS 是使用脉冲磁场影响脑的电活动的方法,在 1985 年英国 Sheffield 成功地进行了经颅磁刺激,并进行首次临床检查结果证明 TMS 可用于探查运动神经路径,对健康人刺激运动皮质可以见到手肌肉有大约 25 毫秒的抽动,而对有神经疾患的人刺激运动皮质显示出较慢的传导。TMS 的另一个重要特点是无创伤性和可接受性,受试者不会有头皮被刺的不舒适感觉和恐惧心理。这个令人鼓舞的结果促使 TMS 的商品化,一种新的脑刺激方法 - 经颅磁刺激从此受到人们的不断关注和欢迎。

1.1　磁刺激的基本原则

细胞膜功能维持需要保持一个电位差,静态细胞的跨膜电位差是 -70mV(细胞内更负),外加电场叠加到细胞膜两侧可以改变细胞膜电位差,因此外加电场能够除极化细胞膜,激活可兴奋性组织如神经,利用电磁感应的原理可以产生适合于神经刺激的电场,而且具有非侵入性。在 TMS 时,激活的源泉是时变磁场在组织内的感应电场,根据 Faraday 定律,时变磁场 B(r,t)在组织内矢径为 r 的任一点处的感应电场 E(r,t)可以由下式获得:

$$\nabla \cdot \vec{E}(\vec{r},t) = \frac{\partial \vec{B}(\vec{r},t)}{\partial t} \tag{5-5-1}$$

若兴奋性组织的电导率为 δ,那么时变磁场感应的电流密度 J 为:

$$J=\delta E \tag{5-5-2}$$

从理论上根据磁场产生的方法和磁刺激的部位,如头部建立组织模型,利用式(5-5-1)和(5-5-2)可以计算出所刺激部位的电场(或电流密度)分布,从而寻找最佳刺激方案,确定磁刺激点或利用理论分析结果优化磁刺激仪设计。

使用 TMS 的脑刺激是在脑外头皮上产生强磁场脉冲实现的,磁场脉冲在脑内感应出电场,当感应电流超过神经组织兴奋阈值时,磁刺激就像电刺激一样刺激相应部位的组织,磁场感应的电场激活皮质神经元需要的磁场强度在 1.5~3T。TMS 既可以兴奋皮质又可以干扰它的功能,目前已观察到的兴奋效应通常是肌肉抽动或光幻觉(phosphenes),而损伤(lesion)模式 TMS 可以瞬间抑制感觉或干扰任务的执行。

1.2　磁刺激仪的基本原理和现状

一般而言,磁刺激仪有两种类型:单脉冲磁刺激仪和重复脉冲 TMS(rTMS)磁刺激仪,后者可以产生 1~60Hz 的刺激群。目前商品化的磁刺激仪在全球使用的有数万台,国内也已经研制出重复脉冲磁刺激仪并商品化。国外主要有 3 个刺激仪生产厂商:Cadwell Laboratories Inc.(Kennewick USA),Magstim Company Ltd.(WhitlandUK)和 Medtronic Dantec NeuroMuscular(Skovlunde Denmark),其他包括日本的 NihonKohden Company、德国 Schwarzer GmbH Ba rmannstr 等,尽管产生磁场的方法有很多,由于磁刺激所要求的磁场强度和刺激对象的要求,现有的磁刺激仪产生磁场的方法都一样均采用线圈,磁刺激仪由两部分组成:产生快速变化电流的电路部分和产生时变磁场的线圈,两者通过电缆连接,磁刺激皮质时可以手持线圈置于被刺激部位头皮之上。磁刺激仪电路原理如图 5-5-2 所示,它由储能电容器组 C 线圈和一个控制电容放电的可控硅开关组成,R 表示线圈连接部件以及电缆的电阻,事实上它是一个 RLC 串联二阶电路,包含有电感和电容 2 个储能元件,磁刺激前电容 C 充电到初始电压 V(2~3kV),

磁刺激时选通可控硅,使其导通电容快速放电,产生一电流脉冲,波形通常是一个阻尼正弦脉冲,持续时间 300 微秒,浪涌峰值达到 5~10kA,电流使线圈产生强大的时变磁场。D 是一个续流二极管,起着保护电容的作用,电阻 r 一方面保护二极管 D,另一方面控制电流的波形。根据克希霍夫定律可以计算流过线圈的电流,目前的磁刺激仪电流脉冲特性各个厂家有所不同,根据功率和脉冲频率要求,电流脉冲波形有 3 种:

(1) 单相电流脉冲快速从零升至峰值然后逐渐降至零。电路工作于过阻尼状态流过线圈的电流 $I(t)$ 为:

$$I(t) = VC\omega_2 e^{-w_1 t} \left\{ \left\{ \frac{\omega_1}{\omega_2} \right\}^2 - 1 \right\} \sinh(\omega_2 t) 2e - w1 \qquad (5-5-3)$$

$$\text{其中,} \omega_1 = \frac{R}{2L} \qquad \omega_2 = \sqrt{\left\{ \frac{R}{2L} \right\}^2 - \frac{1}{LC}}$$

(2) 双相电流脉冲是一个周期阻尼正弦波脉冲。

(3) 多相电流脉冲是多周期阻尼正弦波脉冲产生双相或多相电流脉冲时,电路工作于欠阻尼状态,流过线圈的电流 $I(t)$ 为:

$$I(t) = VC\omega_2 e^{-w_1 t} \left\{ \left\{ \frac{\omega_1}{\omega_2} \right\}^2 + 1 \right\} \sin(\omega_2 t) \qquad (5-5-4)$$

磁刺激仪的关键部件是线圈,由于时变磁场是由线圈上各个电流元产生磁场的叠加,所以线圈的几何形状决定了所产生场的分布和特点。目前商品化的磁刺激仪采用的刺激线圈基本形状有圆形和“八”字形,研究发现,“八”字形线圈较圆形线圈有较好的聚焦性。各个厂家也有改进的圆形和“八”字形线圈,Cadwell 公司的一些线圈有一个矩形边的水滴状,但这种形状的线圈的优点在哪里是值得商榷的。Magstim 公司的线圈是两翼成一角度的“八”字锥形,即“八”字线圈的每一翼是圆锥状,而且线圈的两翼是为了适合于刺激头成一角度。Dantec 公司也有类似的圆环锥形线,线圈的直径为 50~150mm。一般使用铜线绕成 10~30 匝同心线圈,线圈的电感在 15~30H,若流入线圈的电流为 $I(t)$,Ids 为线圈中任一电流元,则根据 Biot-Savart 定律,在大脑内部矢径为 r 的任一点处,由线圈产生的时变磁感应 $B(r,t)$ 为:

$$\vec{B}(\vec{r},t) = \sum_{i=0}^{n} \frac{\propto}{4\pi} \oint_{c_i} \frac{I(t) d\vec{s} \cdot \vec{R_i}}{R_i^2} \quad B(r,t) = S \oint Ci \qquad (5-5-5)$$

其中 n 为线圈的匝数,Ci 是沿第 i 匝线圈的积分路径,$\propto$ 为被磁刺激组织的导磁率,Ri 为场点与电流元点之间的距离。

1.3　磁刺激仪的应用

早期 TMS 主要在神经科学领域应用,主要通过刺激运动皮质神经和记录运动皮质诱发电位(MEPs)检测和诊断中枢神经皮质下行路径的传导和大脑运动皮质的功能影像。近些年随着脑科学研究的深入，在基础研究方面对TMS的兴趣也迅速增加，TMS和rTMS也用于探索皮质兴奋性和皮质内连接研究、皮质信息处理方面的机制，包括感觉和认知功能，如瞬间抑制某些感觉传入、暂停讲话、诱导语言记忆错误、消弱学习能力。由于rTMS能够兴奋和抑制某些皮质区，研究发现可以很好的改善患者抑郁症状，也可能减少重性精神障碍患者的精神症状如幻觉等，随着科技的快速发展，rTMS很可能成为一种潜力巨大的治疗某些精神异常和神经疾病的治疗工具。

（1）**神经科学临床方面**　自从第一次TMS研究出现以来，临床应用的焦点一直集中于测量可兴奋性阈值和运动神经缺陷病人的运动神经传导，多发性硬化症运动神经疾病和颈椎病患者在临床条件下使用TMS检查时，显示出被改变的可兴奋性阈值和响应潜伏期，尽管TMS已经提供了许多疾病的重要信息，但是目前TMS由于缺乏可靠的灵敏性，它的诊断价值依然是有限的。TMS可以获得运动神经缺陷的客观证据，卒中、头和脊髓损伤者常有运动神经缺陷，常规的检查是由CT和MRI（包括fMRI）获得解剖证据和累积急症临床证据。相对而言，TMS或许是一种廉价快速的诊断方法，通过获得锥体束损伤严重程度的客观证据，这可以补充CT和MRI证据。还有证据说明TMS响应可以反映早期中风或中风恢复的预后，对需要做脑手术的患者，TMS可以提供一种功能定位重要皮质区的快速低廉方法，同样rTMS可以用舌边音讲话，尽管可靠性令人质疑。TMS在药物研究中也显示出潜力，TMS相关的指标例如皮质反应性兴奋和抑制，响应的空间时间变化可以对药物功能效率评估提供可靠依据。

（2）**脑基础研究方面应用**　在认识和行为科学中，使用TMS可以非侵入地关闭特定皮质区的功能，产生暂时的人工可逆损伤，这样可以辨识对参与给定任务非常重要的大脑区，如语言记忆区。早期这样的研究局限于动物或病理个人，也有学者用TMS研究大脑如何处理外部输入信息，因为TMS可以干扰相关的信号，阻碍外部输入信息处理的进行。但是，TMS也可以干扰不相关和竞争性信号，促进处理进行。TMS已经用于一些开创性研究工作中，包括研究物体和空间在记忆中的编码，视径探索，语言发生和胼胝体连接等。研究中风或截肢患者以及正常志愿者皮质解剖的可塑性（plasticity），使用rTMS发现盲人视觉皮质区也处理功能上相关的信息。

（3）**精神医学应用**　现代医学认为，许多精神疾病可以归咎于某些大脑区域的异常行为，从细胞水平看，一些精神疾病的产生可能是由于一些神经细胞兴奋阈值的改变：有些精神疾病是由于神经细胞兴奋阈值降低，有些是由于神经细胞兴奋阈值升高。所以，通过改变细胞兴奋性可能是成功治疗一些精神疾病的关键。另外，有些神经疾病也发现是神经细胞兴奋性异常所致，正是基于对这些疾病发病机制的深刻认识,rTMS 显示出它在精神疾病治疗上的潜力,治疗应用也正在神经科学领域全面展开。

在精神疾病治疗方面已有诸多报道,如 rTMS 治疗抑郁症、精神分裂症幻觉/妄想和强迫症的研究,对于耐药的精神疾病患者而言,rTMS 是一种无创治疗方法。在神经科学领域,由于 rTMS 可以抑制和加速运动,使用 rTMS 有复位帕金森病的动作震颤和减少多发性硬化症的痉挛,另外据推测 1Hz 的 rTMS 可能对产生癫痫区的异常兴奋阈值有使其正常化的影响。尽管 rTMS 在治疗上有令人鼓舞的结果,到目前为止,它的功效在临床上还没有得到循证上的证明,因为如何评价它的功效也是一个争论的问题。然而有专家相信,在不久的未来,rTMS 有可能是电惊厥疗法(electro-convulsive therapy,ECT)的挑战者。

1.4 结束语

TMS 是根据在脑外头皮上产生时变强磁场,在脑内感应出电场直接调控未损伤大脑的一项无创新技术,近年来广泛的应用研究显示出很好的发展前景,但它也存在一些缺点:如聚焦性不好,这样很难确定和控制刺激点进行有选择地刺激;磁刺激仪功耗大有待于优化;由于 TMS 涉及高压大电流,它还存在安全性问题,根据一般安全要求,目前认为单脉冲 TMS 是安全的,然而高频 TMS 可能有不希望的效果(疾病发作肌肉收缩引起的疼痛叫喊和瞬间偏盲)。为了 TMS 治疗科学、规范的发展,现在需要有统一的使用 TMS 和 rTMS 操作指南,TMS 进一步发展一方面依赖于磁刺激仪技术本身的不断完善,另一方面要深入进行磁刺激原理研究和扩大临床应用范围。

2 深部脑刺激技术和计算精神医学

随着社会老龄化和日渐加深的心理压力等因素的影响,世界范围内包括帕金森病、癫痫、老年期痴呆、抑郁症等神经精神疾病患者的数量急剧增加,世界卫生组织资料显示,目前全球精神神经疾病负担已经多年高居首位,但治疗手段尤其是精神疾病(如精神分裂症等)治疗方法尚未有突破性进展。深部脑刺激技术(deep brain stimulation,DBS)正逐渐成为治疗这些疾病的重要方法之一。DBS 作用机制目前尚不明了,但因其具有微损伤、可回复和可调节的优点,因此成为一项可靠有效的神经、精神外科手术方法,并具有很好的发展前景。目前尚有其他几种治疗方法已经实施或者亟待发展,如迷走神经刺激(vagus nerve stimulation,VNS)、电休克治疗(electroconvulsive therapy,ECT)和光感基因神经调控技术(optogenetics)等。

2.1 深部脑刺激技术发展史

人类立体定向技术在 20 世纪 40 年代就发展起来,之后 X 射线断层摄影术和核磁共振摄影术(magnetic resonance imaging,MRI)被广泛应用到外科手术中,使人们可以更精确地找到神经精神疾病在大脑中的病灶点。到 20 世纪 50 和 60 年代,脑切除立体定向技术手术被普遍用于治疗帕金森病(Parkinson disease,PD)和震颤,但这种通过切除或者损毁病灶点来达到治疗目的的手术方法危害性非常大,首先是手术高风险性和不可回复性,其次是会产生严重的后遗症,这一点不被很多患者和家属接受。后来一些高效药物如治疗 PD 用的左旋多巴(Levodopa)逐渐替代了脑切除立体定向技术手术,但人们很快发现服用左旋多巴或者其他抗 PD 药物的病人也会出现典型的副作用,包括运动障碍、幻觉和精神疾病等,这些都限制了药物的使用,尤其对于精神疾病而言,虽然目前发展到第三代抗精神病药物,避免了传统药物的锥体外系反应等,但新一代抗精神病药物的代谢综合征等不良反应又让患者苦不堪言。到 20 世纪 80 年代末期,高频的深部脑刺激技术(deep brain stimulation,DBS)被首先用于治疗震颤并得到进一步广泛认可,因为这种手术方法具有较小的损伤,并且可逆和可控。事实上早在 1954 年 Poole 就首先利用 DBS 刺激尾状核(caudate)治疗 1 例 PD 患者的抑郁症,取得一定的效果。资料显示,现代 DBS 开始于 1987 年,Benabid 等第一次成功运用 DBS 刺激患者丘脑来长期治疗帕金森病引起的震颤,随后对 DBS 技术的研究广泛开展起来。由于 DBS 微损伤、可回复和可调节性,在很大程度上取代了原先的脑切除手术和药物治疗。美国 FDA 在 1997 年通过了 DBS 作为特发性震颤(essential tremor,ET)的治疗手段之一,2002 年和 2003 年分别许可 DBS 可治疗 PD 和肌张力失常(dystonia)。同时 DBS 还能有效治疗多种其他运动和精神疾病,例如,慢性疼痛(chronic pain)、重度抑郁症(major depression)、强迫症(obsessive compulsive disorder,OCD)和抽动秽语综合征(tourette's syndrome,TS)等。

2.2　深部脑刺激技术简介

深部脑刺激系统 DBS 一般由三部分组成:埋藏式脉冲发生器(implanted pulse generator,IPG)、探头(lead)、延长线(extention)(图 5-5-1)。IPG 其实就是一个装在钛合金的盒子里的神经刺激脉冲发生器,由电池供电,它可以向大脑靶点区域发射各种参数可调的方波刺激。刺激的基本单位是短暂且规则重复的不同电压的脉冲,这种脉冲表现为可调节的方波,脉宽即持续时间一般为 60~450 微秒,振幅即电压范围为 0~10.5V,脉冲频率可变性较大,范围 2~250Hz。探头由涂有绝缘材料聚亚安酯的线圈连接 4 个铂铱合金电极构成,电极可以放置到大脑不同部位。探头通过

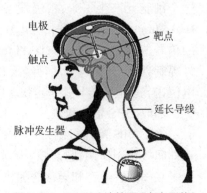

图 5-5-1　DBS 系统简图(来自网络)

植入皮下的延长线与埋藏在锁骨下的 IPG 相连。刺激电极根据所要治疗疾病种类不同,其定位也有显著差异。

以上 3 个组件均通过手术植入人体。首先可以通过核磁功能成像(fMRI)或者正电子断层扫描(PET)确认病灶点,局部麻醉后,通过立体定向手术,在病人的颅骨上钻开约 14mm 的小孔,将刺激电极植入靶点区域,通过患者的反应来确定最佳位点。IPG 和探头的植入需要全身麻醉手术。刺激一侧的脑区来控制对侧身体的病状,根据病人的情况可以选择单侧或者双侧同时植入 DBS。

2.3 DBS 下神经元活动模型

以往的研究中,对神经元电活动的分析大多是在 NEURON 软件上完成,该软件是一种方便快捷的分析神经元相关问题的工具,用户只需要根据自己的需求加载外界激励即可,这样对理解神经元的结构和 H-H 方程有很大的局限性。2009 年的神经元会议之后,Elia 和 Krapohl 提出的利用有限元理解神经电活动的方法越来越得到人们的关注。

采用 COMSOL 软件建立神经元的有限元模型,主要用于轴突结构计算模型,该模型结合 Martinek 的二维模型和 Elia 的三维轴突模型建立。轴突结构为管状,轴突区域为 $0.5\mu m \times 0.5\mu m$,45 细胞膜区域为 $0.5\mu m \times 1\mu m$ 的同心圆结构,应用 COMSOL 中的偏微分方程模型来模拟轴突受到外界电压刺激后,神经元上各点膜电位的变化。考虑数值计算精度,轴突半径取 $5.7\mu m$,取 170 个轴突模型组成 17×10 的矩阵,这些轴突模型放置在距离电极表面 1mm 至 4mm 的地方,垂直方向为 $-4\sim 4mm$,轴突模型之间彼此间隔为 0.5mm,每一个轴突模型有 21 个节点,节点之间相距 0.05mm。神经元轴突的直径对是否产生动作电位有很大的影响,将直径 $D=0.57\mu m$、$D=5.7\mu m$、60 $D=57\mu m$、$D=114\mu m$ 的神经元分别放到不同的位置上,在外加 -1V 激励,施加激励的瞬间,若神经元细胞膜上的电位发生去极化,在 $1\sim 2$ 毫秒内动作电位迅速上升至 60mV 左右,随后迅速下降为 -90mV 左右,然后缓慢恢复至静息电位水平,即认为这个细胞元产生了兴奋,爆发了动作电位,并沿轴突在各个朗飞节上传导。$D=0.57\mu m$ 和 $D=5.7\mu m$ 时,无电压在节点传播,$D=57\mu m$ 时,动作电位沿着轴突的传导速率为 0.0327m/s,$D=114\mu m$ 时传导速率为 0.0746m/s。可见在相同的外界刺激下,直径越大的神经元越容易产生动作电位传导,且直径越大,动作电位在节点上的传导速率越快。

2.4 DBS 治疗机制

关于 DBS 治疗机制,目前认为较为成熟的有以下解释:①对于病理性活动的间接抑制作用;②高频、规则刺激引导了下游结构活动的规则化,因此减少了在病理性噪音和异常的随机共振中的规则化;③高频和规则的 DBS 活动引导了基底节 - 丘脑 - 皮层系统中正常信息传递的共振放大;④DBS 的神经保护作用,包括神经营养因子的释放或者过路纤维中支配 GABA 能纤维的激活;⑤ DBS 对失去平衡的脑神经环路的"再平衡化"影响。

伴随技术的不断成熟和新技术的发展,DBS 技术为人类大脑的研究打开了一扇大门。但是,DBS 对于大脑的研究也有其不足之处。DBS 的电极植入不能太随意。每次植入都可能损伤成百上千甚至更多的脑细胞。因此,优秀的 DBS 神经外科医生需要基于对患者病情的了解和理论模型,快速有效地找到病源区域,实施刺激。然而,由于至今还缺乏良好、稳定的理论模型,大脑又是个复杂的网络系统,很多区域会相互影响。随着研究的深入,完善、理想的神经计算模型的建立可能是一个很好的答案。

2.5　DBS 在精神疾病治疗中应用

精神疾病的产生可能涉及多条神经环路的异常,研究显示,部分精神疾病缘于基底核回路的异常,其中最显著的是边缘系统。边缘回路源自前扣带回和眶额部皮层中部(medial biofrontal cortices),经由腹侧纹状体,苍白球内侧部的腹侧和吻内侧(rostromedial),黑质网状部(Substantia nigra pars reticulate,SNr)的吻背侧,到达丘脑背中核的中间部,再投射回前扣带回。正常生理条件下,这条回路在控制行为和调节情绪上起重要作用。

(1)强迫症(obsessive compulsive disorder,OCD)　药物和心理行为治疗是 OCD 常规的治疗手段,但仍有部分患者经正规治疗后不能缓解或症状复发。2009 年 FDA 正式批准应用 DBS 治疗难治性 OCD。目前关于 DBS 治疗 OCD 研究主要以伏隔核或腹侧内囊 / 腹侧纹状体(ventral capsule/ventral striatum,VC/VS)为作用靶点。一项研究对 2 例难治性 OCD 患者行伏隔核 DBS,发现在随访 2 年后患者强迫症状显著缓解,合并的抑郁症状同样减轻。还有研究对 16 例 OCD 患者行伏隔核 DBS,初期为 8 个月的开放治疗期,然后进行 2 周的交叉随机双盲对照试验,而后进行 12 个月的维持治疗。结果显示,开放期患者 Yale-Brown 强迫症量表分数下降 46%,9 例患者治疗有效;双盲试验中试验组和对照组有显著差异;试验中无明显不良反应。这说明伏隔核 DBS 可起到治疗 OCD 的作用。另有研究对 6 例难治性 OCD 患者双侧 VC/VS 行 DBS,结果显示,12 个月 DBS 治疗后 4 例患者治疗有效,且抑郁症状得到改善,无严重不良反应。其他靶点如 STN、内囊前肢等亦有相关研究,但研究相对较少,提示非首选靶点。

(2)抑郁性障碍(depression)　抑郁症的主要治疗方法为药物治疗和心理干预。然而,这些治疗对近 30% 的患者无效,称为难治性抑郁症(treatment-resistant depression,TRD)。DBS 可能是 TRD 较为有效的治疗方法。一项研究以胼胝体膝下扣带回(subgenual cingulate gyrus,SCG)为靶点给予 20 例抑郁症患者为期 1 年的 DBS,并进行 3~6 年随访,发现前 3 年的有效率分别为

62.5%、46.2%和75%,随访终点平均有效率为64.3%,这些患者仅有一过性轻度不良反应,提示SCG-DBS对于TRD可能长期有效。Puigdemont等对8例TRD患者进行12个月的随访,发现SCG-DBS治疗的第1周,患者抑郁症状明显减轻,其中4例达到缓解,尽管疗效可随时间出现波动,但随访终点平均有效率为62.5%,与前一项研究相似。还有研究对3例TRD患者双侧伏隔核进行DBS,发现所有患者临床症状均显著好转,同时额叶—纹状体环路脑代谢增加,且无持久性不良反应。另外一项对10例TRD患者伏隔核进行DBS的研究显示,12个月的DBS治疗可显著减轻患者抑郁及焦虑症状,同时可减少SCG及前额区脑代谢。这些研究均提示,伏隔核同样是DBS治疗TRD的重要刺激区域。另外,Malone等在TRD患者VC/VS行双侧DBS,并对其进行6个月至4年的随访,发现不同评价方法均显示DBS可缓解抑郁相关症状,随访终点有效率可达53.3%,提示该区域也是DBS治疗TRD的重要靶点。

(3) **神经性厌食症**(anorexia nervosa,AN) 目前对AN的治疗方法主要有药物治疗、营养支持及心理治疗。然而,现有方法的疗效波动性较大,且复发率较高。近年来,越来越多的研究显示,DBS可能是治疗AN的有效方法。Lacan等在猴双侧下丘脑腹内侧核放置电极行DBS术,发现动物总摄食量增加,且没有明显的行为学副作用。提示DBS可能有促进摄食的作用。而后出现一些个案报道,研究对象为因合并其他疾病而接受DBS的AN患者。如Israel等报道1例合并抑郁症的慢性AN患者经过多年治疗,症状多次复发,该患者接受双侧SCG-DBS治疗后,AN症状迅速缓解,且疗效可长时间持续。另有研究对合并强迫症的AN患者腹侧VC/VS区域行DBS,发现AN症状得到显著改善。最近Lipsman等开展关于DBS治疗AN的1期临床试验,以评估DBS用于调节脑内边缘系统环路活性的安全性。该试验纳入6例慢性重度难治性AN患者,于SCG行DBS,共随访9个月。其中有一半患者的体质指数较前明显升高,并且情感和强迫症状也得到改善;4例患者改善心境、焦虑及AN相关性强迫;3例患者改善生活质量。同时DBS可纠正扣带回前、岛叶及颞叶的异常糖代谢。这项研究提示SCG-DBS可能是难治性慢性AN安全有效的治疗方法,可为极度致命型厌食症患者带来希望。可见,DBS是治疗AN的新兴方法,但在临床应用中起步较晚,还需要较大规模临床试验进行深入研究。

(4) **精神分裂症**(Schizophrenia) 在精神分裂症早期,海马呈高反应性,过度激活可导致多巴胺释放增多,并加重阳性症状。在精神分裂症模型中,抑制海马激活可减少因多巴胺过度释放引起的异常行为,而DBS即可抑制这种过度激活。推测对海马进行慢性DBS可缓解精神分裂症的阳性症状。此外,伏隔核也是DBS治疗精神分裂症的重要潜在靶点。中脑在海马激活后可释放多巴胺,伏隔核在此过程起重要作用。伏隔核DBS可能可阻断此通路,从而起到和刺激海马相似的作用。伏隔核刺激与稳定多巴胺释放相关,这种稳定机制可能对治疗精神分裂症起到一定作用。以上研究说明,刺激海马或伏隔核可能对控制精神疾病患者多巴胺能系统有作用。最近有学者在动物模型方面对 DBS 在精神分裂症中效应做了相应研究。Klein 等通过两种方法建立大鼠精神分裂症样行为模型,并选择不同脑区给予 DBS,发现在内侧前额叶皮质和背内侧丘脑给予高频刺激可改善相关症状。还有研究显示,在精神分裂症大鼠腹侧海马给予高频 DBS 可改善由精神分裂症诱发的位于边缘下皮层及背内侧丘脑的异常听觉诱发电位,提示 DBS 可能对精神分裂症具有潜在治疗作用。

（5）Tourette 综合征（tourette syndrome,TS）　TS 是抽动症的一种严重形式,可见多种运动性抽动以及一种或多种声音性抽动。TS 可与 OCD 或头痛疾病合并存在。其潜在的机制为腹侧 - 纹状体 - 丘脑 - 皮质回路功能异常。神经影像学研究显示前扣带回、前运动皮层以及背侧前额叶皮质多巴胺能活动性增强。功能性研究显示眶额叶皮层、前扣带回以及尾状核活动性增强。既往采用感染丘脑环路的立体定向手术显示治疗 TS 有效。目前有 8 个 DBS 治疗的靶点,包括 2 个丘脑靶点、2 个苍白球（GP）靶点,以及 NA、ALIC、STN 和内侧苍白球。已有研究显示大部分接受 DBS 治疗的患者抽动和行为症状好转,应答率为 37%~82%。

（6）双相情感障碍（bipolar disorder,BPD）　BPD 是一种患者同时经历抑郁及躁狂两个时期发作的情绪障碍性疾病,其抑郁发作更频繁,但持续时间更短。迄今有关 DBS 治疗 BPD 的数据有限。一项以膝下扣带回为靶点的 DBS 治疗双相抑郁的研究显示其应答率分别为 92% 和 58%,安全性和不良反应类似于单相抑郁治疗的情况。尽管有关 DBS 治疗双相抑郁有效性的数据很少,但大量双盲研究显示 BPD 患者中出现 DBS 治疗诱发的躁狂。与 GP 靶点相比,STN 靶点治疗发生躁狂更常见。其可能的发生机制之一为前扣带回皮层腹侧激活增加,与功能影像学研究结果一致。

因此,从治疗机制及动物实验来看,DBS 可能在精神疾病的治疗中有一定作用。但目前 DBS 尚未广泛应用于精神疾病的治疗,需进一步临床试验以验证其确切作用。

（季　婕　季卫东）

参 考 文 献

1. Revell MA.Deep Brain Stimulation for Movement Disorders.Nurs Clin North Am. 2015 Dec；50

（4）：691-701

2. Herrington TM，Cheng JJ，Eskandar EN.Mechanisms of deep brain stimulation.J Neurophysiol. 2016 Jan 1；115（1）：19-38

3. Baldermann JC，Schüller T，Huys D，Becker I，Timmermann L，Jessen F，Visser-Vandewalle V，Kuhn J.Deep Brain Stimulation for Tourette- Syndrome：A Systematic Review and Meta-Analysis.Brain Stimul.2016 Mar-Apr；9（2）：296-304

4. Rossini P M，Burke D，Chen R，et al. Non-invasive electrical and magnetic stimulation of the brain，spinal cord，roots and peripheral nerves：Basic principles and procedures for routine clinical and research application. An updated report from an I.F.C.N. Committee. Clin Neurophysiol，2015，126：1071-1107

5. Wagner T，Valero-Cabre A，Pascual-Leone A. Noninvasive human brain stimulation. Annu Rev Biomed Eng，2007，9：527-565

6. Bestmann S，de Berker A O，Bonaiuto J. Understanding the behavioural consequences of noninvasive brain stimulation. Trends Cogn Sci，2015，19：13-20

7. Bikson M，Bestmann S，Edwards D. Transcranial devices are not playthings. Nature，2013，501：7466

8. Coenen VA，Amtage F，Volkmann J，Schläpfer TE.Deep Brain Stimulation in Neurological and Psychiatric Disorders.Dtsch Arztebl Int.2015 Aug 3；112（31-32）：519-526